环保教育丛书

# 环境安全教育研究

吴　坚　许振成　主编

科学出版社

北　京

# 内 容 简 介

经济活动的全球化、环境问题的全球化已经成为一种趋势。站在这样的高度,我们发现,人类社会面临着一个更加严峻的安全问题——环境安全问题。本书从教育的视角来探讨和分析环境安全问题,并从环境安全教育的理论、实践和比较三个层面进行研究。旨在普及大众环境安全知识、提高人们的环境安全意识和环境安全行为能力。本书共分为五章:第一章引论;第二章理论研究,主要对环境安全教育的内涵、内容、基本原则、方法与途径、管理与实施、评价进行理论探讨;第三章实践研究,主要对家庭环境安全教育、社会环境安全教育和学校环境安全教育进行实践分析;第四章比较研究,对美国、英国、日本、澳大利亚、俄罗斯等国家有关信息安全教育、交通安全教育、道德安全教育、网络安全教育、法制安全教育及环境保护教育等内容进行域外研究;第五章则在前几章分析基础上,预测环境安全教育的发展趋势并提出相应的建议。

本书可作为民众环保方面的科普读物,同时可作为环保部门决策者和管理者的参考用书,也可供高等教育机构相关学科教学使用。

**图书在版编目(CIP)数据**

环境安全教育研究/吴坚,许振成主编. —北京:科学出版社,2016.5
(环保教育丛书)
ISBN 978-7-03-048242-6

Ⅰ. ①环… Ⅱ. ①吴… ②许… Ⅲ. ①环境保护–环境教育–研究
Ⅳ. ①X–4

中国版本图书馆CIP数据核字(2016)第095967号

责任编辑:罗 吉 沈 旭 曾佳佳/责任校对:刘亚琦
责任印制:张 倩/封面设计:许 瑞

**科 学 出 版 社** 出版

北京东黄城根北街 16 号
邮政编码:100717
http://www.sciencep.com

**新科印刷有限公司** 印刷

科学出版社发行 各地新华书店经销

\*

2016年5月第 一 版 开本:720×1000 1/16
2016年5月第一次印刷 印张:13 3/4
字数:260 000

**定价:69.00 元**

(如有印装质量问题,我社负责调换)

# "环保教育丛书"编委会

主　　编：吴　坚　　许振成

副主编：方战强　　杨　婧

编　　委：（以姓氏笔画为序）

王俊能　　方战胜　　方战强　　卢　瑶

任明忠　　刘立云　　许振成　　孙慧博

杨　婧　　余　平　　吴　坚　　吴翰栋

张砚清　　陈来国　　胡习邦　　姚玲爱

高皇伟　　海　景　　曾　东　　彭晓武

虢清伟

# 丛 书 序

时任总书记胡锦涛在十八大报告中指出："建设生态文明，是关系人民福祉、关乎民族未来的长远大计。面对资源约束趋紧、环境污染严重、生态系统退化的严峻形势，必须树立尊重自然、顺应自然、保护自然的生态文明理念，把生态文明建设放在突出地位，融入经济建设、政治建设、文化建设、社会建设各方面和全过程，努力建设美丽中国，实现中华民族永续发展。"

环境是人类赖以生存和发展的基础。随着人类社会的发展，由于人口的增长、现代科技和生产力的迅速发展所造成的环境问题严重威胁着人类的生存和发展，人类面临着严峻的全球性环境问题，如：全球变暖、臭氧层破坏、酸雨、淡水资源危机、能源短缺、森林资源锐减、土地荒漠化、物种加速灭绝、垃圾成灾、有毒化学品污染等众多方面。环境问题造成的环境污染严重威胁着人类生存的安全和健康，保护环境已成为世界各国共同关注的问题。自 20 世纪 70 年代以来，环境问题引起了国际社会的极大关注，1972 年联合国在瑞典首都斯德哥尔摩召开了人类环境大会，通过了《人类环境宣言》和《关于人类环境的行动计划》，并提出了"只有一个地球"的著名口号。1975 年，联合国教科文组织和联合国环境规划署在南斯拉夫的贝尔格莱德举行了有史以来级别最高的一次国际环境教育研讨会，制定了《贝尔格莱德宪章》。1977 年，联合国教科文组织和联合国环境规划署在前苏联的第比利斯召开了政府间环境教育会议，会议宣言和建议成为国际环境教育基本理念和体系的基准。1982 年，联合国在肯尼亚首都内罗毕召开纪念人类环境会 10 周年大会，再次确认了《人类环境宣言》诸原则的重要性和有效性，并号召各国通过教育与训练提高公民对环境重要性的认识。1987 年，世界环境与发展委员会（WCED）发布了《我们共同的未来》，1992 年的地球高峰会议（Earth Summit）提出了《21 世纪议程》（Agenda 21），使环境教育成为世界公民必备的通识，也是国际共负的责任。1994 年，联合国教科文组织（UNESCO）提出"为了可持续性的教育"（Education for Sustainability）创意——"环境、人口和发展"（EPD）计划。1997 年，联合国教科文组织在希腊的塞萨洛尼基召开会议，确定了"为了可持续性的教育"的理念。面对全球日益严重的环境问题，国际社会提出了"通过宣传和教育，提高人们的环境意识，是保护和改善环境重要的治本措施"的共识。

我国政府也非常重视环境保护问题，1973 年召开了第一次全国环境会议，制定了《关于保护和改善环境的若干决定（试行草案）》。特别是改革开放以来，在经济快速增长的同时，我国已经把环境保护工作提到政府的议事日程上来。1979年，全国人大通过了《中华人民共和国环境保护法（试行）》。1980年，国务院制定了《环境教育发展规划（草案）》，并纳入国家教育计划之中。1992年，根据联合国环境与发展大会通过的《21世纪议程》制定了《中国21世纪议程》，提出了促进经济、社会、资源、环境以及人口、教育相互协调、可持续发展的总体战略和政策措施方案。1996年，为深入贯彻"环境保护这项基本国策、保护和改善环境，走可持续发展之路"，国家出台了《国家环境保护"九五"计划和2010年远景目标》。为全面实施可持续发展战略，落实环境保护基本国策，2000年，国务院印发了《全国生态环境保护纲要》。2002年1月，朱镕基同志在第五次全国环境保护工作会议上，表示将坚定不移地走可持续发展的道路，在九届全国人大五次会议上，他还重申继续加大环境投入，加强生态环境保护和污染防治。2001年中宣部、国家环保总局、教育部联合印发了《2001－2005年全国环境宣传教育工作纲要》。

21世纪是一个环境保护的世纪，环境保护是对自然环境的保护、对地球生物的保护以及对人类生活环境的保护，这三个层面是"你中有我、我中有你，各有侧重而又统一的"。"人类只有一个地球！""爱护地球就是爱护我们人类！"等全球性的呼吁告诫我们环境教育的紧迫性。基于以上认识，我们编写了《环境教育丛书》，希望普及环境科学知识，提高国民的环境意识，增强环境行为的能力，以促进经济社会的可持续发展。

《环境教育丛书》包括《环境污染事故的应急教育研究》、《环境安全教育研究》和《环境健康教育研究》三本书。《环境污染事故的应急教育研究》一书以水污染、大气污染、辐射污染、土壤污染四大类为主线，分析不同类污染的特性、危害，从而提出相应的应急教育措施。全书共由六章组成，第一章，概述。界定环境污染的相关概念，分析环境污染的类型。依据近10年来典型环境污染事故的统计，分析环境污染事故的总体特征并对其进行分类。从理论和实践的不同角度提出环境应急教育的必要性；第二章，水环境污染事故的应急教育。水体污染分为化学性污染、物理性污染、生物性污染，结合相应的实例分析不同类型的污染所带来的危害。水污染事故的应急教育分为灾前的应急与预案、灾难过程中的应急管理以及灾后的应急法制重建。并对2005年的松花江污染事故进行案例分析。第三章，大气环境污染事故的应急教育。大气污染有还原型大气污染、氧化型大气污染、特殊型大气污染等三种类型，大气污染的应急教育主要阐述其发展历史和概念界定，从应急预案、应急管理及应急机制来完善大气污染的应急教育，并以湖南长沙酸雨事件为例进行案例分析。第四章，土壤环境污染事故的应急教育。描述土壤污染物质带来的危害，分析其治理方案。应急教育体系从环境监测、政府、数据发布、工作转移、宣传教育以及加强国际交流与合作六个方面来建设。以陕西凤翔血铅超标事件为例进行案例分析。第五章，辐射污染事故的应急教育。辐射污染分为电磁波污染和核辐射污染，分析了其危害性以及防御措施。第六章，生命安全教育。从狭义和广义两个角度来阐述生命教育的意义，并对幼儿、小学、中学几个不同阶段提出生命安全教育的实施方案。同时，结合大量国外对生命安全教育的研究以及相关法案的确立，总结出对我国生命安全教育的启示。

后两本书采用了相似的写作体例，主要由引论、理论篇、实践篇、比较篇和结论篇等五部分组成。《环境安全教育研究》一书中第一章，引论。随着社会经济的发展，人类正面临着严重的环境危机，特别是在科学技术的推动下，人类征服自然的欲望愈加强烈，人与自然、人与社会以及人与人之间出现了很多不和谐的因素，使得人类赖以生存的环境日益恶化，迫切需要加强环境安全方面的教育。环境安全教育对增长国民的环境安全知识、增强国民的环境安全意识、提高环境安全行为能力具有重要的实践价值和意义，对于国家经济社会的可持续发展具有重大的战略意义。第二章，环境安全教育理论研究。环境安全教育是环境教育的重要组成部分，环境安全教育具有全民性、终生性、全程性、整体性和复杂性等主要特点。环境安全教育主要包括生命安全教育、信息安全教育、交通安全教育、道德安全教育和法制安全教育等内容。环境安全教育的途径主要是间接渗透模式和直接的单一课程模式，环境安全教育的管理和评价应强调科学性和客观性，以确保环境安全教育的实效性。本部分内容以具体案例和图片展示等方式使得环境安全教育更加生动形象。第三章，环境安全教育实践研究。以终身教育理论为基础，从空间维度构建家庭、学校和社会"三位一体"的环境安全教育网络；从时间维度上，环境安全教育应贯穿于人的一生，学校环境安全教育应贯穿于从幼儿园到中小学一直到大学的所有阶段，并结合典型案例针对不同教育阶段的学生进行环境安全教育。第四章，环境安全教育比较研究。西方发达国家的环境教育起步比较早，并取得了一些成功的经验，本着"他山之石，可以攻玉"的想法，选择美国、英国、日本、澳大利亚、俄罗斯等几个主要国家为研究对象，探讨其环境安全教育的历史、目标、途径以及措施等内容。第五章，环境安全教育的发展趋势与建议。主要总结世界环境安全教育发展的趋势，并提出我国环境安全教育的发展建议。

当前环境污染和环境破坏对人的健康产生各种有害影响，越来越需要加强环境健康教育。2007 年 11 月我国政府为了有力推进我国环境与健康工作，积极响应国际社会倡议，针对我国环境与健康领域存在的突出问题，借鉴国外相关经验，制订了《国家环境与健康行动计划》（2007～2015 年）。《环境健康教育研究》一书在分析了环境健康教育的现状、问题和意义的基础上，从理论层面上阐述了环境健康教育的内涵、内容、原则、方法与途径、管理和评价等方面的内容，实践层面上主要探讨了家庭、学校和社会三个方面的环境健康教育，重点从幼儿园、中小学和大学分析了学校环境健康教育。本着借鉴国外环境健康教育的成功做法，对美国、英国、日本、澳大利亚和俄罗斯等国家的环境健康教育进行介绍，总结世界环境健康教育发展趋势，并提出我国环境健康教育的发展建议。

　　本丛书编写力求贴近生活，选取了现实生活中大量的案例，运用通俗易懂的语言，简洁明了地论述环境教育方面的内容，既可作为普通人的科普读物，也可作为相关专业人士的参考资料。本丛书的编写参考了大量的研究成果，以附于注释和参考文献之中，书中难免桀误，期盼读者斧正。

吴　坚

2013 年 10 月 16 日

于华南师范大学

# 前　言

在 2009 年中国环境与发展国际合作委员会开幕式上，时任国务院副总理、中国环境与发展国际合作委员会主席李克强曾强调，"环境攸关发展和民生，安全的饮用水和清洁的空气是人类生存发展的必需品，优良的环境是人民生活质量改善和提高的必要条件。一年来，中国政府在扩大内需新增投资计划中，用于节能环保和生态建设的投资达 2000 多亿元。面向未来，中国将继续把环境保护作为生态文明建设和资源节约型、环境友好型社会建设的重大任务，持之以恒地加以推进，努力使生态环境逐步得到改善。"2013 年 7 月 12 日，国务院总理李克强主持召开国务院常务会议，研究部署加快发展节能环保产业，促进信息消费，拉动国内有效需求，推动经济转型升级。会议要求，要构建安全可信的信息消费环境，依法加强个人信息保护，规范信息消费市场秩序，提高网络信息安全保障能力。此外，李克强总理还提出："把创造安全公平法治市场环境作为政府转变职能的重要考量""安全生产是人命关天的大事，是不能踩的'红线'""环境保护是我们共同的使命，要使我们的环境更适合人居住，而食品安全是农场和整个农产品存在的生命"等。时任国务院副总理、国务院食品安全委员会副主任王岐山在国务院食品安全委员会第四次全体会议上也指出，要深刻把握食品安全工作的复杂性和长期性，抓住主要矛盾，着力解决突出问题。2015 年，李克强总理在政府工作报告中提出：创新社会治理，促进和谐稳定。我们妥善应对自然灾害和突发事件，有序化解社会矛盾，建立健全机制，强化源头防范，保障人民生命安全，维护良好的社会秩序。加强安全生产工作，事故总量、重特大事故、重点行业事故持续下降。着力治理餐桌污染，食品药品安全形势总体稳定。而环境安全问题就是人与自然、人与社会以及人与人之间出现的各种不和谐因素造成的，为此，进行环境安全教育，有利于创造和谐因素，推动社会和谐稳定发展。可见，环境安全问题已经涉及我们生产、生活等方方面面，必须引起足够的重视，同时积极营造良好的安全环境。究其原因，环境安全问题与人们的环保意识不强、政府环境安全举措落实不到位及经济利益驱动导向等因素息息相关。因此，从教育角度出发，对全民进行环境安全教育是普及大众环境安全知识、提高人们的环境安全意识和环境安全行为能力的重要保证。

本书从教育领域的视角来探讨和研究环境安全问题。随着社会经济的发展，人类正面临着严重的环境危机，特别是在科学技术的推动下，人类征服自然的欲望愈加强烈，人与自然、人与社会以及人与人之间出现了很多不和谐的因素，使得人类赖以生存的环境日益恶化，已经威胁到人类的生命安全，迫切需要加强环境安全方面的教育。环境教育中一个重要问题就是环境安全问题。第 42 届联合国大会一致通过了这个论点并首次提出"环境安全"的概念，重点强调环境安全以保障人类健康作为中心，这表明该概念已经被国际社会认可。本书以环境安全教育的理论、实践和比较三个层面为主线，对环境安全教育的基本理论内容，家庭、社会和学校"三位一体"的实践策略，以及美国、英国、日本、澳大利亚、俄罗斯等国家的信息安全教育、交通安全教育、道德安全教育、网络安全教育、法制安全教育及环境保护教育等进行分析，并在此基础上，提出未来环境安全教育的发展趋势及对我国的建议。

　　《环境安全教育研究》一书总共分五章，其框架结构和内容提要如下：第一章，引论，在环境安全教育的国际和国内背景下，凸显其在国家综合国力的提升和社会经济的繁荣等方面具有重要的作用，并揭示环境安全教育的意义，即环境安全"绿化"国际关系、关乎人类健康生存、保障国家和经济安全、促进社会发展和学校素质教育实施、发挥德育价值作用，同时分析当前环境安全教育的现状。第二章，对环境安全教育的理论进行研究，首先从概念、目的、特征探讨环境安全教育的内涵。其次，探讨环境安全教育的内容，它指的是一切环境状态下的安全教育。通常来讲，主要包括交通安全教育、自然灾害安全教育、信息安全教育等。对学生进行环境安全教育主要表现：环境安全意识教育、环境安全知识教育、环境安全道德教育、环境安全行为教育和环境安全技能教育。第三，指出环境安全教育的原则，包括道德性原则、全面性原则、主体性原则、参与性原则、批判性原则、开放性原则、整体性原则、衔接性原则和层次性原则，这些原则是实施环境安全教育的基本要求和基本准则，对确定环境安全教育的目标，环境安全教育的内容，选择、使用环境安全教育的方法等有重要的指导意义。第四，探讨环境安全教育的方法和途径，主要有直观教学法、榜样示范法、总结反思法、警示教育法和活动参与法。第五，主要阐述环境安全教育的三种管理模式，即经验型管理模式、行政型管理模式、科学型管理模式。最后，对环境安全教育评价的概念、要素、种类、方法和原则进行分析。第三章，主要涉及家庭环境安全教育、社会环境安全教育和学校环境安全教育"三位一体"的环境安全教育实践研究。以终身教育理论为基础，从空间维度和时间维度出发，并结合典型案例针对不同教育阶段的学生进行环境安全教育。第四章，环境安全教育比较分析，主要选取美国、英国、日本、澳大利亚、俄罗斯等几个主要国家为研究对象，探讨其环境安全教育的历史、目标、途径以及措施等内容。如美国的信息安全教育、交通安全教育、道德安全教育和法制安全教育；英国的交通安全教育、网络安全教育、道德安全教育和法制安全教育；日本的信息安全教育、交通安全教育、道德安全教育及环境保护教育等。第五章，结论，在前四章的基础上，探讨了环境安全教育的发展趋势，认为环境安全教育成为国际社会关注的重要议题，通过立法明确政府在环境安全教育中的职责，确立可持续发展的环境安全教育理念，鼓励和引导社会广大民众参与环境教育，"主动安全教育"是学校环境安全教育的新理念。最后，对我国环境安全教育的发展提出建议，即强化政府的环境安全教育责任，确立环境安全教育的法律地位，树立可持续环境安全教育理念，构建"三位一体"的环境沟通机制，坚持以人为本的学校环境教育。

本书是"环境安全与环境健康的公众教育体系研究"项目和"垃圾焚烧产业发展的社会效益评估"项目的研究成果。在编写过程中，借鉴、吸收了大量专家、学者们的研究成果，以及网络新闻报道和研究报告等，参考资料已附于陋著之中，但仍恐未能尽囊，敬谢之余当盼理谅。鉴于编者学识水平有限，书中难免有所不足，敬请各位专家、读者不吝指正。

吴　坚　许振成

2015 年 10 月 20 日

# 目　　录

# 第一章 引　　论

## 第一节　环境安全教育的背景

人们对环境安全的认识有一个发展的过程。真正促使环境与安全之间建立关系，并作为国际安全重要组成部分加以研究的根源在于工业革命带来的环境问题对人类安全构成日益严重的威胁。这种威胁不仅对人类生存安全和可持续发展构成现实的危机和潜在、深远的威胁，严重的环境问题已经成为国际紧张局势，甚至军事冲突的直接或间接因素，危及有关国家、地区乃至世界的和平与安全。

20 世纪 80 年代中后期，对环境安全问题的研究逐步升温，发达国家不仅逐步建立了相应的环境安全体系，而且通过一系列的报告来呼吁全球环境安全问题。比如，1987 年世界环境与发展委员会颁布的研究报告《我们共同的未来》，其中就明确要建立环境安全体系。在第十一章"和平、安全、发展和环境"这一章，报告专门阐述了环境与安全的关系。这也引起了学者、政府层面的人士的广泛关注。第 42 届联合国大会一致通过了这个论点并首次提出"环境安全"的概念，重点强调环境安全以保障人类健康作为中心，这表明该概念已经被国际社会认可。以发达国家和地区为例，美国早在 1991 年就将环境安全视为国家利益的保障；欧盟、俄罗斯等国也视环境安全为国家安全战略主要目标。与此同时，广大发展中国家也日益认识到环境安全的重要地位。在 1992 年里约热内卢联合国环境与发展大会上，可持续发展观念的提出更加推进了世界人民对环境安全的认识和理解。近年来，我国也相继制定环境安全的政策法规，如《全国生态环境保护纲要》等。

20 世纪 50 年代以来，人类历史上产生了第一次环境问题的高潮，全球范围的环境问题影响到了人类社会的和谐健康发展。人类关注环境问题并寻求解决环境问题的方法，逐渐认识到教育是解决环境问题的一种有效途径和手段，因此人类对环境教育的理论和实践研究开始起步。

### 一、环境安全教育的国际背景

当前国际环境下，和平与发展早已成为人类社会发展的主流。经济活动的全球化、环境问题的全球化已经成为一种趋势。站在这样的高度，我们发现，人类社会面临着一个更加严峻的安全问题——环境安全问题。在国际范围内，将全球性环境问题与国际安全、人类社会安全联系起来，将解决全球环境问题列入国际安全的议程，逐渐成了当代国际社会的一种发展趋势。《里约宣言》、《21 世纪议程》将环境保护与"一个更安全、更繁荣的未来"联系起来，人类命运与环境可持续发展更加紧密，加深了各国对环境安全问题的危机感。越来越多的国际政策和法律文件逐渐将环境安全问题作为重要的内容。

以全球化视角来说，由全球化引发的生态与环境危机正时刻威胁着人类社会的生存、发展和安全。这一系列严重的生态和环境问题警示着我们，人类社会生存的支持系统正在退化，人类社会发展的环境基础在动摇，这无疑影响到了人类的生活质量，从而威胁到国际经济的稳定，同时还会触发一系列的国际性问题，干扰人类社会进步。作为人类共同的行动，时至今日仍然有些国家没有兑现诺言，全球的自然环境不但没有得到应有的改善，反而日益恶化。在这种情况下，由环境安全问题产生的环境压力对国际冲突产生直接或间接的影响。纵观历史，因抢夺资源而引起过多次战争，如 1991 年为争夺石油而爆发的海湾战争，1972～1973年英国与爱尔兰两国的"鳕鱼战争"，1996 年加拿大与西班牙之间的金枪鱼战争。此外，环境问题还会造成国际间的冲突，引发社会动荡，国内政局不稳以及国际间的更为深层次的问题。

环境安全的概念正是基于环境问题的日趋恶化的背景提出来的。如果环境问题严重到一定程度，对人类社会和生态系统的生存发展构成安全层次上的威胁后，就会促使人类从环境安全的视角对传统的安全问题进行研究。

在全球范围内，环境安全状况时有发生，环境安全已经成为一个重要的全球性问题。环境安全并未随着物质文明的提高而改善，重大灾害事故时有发生，由环境灾害引发的环境安全教育问题成为全世界人民关注的热点问题之一。由环境问题的加剧和恶化而带来的政治和经济社会安全问题，对人类社会构成的安全层次上的威胁，成为人类社会在 21 世纪面临的重大问题之一。

不少国家开始制定国家环境外交政策和环境安全规划，如美国国防部的环境安全纲领在 80 年代初步形成。1994 年，国会通过了《环境安全技术检验规划》，将环境安全纳入到美国的防务之中。联合国环境发展会议之后，美国将环境问题与美国的国家安全利益紧密地联系在一起，将环境目标纳入到国家长远的外交日程和国际战略目标之中。日本方面也非常重视环境教育，近年来也制定并颁布了系列相应的安全规划。如 1999 年，日本政府制定了《教育信息化实施计划》。该计划旨在通过加强基础教育中的信息教育，推进全民信息教育，全面提高日本国民的信息素质。

## 二、环境安全教育的国内背景

我国是世界上遭受各种环境灾害严重的国家，各种灾害频繁发生，如干旱、洪涝、地震等。我国人口众多，生存压力大，人类活动的相对规模和强度远远大于其他国家，多生态环境的干扰程度更大。改革开放以来，我国虽然走上了可持续发展的道路，但经济发展模式沿袭"资源型""规模型"的发展模式，其发展的本质仍然是"环境让步于经济"。在这种模式之下，经济增长所承担的环境代价日益加重。总体上来说，因为环境问题造成的经济损失占国民生产总值的比重逐年增加。由此可见，我国经济高速增长的生态环境代价是巨大的。

随着环境的不断恶化，环境问题的日趋突出，人们越来越认识到只偏重经济效益而忽视环境保护，那么人类终将会对环境问题付出应有的代价。许多研究案情问题的学者认为，环境变化应该被视为对国家安全的威胁，尤其对人口众多、资源分布不均的国家来说，应主张将环境问题纳入到国家安全范畴，由此"环境安全"的概念应运而生，并得到了国家和社会的广泛认同。

中国的环境问题，实际上是社会问题、经济问题、科学与技术问题的综合结果和反映，是诸多领域密切相关的综合性问题，这也是诸多学者的普遍共识。为此，环境安全被环境科学、安全科学、社会科学以及生态科学、资源科学等多个学科所关注和研究，环境安全问题成为国内外近年来涉及多个学科领域的热点问题，在近年来的政府工作报告中也将环境作为重要的议题之一。

随着21世纪的来临，我国对环境安全问题日益重视。特别是在新的环境和国际形势之下，我国已将环境安全的保证能力作为我国综合国力的重要组成部分。在经济全球化的大背景下，全球化理应促进全球范围内资源的有效配置，提高对公平和效率的追求，从而缩小世界范围内的贫富差距。然而，由于发达国家和发展中国家在经济、技术等方面存在差距，全球范围内的市场主要被发达国家所占据，经济规则由发达国家制定，偏袒发达国家的利益，经济全球化在很大程度上是以发达国家为中心的全球经济扩张活动。

在贸易与环境的关系上，发达国家与发展中国家存在着严重的不对称现象：资源占用与消费水平上的不平等，生存与消费结构上的差异，国际贸易中的不平等，这些因素都导致了发展中国家的环境要支付出更多的生存成果和更大的污染压力。发达国家的产业结构越来越得到优化，而发展中国家的污染问题却越来越严重。

随着经济全球化的加速发展，国内市场不得不迅速开放，发达国家将越来越多的劳动密集型、污染密集型、资源密集型产业通过各种形式转移到中国市场。虽然我国的产业在一定程度上得到发展，但是因经济发展带来的环境问题必定会造成严重的环境污染、资源浪费，使生态平衡遭到破坏、得不偿失。在这个过程中，我们意识到，主宰经济全球化的主要力量是发达国家，出于政治、经济需要等多方面的考虑，发达国家对于发展中国家物质、能量和信息的供给与其需求是不协调的。

根据国内外有关机构对我国环境和经济问题的初步估算，我国在治理污染和保护恢复生态环境上的投入，已经数倍于从污染和破坏环境中所得的经济收益的总和。综上所述，环境安全教育在国内社会、经济、科学技术和环境发展等背景下应运而生，并对国家综合国力的提升和社会经济的繁荣具有重要的作用。

## 第二节　环境安全教育的意义

环境与安全是与人民息息相关的重要问题。人类文明越向前发展，人民对环境与安全问题的关注和重视程度越高。很多发达国家和国际组织将环境保护与国家安全、国际安全联系起来，把环境安全作为人类社会可持续发展的重要物质基础。联合国环境署认为："环境保护是国家和国际安全的重要组成部分，生态退化对当今国际和国家安全构成威胁。"

环境安全是关系到地球上一切生物的生存和可持续发展、一个国家的稳定与发展以及世界和平与安全的根本问题。就前者而言，生物的可持续发展是地球生命的基础，它具有重要的社会经济伦理和文化价值，并在宗教、艺术、文学兴趣爱好及其他社会各界人士对生物多样性的理解与支持中得以表现。国家的稳定与发展，是保证一切的基础。我国近代的历史和当今世界的现实都清楚地表明，社会动乱、经济落后就会非常被动，受制于人。

环境安全教育是一种生存意识和生存观念的宣传教育，加强环境安全教育，普及环境安全知识，树立环境安全意识，在教育中对学生进行有关环境安全教育具有十分重大的意义。相比之下，由于学生的生活经验和安全知识都比较欠缺，安全意识相对淡薄，只有充分重视学生群体的环境安全教育，构建广泛的宣传机制，环境安全教育才有强大的群众基础。

环境安全教育是一种生存意识和生存观念的教育，是增强人民环境安全意识，协调人与环境之间关系的教育。掌握环境安全教育知识，可以帮助人民掌握、预防和借鉴环境安全问题的知识和技能。

### 一、环境安全"绿化"国际关系

目前，因环境问题引起的纠纷已经危及到了各国的利益。环境问题已经不是单一的自然科学问题，或是某一国的内部问题，已经成为了人类生存与发展的国家政治、经济性问题。从某方面看，环境问题对国际关系产生了深远的影响。

（一）国际之间的良好合作

当前在国际上，层次多样、内容广泛的全球环境合作格局已经基本形成。从合作层次来看，既有全球性的合作，又有地区性合作；既有政府间合作，又有非政府环境组织之间的合作，多样化的合作形成了立体交叉、相互补充的合作网络。

从具体的合作内容上来看，几乎涵盖了所有的环境问题。

### （二）绿色外交兴起

绿色外交是指基于环境保护和生存问题的外交活动。近些年来，随着全球环境问题的日益凸显，全球环境治理问题形势更趋严峻，特别在 2009 年的哥本哈根气候大会召开后，国际社会对于绿色外交的研究逐渐变得活跃起来。在国际上，欧盟是全球环境治理的一支重要力量，它高度重视环境保护和可持续发展观念，积极推动各成员国环境政策的一体化和环境领域的全球合作。欧盟的绿色外交理念、政策和现实行动一直走在世界各国前列，在世界绿色外交的舞台上树立起良好的国际形象，极大提升了欧盟对国际环境政策和绿色外交的影响力。

### （三）国际关系的运行机制转变

在环境安全问题上多元行为主体的涌现使得传统的政府一元决策机制被打破，逐渐向"政府制定、民间介入、国际影响"三元决策机制转化。各国平等地参与国际事务。其次，面对国际关系中产生的分歧，各国以协调的方式进行解决和重构，不再局限于武力解决与霸权国家占主导地位。这样一来，国际关系的动力机制随之改变，科技和生态等各种因素成为国际关系的新动力。

## 二、环境安全教育关乎人类健康生存

### （一）保障公民的人身安全和身心健康

每年，水污染、大气污染等环境问题夺去很多人的生命。实施环境安全教育，可以让保护环境的观念深入人心，大大降低环境污染，从而保障公民的身心健康，减少疾病的发生，保证下一代的健康成长。为了当代人和子孙后代的共同利益和成长，必须控制污染、保护环境，因为人类追逐现代文明的目的就是为了人类健康、文明、富裕、可持续发展，环境安全是这一切实施的条件。

### （二）保证人类的生存与可持续发展

环境安全是人类生存的必要条件。环境安全影响人的身心健康和工农业的发展，与人的命运息息相关，是可持续发展的核心主题。人类文明不断进步，地球环境为人类提供各种资源，不断为人类造福，为人类的可持续发展提供支持。但是，人类进步的过程中也伴随着对环境的破坏，环境问题在历史上发生过多次惨剧。人类进化、生存和发展的历史使人们充分认识到人类只有一个地球，为了当代人和子孙的共同利益，必须保护环境，环境安全是人类追求现代文明、发展现代文化的必要条件。

（三）协调人类与环境的友好关系

从国际环境来看，许多西方发达国家在发展经济的同时，注重协调人类与环境之间的关系。人类与环境的和谐不仅关系个人的成长，也维系着社会稳定。以美国为例，美国的《生活化的地理学》作为一种国家标准，它强调环境教育的终身教育，明确要求大学生了解人类与环境的相互关系。西方国家通过环境安全与教育相结合，实际上是进一步扩大了环境安全宣传的群众基础。它形成一种潜移默化的氛围，并对学生日积月累实施影响。

## 三、环境安全有助保障国家与经济安全

正所谓，发展是人类社会的永恒主题。在发展的过程中，人类深刻领悟到环境安全与人类社会之间的关系。环境安全关系到人民的健康和生命安全，关系到国家经济安全与持续发展，关系到国家的稳定与发展、世界的和平与安定。因此实施环境安全教育有很大的重要性。

（一）保障经济安全与可持续发展

环境安全是经济发展的基本要素。伴随着工业革命的进程，经济日益发达和进步，工业化带来的城市化使得人口迅速增长，资源和能源消耗巨大，在20世纪50～80年代，人类历史上就出现了第一次环境问题。工业发展引发的环境问题不仅威胁到了人民的生命和安全，也造成了重大的社会问题，从而在一定程度上阻碍了经济的进步与发展。在80年代以后，大规模的经济发展、全球性的大气污染、大面积的生态破坏以及突发性污染事件引发了第二次环境问题的高潮。人类只注重经济的高产出，对自然无节制地索取和消费。因此取得的经济发展和繁荣只能是短期而不是长久的。从这个角度来说，环境污染和生态破坏越来越成为影响我国经济和社会发展全局的制约因素。

国家经济安全的风险因素来自经济、社会等诸多方面，可持续发展的经济体系必须与可持续发展相适应。国家在发展经济的同时，必须考虑环境成本，财富的增加并不意味着对生态环境是无害的。

（二）保障国家安全与世界和平

国家安全是一个国家生存与发展的基本前提。一般意义上，我们对国家安全的理解局限于国防安全，即针对国防和国内敌对势力的破坏及犯罪分子而言。随着社会的进步，国家安全的内容和领域有了很大的发展，政治安全、经济安全、军事安全、科技安全、金融安全等构成了国家安全的内涵和外延。从某种意义上来说，环境安全是人类所有安全发展的基础。如果环境不安全，会带来社会动荡、

政治不稳定，从而影响国家的安全与稳定发展。

## 四、社会发展和学校素质教育的必然要求

### （一）环境安全教育是社会发展不可或缺的因素

进入 21 世纪以来，环境安全能力不仅是各国综合国力中不可忽视的部分，而且是社会发展不可或缺的因素。这一点，可以从社会的稳定与发展得以管窥。树立环境安全意识，就整个社会而言，使得环境问题升至为文化的高度，并与教育的其他因素相结合。社会发展转型表明，劳动密集型的市场往往与环境污染相挂钩，带来的是更为严峻的环境安全问题。基于这一点，有必要尽早采取相应的措施来保证环境安全教育。

### （二）环境安全教育是学校素质教育不可缺少的一部分

在素质教育中，环境安全教育是其重要组成部分。当前的环境问题涉及政治、经济、科技等诸领域，学习环境安全教育可以全面培养学生的综合素质和能力。在教育中渗透环境安全问题，不仅可以培养学生的环境意识，还可以让学生把学科知识利用到现实解决环境问题的过程中，提高学生环境意识和解决环境问题的能力。

环境安全教育是全社会共同努力的一项重要工作。作为三位一体中重要的一环，大学生要为环境安全教育承担更多的责任。大学生是社会发展的接班人，应充分享有话语权，未来的环境安全教育中更要对他们予以重视。在这种情况下，大学生素质教育除了包括思想政治教育、人文素质及创新精神和实践能力、法律素质和道德素质外，理应还囊括环境安全方面的素质。事实上，在知识经济时代，掌握可持续发展理论，学会处理好人口发展与环境保护之间的关系十分重要。有学者指出，社会发展与环境保护应协调人口增长、资源利用、环境保护、经济发展这四者之间的关系。而促进人类与环境关系的协调发展，实施未来公民环境安全素质中的关键因素应以大学生环境安全教育作为切入点。

## 五、环境安全教育能够发挥德育价值作用

环境安全教育在世界范围内应运而生。环境安全教育的德育价值也引发了人们的广泛关注，这一隐形德育资源能够转化为现实的教育力量并在教育中发挥最大的作用。

### （一）环境安全教育的自然价值：唤醒人们的生态意识和环境伦理良知

实施环境安全教育可以唤醒人们的安全意识，即关于环境和安全保护的思想、

观念和价值观。让人们懂得环境污染已经威胁到人类的安全，培养爱护和尊重环境的意识，并以身作则，追求和尊重人与自然的和谐，养成良好的保护生态环境的行为习惯。这种习惯是未来公民应该具备的必备素质之一。生态伦理良知则是在人与自然交往的过程中其行为的善恶标准在个体人格中的内化，是人的发展的自然性的有机构成。

### （二）环境安全教育的社会价值：全球意识，环境意识，学会关心，学会负责

环境安全教育的实施，使公民认识到，自然界与人类社会是不可分割的整体，环境问题即是全球问题，环境问题与人类的未来发展密切相关。在环境安全教育中体现出来的德育价值是培养学生价值观、人生观的基础。每一个人都是地球的公民，应该关爱地球，保护地球，使"地球意识"深入人心。

环境意识是衡量一个民族文明程度的重要标志之一。开展环境安全教育，提高全民族的环境意识是解决环境问题最根本、最有效的措施。培养公民对环境问题的关切程度，对现有环境问题的敏感性，对保护环境的负责态度和参与意识具有重要意义。

学会关心，关心自然，关心社会和他人。在生活中关注整体利益，才能维持自身利益的有效性。学会负责，尊重环境及其社会交往中的社会规范和社会秩序，使个体的言行符合社会公德；为社会、他人和环境做出自己应有的贡献。

### （三）环境安全教育的实践价值：参与意识与健全人格

环境安全教育的实践价值体现在公民参与过程中，并通过个体的参与意识得到充分的展现。在我们传统的思维与文化中，环境问题往往归属于行政部门，公众参与普遍缺乏。相比之下，国际的惯例是以公众为基础，政府起指导作用。因此，在发展的过程中，不必过分强调政府的参与，相反应该让公民个体也参与到保护环境的过程中，培养主人翁意识。事实上，这也是一种个体意识与健全人格的表现，它是通过环境安全教育的实践价值得以表现的。通过个体的亲身实践、反思与评价，获得更多的环境体验和感受，使公民的责任感和人生观得到了直观的体验，某种程度上来说可以产生质的飞跃。

### （四）环境安全教育的个体价值：形成正确的消费观

随着社会生产力的大力发展，人们在这个过程中产生了巨大的物质需求，过度的自然资源消费导致生态失衡，废弃物的生成量大大超过了环境的自净能力。因此，要在维持和延续环境资源的前提下有节制地消费，绿色消费，树立绿色生态观。日常生活中在交通方式的选择、日常消费方式等方面避免浪费行为。

## 第三节　环境安全教育的现状

### 一、环境安全教育研究的重要性

鉴于环境安全教育问题的重要性，环境安全研究得到多方面的重视。

#### （一）环境安全研究得到了各国政府和国际组织的大力推动

全球化进程的推进，使得环境安全研究在全球范围内形成必要的联动。这一点在发达国家早有先例。美国国防部、能源部、环保局和其他一些政府部门开展了一系列系统研究，探讨环境保护与国家安全之间的关系。加拿大、德国、英国、比利时等国家，联合国、北约等国际组织和私人基金会也开展了环境安全研究。总体来说，研究的目的既有国家利益的需要，又有国际环境友好的需求。根据美国 Woodrow Wilson 中心环境变化与安全项目在 2000 年的研究统计，有超过 100 个研究项目、基金会、组织和机构正在进行环境安全的研究，内容涵盖了国际环境安全、交通安全、网络环境安全教育等。

#### （二）环境安全研究受到多学科研究者的关注

环境科学家、可持续发展研究者、生态学家、资源学家、自然灾害学家等研究者日益关注环境安全问题。环境安全问题的多学科性要求其需要不同领域的专业人士共同探讨，使得合作成为一种可能，并使这种合作走向一种常规化的态势。围绕与环境安全相关的问题，研究者以环境安全、国家安全、人类安全、生态安全、生物安全、资源安全、自然灾害等为主体，从多个角度和学科开展了大量的研究工作。这些研究问题已经成为了环境安全教育领域的热点研究问题。就目前来看，部分问题已经取得了阶段性的成果，如制定、颁布了有关环境安全问题的法律法规，收获多个环境安全的实践性经验。

### 二、环境安全问题的类型

目前，在全球范围内，对什么是环境安全还没有形成一致的观点，但是，基本上可以把环境安全问题的研究和实践归为以下三类。

（1）环境问题与传统安全之间的关系，主要是指环境问题对传统安全（军事安全、国家安全等）构成了一种新的安全威胁。具体表现为由环境问题引起的严重后果危害到了国家的安全，如由环境资源短缺的问题引发和加剧地区性的冲突，环境问题（如河流污染导致的水资源短缺）导致难民问题等。

（2）日益严重的环境问题对人类社会的危害由单纯的环境破坏上升到"安全层次"上的威胁。传统意义上的环境问题对人类社会的某些方面的发展产生了影响和破坏，对人类的健康生存发展造成了环境障碍。上升到"安全"层次的环境问题，尤其是某些严重的全球环境问题，则对人类社会及其赖以生存发展的自然生态系统产生了前所未有的威胁，这种威胁程度相比较传统意义上的环境问题影响更为重大。具体表现为重大的环境污染事故和生态环境灾难，全球性的环境问题恶化，典型生态环境系统的退化和破坏等。在一定程度上，这种威胁足以构成人类毁灭性的危机。

（3）用"安全的视角"来研究生态系统、自然灾害、自然资源、能源等问题，就形成了生态安全、生物安全、资源安全、能源安全、环境安全等研究领域。

一般来说，生态安全是指生态系统的健康和完整情况，是人类在生产、生活和健康等方面不受生态破坏与环境污染等影响的保障程度，包括饮用水与食物安全、空气质量与绿色环境等基本要素。生物安全是指由现代生物技术开发和应用所能造成的对生态环境和人体健康产生的潜在威胁，及对其所采取的一系列有效预防和控制措施。资源安全是一个国家或地区可以持续、稳定、及时、足量和经济地获取所需自然资源的状态。能源安全是指以可支付得起的价格获得充足的能源供应。广义的环境安全是指人类赖以生存发展的环境处于一种不受污染和破坏的安全状态。

## 三、环境安全教育研究的视角

在以往的经验中，环境安全教育只出现在主权国家的相关领域中，如军事安全、地区安全、国家安全等，这是一种传统安全视角。近年来，环境安全教育扩展其外延，除了原有的视角外，还增加了狭义环境安全视角和广义环境安全视角。

### （一）传统安全视角：从传统安全的视角研究环境问题对传统安全的影响

传统安全视角是第二次世界大战过后，主权国家最为直接的反映。对这个视角进行研究比较活跃的国家和组织有美国、英国、德国、加拿大、北约、欧洲安全与合作组织、欧盟、联合国环境规划署及斯德哥尔摩和平研究所等，这些组织完成了一些有代表性的研究报告和著述。该视角从传统安全出发，将环境问题引入军事安全、地区安全、国家安全等传统的安全研究领域，研究环境问题及其恶化对传统安全的影响。该视角的主要研究领域包括环境问题与地球冲突、环境退化与生态环境难民、边界纠纷与生态环境问题、军事领域的环境问题、环境国防问题、军事手段用于解决环境安全问题、全球环境安全等。传统安全视角往往涉及国家的利益，形成国别之间的安全争论与冲突，安全保障的程度也代表着一国的综合国力。在这种情况下，主权国家都将环境安全上升为国家、社会的不可或缺的力量。该视角的核心观念是："环境问题对传统安全构成了一种新的威胁。"

目前，传统安全视角的主要观点有：①高度重视环境问题对传统安全的影响，认为环境问题是一种新的安全威胁，环境安全是国家安全的重要内容。②环境问题一般不会直接引起安全问题，但与其他传统安全因素耦合就可能引发或加剧地区冲突和难民问题。③一些西方国家认为环境问题对其他国家利益具有深远影响，有理由介入并干预其他国家环境冲突，从而维护全球的繁荣与稳定。④在环境安全与传统安全是否存在本质区别、环境问题与暴力冲突的因果关系、环境安全的维护主体和维护手段，甚至是环境安全这一概念是否必要等多个方面，存在着巨大的内部分歧和争论。⑤西方国家开展了有关中国环境安全的研究，美国"环境变化与安全项目"对中国环境安全进行了专题研究，在分析了中国的人口经济发展和资源需求、水资源、水土流失、能源消耗、二氧化碳和二氧化碳排放等问题后，认为中国的环境问题一旦诱发，必然超过世界其他国家，成为全球性的环境安全问题。

（二）狭义环境安全视角：从安全的视角研究日益恶化的狭义环境
　　　问题

该视角在环境科学领域内引入安全的概念和视角，重新审视、思考和研究那些严重威胁人类社会生存发展，严重危及人类赖以生存和发展的自然生态系统的环境问题。该视角的核心观念是："日益恶化的环境问题已经上升为安全问题"，其实质是研究日益严重和恶化的环境污染问题、生态破坏问题和全球环境问题。即认为活动引发的狭义环境问题，在人类社会生存发展的"安全"层次上造成威胁、危险和危害，须关注环境安全问题对人类社会造成的"继续生存还是自我毁灭"的安全危机。

目前，狭义环境安全视角的主要观点有：①环境安全正在成为人类社会持续生存和发展的重要自然基础，影响着人类所生存、生活的自然和社会环境，威胁着整个人类社会的可持续发展。②从区域生态环境演变等角度开展了区域生态环境安全研究，在危害机理、评估方法、调控途径等方面取得了一些初步成果。探讨了区域环境安全的维护体系，建议开展包括检测、评估和预警体系在内的环境安全维护体系建设。相比之下，区域生态环境的限定范围窄，但成因复杂，往往呈现多种特征，给研究者带来很大的不便。③结合典型案例研究了国家层次上环境安全问题，认为国家环境安全是国家安全的组成部分，分析了影响国家生态环境安全的主要因素。国内学术界认为影响我国生态环境安全的因素有国土安全、水安全、环境安全、生态物种安全四个方面的因素，并对中国环境安全问题的战略对策提出了建议。

（三）广义环境安全视角：从安全的视角研究生态、资源、灾害等
　　　领域的广义环境问题

该视角在生态、资源、灾害等广义环境领域引入了安全概念，目前主要有安全科学、生态安全和生物安全、资源安全和自然灾害四个学科领域。之所以称之为广义的，是因为它往往突破原有的界限，将人类所拥有的赖以生存的环境作为直接对象，并对其赋予新的安全内涵。

综合上述三个研究视角，无论是传统视角、狭义视角还是广义视角，都试图从某一个角度对当前学科领域中的环境安全问题进行研究，揭示环境安全教育的研究意义和研究前景。

## 四、环境安全教育研究的重点

随着九年义务教育的普及，初等和中等学校安全教育研究日益活跃，而学前教育、特殊教育学校安全研究仍寥寥无几。由于学前教育是其他教育的基石，因此必须抓好学前安全教育，可以通过图片、故事、动画、游戏等形式对幼儿进行安全教育，使其从小明白安全的重要性，培养其安全意识。

除了普通教育，应加强对特殊教育的关注，关爱特殊儿童，针对其特殊情况制定切实可行的学校安全教育对策，如对听力有障碍的学生通过手语、图片进行直观教学，对视力有缺陷的孩子通过听力和触觉训练进行安全教育，让其能够明白安全与危害的区别，提高自身安全素质及自救互救能力。

### 参 考 文 献

程舸，李冬梅. 2003. 环境安全概念及重要性探讨. 广州大学学报（自然科学版），(4)：318-319.

鄂艳. 2004. 解读环境教育的德育价值. 中国教育学刊，(4)：18-20.

傅伯杰，陈利顶，于秀波. 2000. 中国生态环境的新特点及其对策. 环境科学，21（5）：104-106.

胡东芳. 1997. 论环境教育的德育价值. 教育评论，(5)：19-21.

孙小银，单瑞峰. 2006. 试论环境安全教育. 广州环境科学，(3)：44-47.

王茂涛，彭庆刚. 2000. 环境安全及其对当地国际关系的影响. 安徽农业大学学报（社会科学版），(3)：42-44.

许振宇. 2007. 构建我国和谐社会的需要：环境安全教育. 边疆经济与文化，(9)：122-124.

叶文虎，孔青春. 2001. 环境安全：21世纪人类面临的根本问题. 中国人口·资源与环境，(11)：42-44.

张浩，赵江平，王智懿，等. 2008. 环境安全中光催化技术的应用. 中国安全科学学报，18（9）：172-176.

张隽波. 2007. 环境新闻如何走出"负面"误区. 青年记者，(22)：42-43.

张勇，叶文虎. 2006. 国内外环境安全研究进展述评. 中国人口资源与环境，16（3）：130-134.

2002年中国环境科学学术年会. http://www.meeting.org.cn/meeting1/news.asp?NewNumber=331 [2002-12-10].

Græger N. 1996. Environmental Security? J Peace Res，33（1）：109-116.

Ken Conca. 1998. The Environmental- Security Trap. Dissent，40-50.

Matthew R A. 2000. The environment as a national security issue. Journal of Policy History，12（12）：101-122.

Porfiriev B N. 1992. The environmental dimension of national-security：a test of systems-analysis methods. Environmental Management，16（6）：735-742.

Westing A H. 1991. Environmental security and its relation to Ethiopia and Sudan. Ambio，20（5）：168-171.

# 第二章　环境安全教育理论研究

当前我们处于社会经济飞速发展的时代，生产力不断提高，人类对于环境的干预和影响越来越大，但我们也越来越清醒地认识到，科学技术的广泛应用在给人们带来利益与便利的同时，也让我们遭受到了无穷的打击。近几年，河流断流、酸雨、沙尘暴、土地沙漠化等自然灾害明显增多，严重影响到人们的正常生产与生活；不仅如此，自然灾害还严重影响了人们的身心健康，因灾害而引发的死亡人数也在直线上升。借助教育手段帮助人们正确认识人类生存的环境，增强人们的环境意识，掌握解决环境问题的技术和手段，学会自我保护的基本技能，逐渐成为全球人类的共同呼声。

为增加世界各国对环境问题的重视，号召全世界共同保护人类赖以生存的环境，联合国于 1972 年 6 月 5 日至 16 日在瑞典首都斯德哥尔摩召开了人类环境会议，这是世界各国政府第一次以国际会议的形式共同探讨当前世界环境问题及保护全球环境的战略会议。会议广泛地研讨和总结了有关保护人类环境的理论，正式确定"环境安全教育"的名称，明确了环境安全教育的标准、对象和意义，并制定了相关的对策和措施，表决通过了《人类环境宣言》，在推动全世界加强环境保护方面取得了重要成就。1992 年在里约热内卢举行了联合国环境与发展大会，会议通过了《21 世纪议程》，并把它作为 21 世纪全人类解决环境问题的行动纲领；同年 10 月，在加拿大多伦多召开了国际环境安全教育和环境发展会议，现代国际环境安全教育在各国的推动下，逐步走向规范化和社会化。

我国在 1972 年联合国人类环境会议之后，随即出台相关的环境教育政策。1980 年 5 月，国务院环境保护领导小组与有关部门共同制定了《环境教育发展规划（草案）》，并将其纳入国家教育计划之中；1991 年 6 月，我国国家环境保护局宣传教育司颁布了《环境教育"八五"计划和十年规划纲要》，回顾了"七五"期间我国环境教育工作，对我国当时环境教育的状况做了客观的陈述，并提出了"八五"期间我国环境教育的目标、工作任务、措施和保证。1996 年，国家环境保护局、中宣部、教育部联合发出《全国环境安全教育宣传行动纲要》，纲要指出环境安全教育是提高全民族思想道德素质和科学文化素质的基本手段之一，要面向 21 世纪，逐步完善中国的环境安全教育体系，进一步提高全民族的环境意识。

## 第一节　环境安全教育的内涵

探讨环境安全教育的内涵尤为重要，它是一切工作的基础，特别对于主权国家来说，内涵的探讨有利于人们对环境安全教育意识的觉醒。总体来看，"环境安全教育"（environmental education）一词最早出现于 1970 年美国《环境安全教育法》，该法是美国历史上探讨环境安全最主要的法律参考依据。"所谓环境安全教育，是这样一种教育过程，它要使学生认识围绕着人类周围的自然环境与人工环境同人类的关系，认识人口、污染、资源的分配与枯竭、自然保护以及运输技术、城乡的开发计划等对于人类环境有着怎样的关系和影响。"除此之外，国际自然保护同盟（IUC）将环境安全教育定义为："环境安全教育是人们为了解和认识人类、文化与环境的相互关系而必须接受的技能和认识方面的教育。环境安全教育是一个认识环境价值和澄清人类与环境关系概念的过程，它必须贯穿于人们制定环境政策和形成环境行为准则的过程之中。"由此可见，了解环境安全教育要从内涵入手。

## 一、环境安全教育的概念

1993 年，杭州大学教育系祝怀新先生提出了如下的环境教育定义：环境教育是以跨学科活动为特征，以唤起受教育者的环境意识，理解人类与环境的相互关系，发展解决环境问题的技能，树立正确的环境价值观和态度的一门教育科学。1994 年，黄静先生在《环境教育的概念》一文中，提出了自己的见解："如果说'关于环境的教育'是传授环境知识的过程，那么'为了环境的教育'则是反复强调保护和改善环境的重要性，从而树立积极的态度，秉承全体公民的义务，唤起人们的积极行为，投入到解决环境问题中去的过程。"通常而言，我国学者认为环境安全教育就是普及环境安全的基础知识，正确理解人与自然环境的关系，帮助人们掌握、预防和解决环境安全问题的知识和技能，提高人们应付和处理各种环境灾害的能力的教育。

从内容上看，环境安全教育涉及的范围十分广泛，包括当前所有环境安全问题，如生活环境和人的生命健康安全、生态环境安全、自然资源和能源安全、生物安全、食物安全、国家环境安全等。环境安全教育即是对这些环境安全问题的基本知识进行宣传和教育，预防环境灾害发生，并培养人们应对环境灾害的逃生和急救技能，从而最大程度地减轻伤害程度。实质上，环境安全教育是要树立一种大安全观念，使人类社会赖以生存的生态环境免于所有环境问题的危险和威胁，为建设一个和谐、持续发展的社会模式奠定人民价值观的基础。

总之，环境安全教育是环境教育与安全教育的综合，是指"使人类社会赖以生存的环境免于环境问题的危险和威胁，使其环境要素的功能和调节能力处于可承受和可恢复的安全范围"，它是一种生存意识和生存观念的教育。

## 二、环境安全教育的目的

教育目标是教育活动的出发点和归宿，任何教育活动都是围绕着一定的教育目标开展的。教育目标有多种分类方法。美国著名心理学者 B. S. 布鲁姆，为了编制测验的需要，把教育目标分为认知领域、情感领域和动作技能领域。相比之下，学生环境安全教育的目标可以概括如下。

首先，通过环境安全教育深化学生对社会总体环境及环境存在的问题的理解，并让其对环境问题所潜隐的危害有一个清醒的认识，这是环境安全意识的开端；其次，通过环境安全教育使学生明确自身的社会价值，树立保护和改变环境的坚定意志，价值的明确更能为实践提供帮助；第三，通过环境安全教育，学生掌握解决环境安全问题所必需的基本技能；第四，通过环境安全教育，增强学生对环境保护的责任感和使命感；第五，通过环境安全教育，增强学生面对环境安全问题的实践能力，提高学生自身的素质，能够为环境保护做出自己的贡献，同时能够有效防止环境灾害所造成的损失，避免学生自身的生命财产受到侵害。针对环境安全问题与意识的宣传，学生的环境安全意识与实践能够有机结合。第六，通过环境安全教育，能为环境安全教育的工作提供强有力的群众基础。学生作为社会发展的新生力量，理应肩负重担，在实践与反思过程中不断为环境安全教育把脉。

### 三、环境安全教育的特征

环境安全教育既含有环境教育的内容和特色，也包含安全教育的内容和特色，同时又呈现出自身独有的特征。

首先，环境安全教育是一种非传统安全教育，具有浓厚的时代特色。通常来讲传统安全教育内容比较狭窄，往往是与主权国家的利益相关，如外交环境安全、军事环境安全等，但不涉及因环境污染而引发的安全问题；而环境安全教育则填补了这一空缺，包括环境污染和生态破坏而造成的安全问题。

其次，环境安全教育不同于一般的环境教育。环境安全教育既包含人们的环境保护意识的培养，还包括对环境灾害、环境突发事件的应急处理等技能的培养。也就是说环境安全教育将环境问题上升到人身安全、生存危机上面，教导人们如何"趋吉避凶"，知道什么事该做，做了对环境有好处，也就是对人类有好处；也知道什么事不该做，做了对环境有危害，有一天要自食其果，并连累他人。环境安全教育更具有现实意义和实际效用。

第三，环境安全教育是一种理念价值观的教育，它让人们认识到自身生存环境的重要性，认识到环境与自身安全之间的关系，从而提高人们的责任感和紧迫感。这种理念价值观的培养，是一项长期的过程。实际上，环境安全教育本身就是要树立一种大安全观念，使人类社会赖以生存的生态环境免于所有环境问题的危险与威胁。

## 第二节　环境安全教育的内容

环境安全教育不仅要学习对于生态系统、身心健康、人口增长、环境污染等有重要影响的因素，也要培养学生对环境的关心和理解，使学生树立环境意识，具备保护和改善环境的基本素质，具备自我保护的能力，以及拥有抵御自然灾害的能力。

## 一、环境安全教育的主要类型

环境安全教育指的是一切环境状态下的安全教育。通常来讲主要包括：交通安全教育、自然灾害安全教育、信息安全教育等。

### （一）交通安全教育

近年来，交通事故一直呈上升趋势，这不得不让我们深刻反思，也让我们更清醒地认识到加强交通法规和交通安全宣传教育的重要性。

网易新闻网：据中国关心下一代工作委员会 2010 年 11 月 5 日报道，交通事故已成为中国中小学生的头号"杀手"，全国每年有 2 万多名中小学生因交通事故伤残、死亡。据统计，我国每年因交通事故造成的中小学生及学前儿童伤亡人数超过万人，其中 2011 年全国共发生涉及中小学生及学前儿童的道路交通事故 12 320 起，造成 2670 人死亡、11 417 人受伤。从交通方式看，儿童在步行时发生交通事故导致死亡的人数占儿童交通事故死亡总数的 45%。

通过以上案例和数字可以发现，采取教育手段，加强交通法规和交通安全宣传教育刻不容缓。所谓交通安全教育就是指通过学校教育，让学生们从小树立自觉遵守交通法规的意识，学会自我保护，在享受现代化交通带来的效能和便利的同时，能够主动营造良好的交通环境，维护正常的交通秩序，保证道路的畅通进行。因此，交通安全教育有助改善交通环境，保障交通安全。

交通安全教育不仅仅是学校的责任，更是家长的义务，需要社会各界的重视和引导。我国从 1996 年开始，把每年的 3 月 31 日定为中小学生交通安全宣传教育日。安全教育还需要得到各地交通部门的配合，让他们与学校、家长共同协作，加强对学生的交通安全宣传教育。例如，安阳市人民政府网：2013 年 8 月 29 日，应县教育局全面推进交通安全宣传教育进学校（课堂）活动，向每位学生家长发放了有关遵守交规内容的《致家长一封信》，每周针对不同年龄段的学生上好交通安全知识课，各校班级组织学习了《长春中心小学交通安全儿歌汇编》。应县教育局邀请派出所交警带领学生走上街头，在社会实践中促进学生对交规的进一步认识。各班级召开了以"小手拉大手，交规共遵守"为主题的家长会，并与每位学生家长签订《交通安全责任书》，起到"教育一名学生，带动一个家庭"的效果，使交通安全教育深入千家万户。应县教育局让同学们更深切感受到交通安全的重要性，并认识到自己是学校交通安全宣传教育的旗帜，一言一行能潜移默化影响其他同学的安全出行。

公安部交管局还作出温馨提示，广大家长和学校老师要切实履行好监护责任，家长驾车带孩子出行时，切勿让孩子坐在前排，最好安装儿童安全座椅。同时，不要让不满 12 岁的儿童骑车上路。

总之，交通安全教育应引起教育部门的高度重视，并着力编写适合我国国情的、符合各个阶段学生心理的交通安全教材，以促进学生的健康成长。

### （二）自然灾害安全教育

自然灾害安全教育是指对学生进行自然灾害知识的教育，传授减灾防灾的基本知识与技能，有效减轻自然灾害所造成的人身伤亡和财产损失。自然灾害教育在当下显得尤为重要，特别是当前环境污染严重，自然灾害频繁发生，更加需要我们高度重视自然灾害安全教育。

以日本为例，日本位于环太平洋火山地震带，作为地震高发区，全球有十分之一的火山位于日本。全国时常会发生火山活动，严重的地震则每一个世纪都会发生几次；近年发生的阪神大地震、福田、新舄县中越地震都是里氏地震规模 6 级以上的强震，受到世界各国关注。

据新闻网报道，北京时间 2011 年 3 月 11 日 13 时 46 分 23 秒（日本当地时间 2011 年 3 月 11 日 14 时 46 分 23 秒），西太平洋国际海域发生里氏 9.0 级地震，震中位于北纬 38.1 度，东经 142.6 度，震源深度约 10 公里，属浅源地震。据统计，自有记录以来，此次的 9.0 级地震居世界第三，1960 年发生的智利 9.5 级地震和 1964 年阿拉斯加 9.2 级地震分别排第一和第二。此次地震东京震感较强。日本气象厅向本州岛太平洋沿岸地区发出高级别海啸警报。地震造成日本福岛第一核电站 1~4 号机组发生核泄漏事故，也造成大量的人员伤亡、财产损失。

但日本灾后的许多教育经验值得我们学习。通常情况下，日本以社区为依托力量，鼓励、支持社区的灾害教育活动，不断地审视反思过去的灾害情况，从而汲取经验教训。在学校中通过卡通、录像、音乐、图画、照片、故事等手段，如日本保留了 1995 年大地震的很多图片、录像、文字等，对学生进行灾害情感教育，进而影响学生家长及整个社区。

我们应该借鉴各国经验教训，结合我国国情，做好各种危机管理教育，做好灾害知识的普及教育，让学生认识到生命的重要性，对自然环境与社会环境的关系有个清醒的认知，通过体验学习，提高学生应对自然灾害的能力和水平。不仅如此，还要精心地策划，付出更多的努力，开发出适合我们国家的教育材料，将自然灾害的特点和预防措施，以及自我防护技能能够清晰地传授给学生。

### （三）信息安全教育

信息安全教育是指通过开设网络教育课程，并在信息化教育的条件下，加强学生对网络文化的识别能力、自律能力，丰富校园网络内容，加强对学生的指导与引导，提高学生筛选信息的能力，让学生做到文明上网、理性上网。当前，信息技术发展迅速，网络环境日新月异，在这种情况下，网络在学校教育过程中也发挥着越来越重要的作用；但与此同时，不可否认的是，网络在显示它的优越性的同时，也对中小学生甚至是学前儿童带来了危害，这可以从两方面的内容得以表现。一方面各种信息铺天盖地传来，扰乱了人们的正常思维判断，同时一些不健康信息的传播，严重影响到青少年的身心健康；另一方面，中小学生还处于生长期，在自律以及自我管制方面还有些欠缺，如果不能加以正确引导，容易导致网瘾、网恋等一系列不正常行为的发生，严重干扰正常的学习生活，影响正常生长。所以我们急切需要信息安全教育来引导学生。促进学生们的全面发展，发挥学校教育的引导和疏导作用。

这就需要学校高度重视网络课程，适应社会和学生的需要，选择适当的网络教材进行网络安全教育，提高学生对网络文化的甄别能力以及自律能力。近年来教育所推进的绿色网络推广就是出于此目的，对于青少年上网，除了需要以其自律为基础，仍需从制度上进行完善。除此之外，应该积极开展一些有益于增进学生网络知识、提高其网络技术水平、培养网络道德的活动，建立健全学校信息教育管理规章制度，帮助学生正确认识网络世界的各种问题与现象，提高学生判断信息的能力；最后，还要建立必要的学校心理咨询室，对部分网瘾学生进行适当的心理治疗。

当然，不仅仅学校要重视信息安全教育，家长和社会更有责任和义务重视学生的身心健康发展。家长是孩子的第一任教师，要主动成为孩子网络教育的引路人，要限制孩子的上网时间，对孩子起一个引导作用；同时社会也要加强对网吧的管制，严禁未成年孩子肆意出入网吧。

● 相关链接：2013年十大网络安全事件盘点

超级网银曝授权漏洞

收到QQ发来的一条链接，在没有任何病毒提示的情况下，打开并输入相应的资料，就会让别人完全控制你的银行账户？2013年6月，"超级网银"授权漏洞风波爆发，安徽的陈女士在网购时被骗子诱导进行了"超级网银"授权支付操作，短短24秒内10万元被骗。

事实上，"超级网银"是一种标准化跨银行网上金融服务产品，能方便用户实时跨行管理不同的银行账户。问题在于一旦有不法分子恶意利用"超级网银"，就可以将对方账户余额全部偷走。业内评论指出，银行的风险提示和安全防护能力仍有待加强，用户的风险防范意识也亟须进一步提高。

金山"蓝屏门"

6月，大量金山毒霸用户反馈在安装微软补丁后出现系统蓝屏、崩溃等故障。

在金山停止推送补丁前，整个上午金山论坛里蓝屏反馈不断。究竟是微软补丁的"毛病"，还是金山毒霸惹祸？按照金山官方公告，微软补丁在发布前没有和安全软件做兼容性测试，但随即有网友发现，金山官网已经挂出致歉声明。微软官网也打破沉默，直指是金山软件问题造成蓝屏。

酒店开房记录泄露

今年乌云太火了！8月，有人通过乌云（某网络漏洞报告平台）提交漏洞称，国内一大批快捷酒店开房记录被泄露。泄露住客开房信息的如家等酒店全部或者部分使用了浙江慧达驿站网络有限公司开发的酒店 Wifi 管理、认证管理系统，慧达驿站在服务器上实时存储了这些酒店客户的记录，包括客户名、身份证号、开房日期和房间号等隐私信息。随后，能在线查询部分酒店住客信息的网站开始出现，并迅速在网上流传。

伪基站致各地垃圾短信肆虐

今年9月工信部颁布了《电话用户真实身份信息登记规定》和《电信和互联网用户个人信息保护规定》，"手机实名制"这一条例一度被解读为对虚开号卡、垃圾短信、诈骗短信等行为的一种遏制。奇怪的是政策实施了两个多月，用户手机中的垃圾短信并没有消停，究其原因竟是伪基站作怪。该事件引发舆论关注后，全国多地公安部门迅速行动，接连破获多起非法基站案件，查获了一批伪基站。目前，伪基站已经成为垃圾短信的主要源头，这些伪基站不仅对市民日常生活造成骚扰，甚至威胁了其财产安全，也对通信运营商的网络质量和安全以及一些金融机构的形象造成了恶劣影响。

安卓应用大面积挂马漏洞

都知道安卓系统不安全，但真的中招，恐怕不是像电脑一样杀杀毒就完事了，因为手机话费、通讯录、短信等全都暴露在黑客眼下。更可怕的是，因为安卓系统本身的特点，很多知名厂商的产品也经常会暴露出漏洞。以今年9月安卓系统 WebView 开发接口引发的挂马漏洞为例，手机 QQ、微信、百度、快播，以及 QQ 浏览器、360 手机浏览器、UC 浏览器、金山猎豹浏览器等绝大多数手机浏览器全体中招。血淋淋的事实也告诉我们，不靠谱的链接千万不要点。对手机来说，中招很危险，后果很严重。

360 卸载手机预装软件遭围攻

360 在十一长假前又摊上大事了。360 手机助手推出的一项"管理预装软件"功能，在该功能的 PC 界面上，用户可对手机一键 Root，并对任何手机预装软件进行卸载操作。在节前的测试版本中，360 手机助手对某些预装软件做出了"建议卸载""建议保留""XX%用户选择卸载"的提示。这一行为被包括百度、小米、金山等互联网公司，以及联想、华为等硬件厂商认为存在诱导卸载嫌疑，因此集体对 360 手机产品做出下架处理，网络甚至戏称这种紧张局势为

"六大门派围攻光明顶"。

QQ 群数据公开泄露

11 月 20 日，漏洞网站乌云曝光称，腾讯 QQ 群关系数据被泄露，在迅雷上很容易就能找到数据下载链接。据测试，该数据包括 QQ 号、用户备注的真实姓名、年龄、社交关系网，甚至有从业经历等大量个人隐私。数据库解压后超过 90G，有 7000 多万个 QQ 群信息。随后腾讯公司回应称，此次 QQ 群泄露的只是 2011 年之前的数据，黑客攻击的漏洞也已经修复。如果一个人的真实姓名和 QQ 号、群关系都在网上暴露出来，诈骗信息将更加难以防范。

搜狗浏览器"泄密"

11 月 5 日，先是论坛和微博上有人爆料"搜狗浏览器存重大漏洞，泄露大量用户密码"，随后 360 安全卫士微博也转载证实此事，当天下午搜狗浏览器发表官方声明，否认存在所谓的"重大漏洞"。本来仅是 360 和搜狗双方各执一词，之后央视也进行调查，记者证实搜狗漏洞存在，能够登录陌生人的淘宝、QQ 邮箱、公积金、12306 等重要账号。此后随着漏洞无法重现（360 说搜狗偷偷修复了，搜狗说根本不存在），此事也不了了之。最可怜的还是那些搜狗用户，至今也不知道该不该修改密码，自己的账号是不是还安全。

12306 新版上线就曝漏洞

为配合新一轮的春运工作，新版中国铁路客户服务中心 12306 网站两天前正式上线试运行。不过，就在上线第一天（12 月 6 日），擅长"挑刺"的 IT 高手们就发现 12306 新版网站存在漏洞。漏洞发现者指出，12306 网站漏洞泄露用户信息，可查询登录名、邮箱、姓名、身份证以及电话等隐私信息。另一个漏洞的发现者也曝出新版 12306 网站存在多个订票逻辑漏洞，该漏洞可能导致后期订票软件泛滥，造成订票不公。

微软将停止对 XP 提供安全更新

微软将对 Windows XP 终止服务是网络安全的压轴大戏，2014 年 4 月 8 日，微软将不再为 XP 系统提供漏洞补丁。但是 XP 真能如微软所愿退出历史舞台么？答案显然是否定的。根据最新市场统计数据，目前国内 XP 市场份额仍高达 60% 左右。不出意料的是，安全厂商和微软对 XP 的态度截然相反。搜索"XP 终止服务"相关新闻，明确宣称继续保护 XP 的名单包括：趋势科技、360、瑞星、金山、北信源，等等。而我们所期待的，也只能是这些厂商真如他们所言，有意愿，更有能力继续守护着 XP。

## 二、环境安全教育的具体表现

通过以上类型可知，环境安全教育是以人为本、可持续发展的教育，是使受教育者在愉快的学习和健康的成长中获得有关环境的知识，获得积极参与解决环境问题的技能，学会正确判断和处理人与自然的生态关系、人与自然资源之间的协调关系的教育，是为在全世界实现经济、社会和生态环境的可持续发展而发挥潜能并作出贡献的一种新型教育科学。它主要包括对学生进行环境安全意识、环境安全知识、环境安全法制、环境安全道德和环境安全技能的教育，人们获得丰富的环境知识，培养环境情感，树立环境意识，践行环境行为，养成良好的环境习惯，更好地保护环境，更好地保护自我，更好地实现人与自然的和谐相处。具体来说，对学生进行环境安全教育主要表现如下。

（一）环境安全意识教育

1970 年，美国总统尼克松（Richard Mihous Nixon）曾以"环境素养"为题，在美国环境质量委员会的年度报告中揭示环境素养的重要性。他认为环境问题的解决，需要美国全社会进行改革，以获得新的知识、概念和态度，并认为美国全社会必须对人与其环境的关系发展有新的了解和认识，也就是说要发展环境素养。而环境素养的培养必须依赖教育过程的每个阶段。环境安全意识是环境安全教育工作的精髓所在，环境安全意识教育课程应当让学生充分认识环境的发展和演变，认清环境的变幻莫测；明白环境的发展和演变是不以人的意志为转移的，人类与环境息息相关，彼此间互相制约；意识到环境问题是全球性问题，环境保护人人有责，更要认识到环境污染、资源枯竭、地质灾害、食品安全等给人类带来的危害。随着人类对自然的逐步了解，我们已经认识到环境对于人类的价值，对自然的依赖性也越来越高，我们的道德评价标准也随之发生改变。我们在评价一个人品德的优劣时，他的环境道德意识也被考虑进来。因此，培养学生的环境道德意识具有极大的必要性。同时我们也看到了自然的威力，认清环境破坏给人类带来的灾难，因此培养学生的自我保护意识也越来越重要。

环境安全意识教育就是通过对环境知识的传播和一些基本的自我防御技能的训练，达到提高人们的环境意识和自我保护意识的目的，使人们能够意识到人类与环境相互作用的复杂性，增强一定的解决环境问题的能力，树立保护环境的道德责任感，形成正确的环境价值观和态度。

（二）环境安全知识教育

环境安全知识教育作为基础性的工程，它被赋予了重要的使命。一般来说，它是指学生环境安全意识、环境安全行为、环境安全技能和环境安全道德培养的教育。主要包括以下内容：环境保护概论，主要包括自然环境、环境问题及环境保护；生态系统的类型组成、特征和生态保护；经济、文化、人口、环境保护及资源之间的相互关系及协调可持续发展；提高环境质量的基础知识与技能，环境的污染与防治；自然灾害的类型、社会存在的环境隐患以及预防自然灾害、社会隐患的基本知识等。环境安全教育作为一种生存意识和生存观念的教育，可以增强人们的环境安全意识，协调人们与环境之间的关系，帮助人们掌握、预防和解决环境安全问题的知识和技能，基于此，通过环境安全知识教育，能够提高人们应付和处理各种环境灾害的能力。

### （三）环境安全道德教育

环境安全教育是以人为本、以可持续发展为中心的教育，要求人们认清自己对国家、民族以及子孙后代的崇高的社会责任，自觉把社会的长远利益和整体利益置于个人利益之上，自觉保护环境，合理利用开发自然资源，珍爱大自然，自觉加强环境保护。将环境意识的培养纳入道德体系中，开展环境安全道德教育，使学生自觉树立环境安全道德意识，养成以保护环境为荣、以损害污染环境为耻的新道德观。这种观念，不是简单地将道德的维度强加于环境安全之上，而是要融入一种新思维，即构建环境安全的道德视角，这就要求环境安全教育需要秉持以人为本的理念，并与道德知识、道德观念和道德实践相结合，寻找环境安全教育的发展图景。

### （四）环境安全行为教育

家庭、学校和社会应创造条件，让学生尽可能参与环境保护的实践，有效应对环境危机，保证自身安全。例如：通过环境教育使学生认识到节约保护自然资源的重要性，并能积极主动地参与到节约活动中；认识到噪声对人体健康的危害，从而自觉保持环境安静；认识到人类与自然环境相互依赖、和谐共生，并积极参与到保护鸟类和益虫等的公益活动中；充分认识到食品安全、地质灾害的严重性，提升自我保护的能力，营造良好的学习、工作和家庭生活环境。

### （五）环境安全技能教育

环境安全技能教育是环境安全教育的重要内容之一，它包括对水质、大气、噪声、食品安全的监测与分析，以及水质、大气、物理性污染防治技术等，还包括基本的地质灾害防治技能、逃生技巧等。如果说环境安全知识教育是基础的话，那么环境安全技能教育就是一项实践性的科目，只有掌握了一定的分析、检测与评价环境问题的技能，未来环境安全问题才会迎刃而解。也就是说，通过最基本的环境安全技能的学习与训练，培养学生分析及解决问题的能力，为将来进一步学习和研究环境安全科学，更好地服务于未来环境安全教育事业打下良好的基础。从当前的社会认知层面来说，学生对环境安全的意识仍然淡薄，环境安全技能的缺失也已日益凸显。在这种情况下，提高学生对环境安全技能尤为重要。一般来说，掌握环境安全技能，旨在提高环境教育的效果，提高人们的环境忧患意识，同时增强人们的责任感和紧迫感。

# 第三节　环境安全教育的基本原则

教育原则是教育工作必须遵循的基本要求，是指导教育活动的一般原理。环境安全教育的原则是实施环境安全教育的基本要求和基本准则，它对确定环境安全教育的目标，环境安全教育的内容，选择、使用环境安全教育的方法等有重要的指导意义。

## 一、道德性原则

赫胥黎指出，道德是看守社会的，是负责把自然人的反社会倾向约束在社会福利所要求的限度之内的。也就是说在教育领域，无论涉及安全、健康等任何因素，其道德的维度将不变。道德性原则是教育过程中最基本的原则。环境安全教育的道德性原则教育主要是指培养学习者在生态环境保护方面的道德感，指导他们形成正确的环境保护意识和正确对待环境的态度，培养他们在自我保护、自我防卫灾害的同时能够及时救助他人，而非为了自身利益、自身安全危害他人的身心健康。环境道德观教育是环境安全教育的一个重要目标，有人甚至认为："环境安全教育从本质上说就是一种公德教育。"苏联院士伊·比德诺夫·索科活夫指出："大自然的污染，首先是人类意识的污染，因此解决环境问题的根本途径是建立新的生态文化，从观念意识上扭转对自然的认识。"使得人类生存所依赖的环境条件，不对人类的生产和生活产生危害，不对人类生存构成威胁。因此，培养环境道德，是环境保护与环境活动的发展和前提；培养环境安全道德，是构建和谐社会，实现人与自然和谐相处的重要条件。

## 二、全面性原则

从环境安全教育的定义和目标中，我们可以看出环境安全教育是集知识教育、意识教育、价值观教育、技能教育、行为教育等为一体的多方面、多层次的综合体，其各方面互相依存，不可偏废。这体现了环境安全教育的复杂性。虽然环境完全教育无所不包，但不代表它无重点。实际上，环境安全的全面性原则便予以人们一种新的思路，即它涵盖了一定的范围，并为此设置了一定的权限。回归到实际操作中，教育工作者往往比较重视理论教育，忽略技能培养，这很容易使得理论与实践相脱节，无法真正指导学生将环境安全教育的理论付诸实践。如当下人们明明知道很多动植物已濒临灭绝，却仍旧滥砍滥伐、抓捕猎杀。这就表明理论与实践之间留有空白，缺乏必要的联系纽带，也就是说缺少对青少年环境安全教育的价值观的培养。价值观教育与意识教育在人类参与环境保护活动之中处于关键地位，是环境理论与环境行为之间的纽带，是安全教育的根基。因此，环境安全教育既不能只偏重理论教育，也不能只偏重价值观教育，而应采取更整体全面的方法，使学习者从整体的角度获得较为全面的环境意识、环境知识和环境技能，适应不断变化的环境问题，形成全面的环境观，养成良好的行为习惯，从真正意义上理解并思考解决环境问题。对学生进行环境安全教育，体现了和谐人地关系的要求。环境提供人类的生存空间和资源，是人类生存之本，只有人地相容，天人合一，才有人类的安宁平和，繁荣昌盛。

## 三、主体性原则

主体性原则不仅是主体教育观的体现，也是素质教育的重要体现，主要是指在教育过程中以学生为主体，充分发挥学习者的主观能动性、积极性和创造性，最大程度激发学生的潜能。同时，主体性原则是人对世界（包括对自身）的实践改造原则，是从人的内在尺度出发来把握物的尺度的原则，也是通过改造世界彰显人的发展和主体意义的原则。环境安全教育应使学习者在学习过程中具有主动性，主动探索环境安全教育的理念、原则和方法，并将学习理论应用于实践。因此，主体性原则要求在环境安全教育过程中改变传统的单向性、灌输型教学模式，而应该以学生为中心，突出学生在教育过程中的主体地位，教师起辅助作用、指导作用和协调作用。只有呈现学生主体的范式，环境安全宣传的群众基础才能历久弥新。

## 四、参与性原则

参与性原则是指将所学学科知识运用到具体的实践中，能够依靠自身所学解决具体环境问题，并主动参与到周身的环境保护行为中；能够用自身所学解决环境灾害问题，学会自我保护。参与性原则表明，社会公民的每一位主体都可以参与到环境安全的大问题之中，并为此生成对环境安全教育的意识、观念等。环境安全教育不要搞空中楼阁，而要广泛联系学生实际，走近生活，与生活经验相联系，使教育具有针对性和现实性。参与是环境安全教育的一个必需环节，也是实现环境安全教育最终目标的根本途径。因为环境科学本身具有很强的实践性，如果环境安全教育陷入空洞的理论学习，就容易导致课程的枯燥乏味，容易使得学习者陷入被动状态；如果就事论事，而不注重基本知识和技能的培养，也无助于学习者认知水平的提高。贯彻参与性原则可使人们从理论与实践的联系上去理解有关环境的各种知识，加深对理论的理解，主动运用知识去分析问题和解决问题，实现学以致用。

## 五、批判性原则

批判性原则是指人们能够重新审视自己、审视自己的过去与未来，对自己的行为能够有一个清醒的认识，并主动纠正自己的过错，对现有的行为习惯和生活方式进行批判性思考，从而更好地完善自我。批判性原则在环境安全教育中的指导意义主要表现在指导学生认识环境与发展问题的内涵和本质，培养他们主动反思自己当前的行为，并主动改善自己的行为，更好地服务于环境保护工作。批判性原则具体表现在以下几个方面：首先，批判性地反思知识。主要是指在环境教育的过程中要培养学生批判性地考察影响环境与发展问题的各种因素；批判性地考察相关的环境法律制度有何优劣；批判性地考虑相关的决策如何影响资源的分配和利用；批判性地判断新闻媒介对环境的报道；批判性地判断各种灾害给人类带来的损害；从而指导学生自己纠正相关偏见，自我发现改善环境的良方，自我挖掘抵御各种灾害的方法和方式。其次，批判性地思考技能。在环境安全教育中要引导学生主动付诸实践，以理论指导实践，在实践中深化理论，正确看待环境与发展问题以及社会争端，并能找准自己的社会角色，主动解决和处理各种危机问题。第三，民主参与意识与价值观。主要是指在环境安全教育过程中，要培养学生的民主参与意识，尊重他人的意见，共同协商处理遇到的问题。事实上，民主意识不光体现在理论方面，更主要还是体现在实践程度。具体来说，通过对环境安全意识的培养、环境安全的宣传、环境安全的创设、环境安全制度的建构，学生由此形成一定的技能与价值观，并由此开启新时期的批评性思维。

## 六、开放性原则

环境安全教育的开放性原则是指在教育过程中要本着以学生为中心的原则，做到教育内容的开放、教育力量的开放和教育空间的开放。环境安全教育内容的开放性是指环境安全教育的课程应涉及环境教育与安全教育的方方面面，既有学科课程，也有活动课程；环境安全教育力量的开放性则是指环境安全教育的老师既包括专业教师，也包括专家教授，还包括处于安全防卫第一线的技术工人；环境安全教育空间的开放性则是指教育过程中既要以学校为主，也要注重家庭和社会对学生的影响，让学生不仅在学校中接受环境安全教育，还要在家庭和社会中接受环境安全教育。总体来说，这种开放对象是面向全体的、大众的，其核心是以学生为主体。其次，教育的开放表现在它囊括了环境安全教育的全部。历史经验表明，只有采取必要的开放性原则，环境安全教育才有可能走向正轨。

## 七、整体性原则

环境安全教育的整体性原则一方面是指将整个环境安全教育过程看作一个

有机联系的整体，从整体出发，对人们进行环境安全教育。环境安全教育的最终目的是要落实到实践中，从环境安全知识的传授到环境安全意识的形成，再到环境安全行为的实践是一个整体过程，任何一个环节不到位，都会影响环境安全教育的实效。环境安全教育的过程是一个有机联系的整体，每一个教育阶段都是相互联系、彼此制约的，任何一个教育环节的不到位，都会影响下一个教育环节的正常实施和上一个教育环节作用的发挥。另一方面，自然界和人类社会中的一切事物都是一个整体。我们每一个人都是环境安全教育的研究对象和作用对象，整个教育过程是不可分割、相互关联、相互作用的整体。环境安全教育必须体现教育的整体性，并体现整个教育过程的系统性。在教育过程中要注意将知识的传授、榜样的示范、行为的引导等内容方法融会贯通，处理好系统内个体与整体的关系。

## 八、衔接性原则

在环境安全教育过程中，要注重教育过程的衔接性，从幼儿园开始一直到大学，都要保证各阶段教育的衔接，保证学生对环境安全知识与意识的衔接。随着年级的递进，学生的学习和认知能力也会进一步增强。做好各个阶段的教育衔接，有利于环境安全教育的顺利开展，有助于提高教育实效。各个阶段的教师都要及时关注环境安全教育的现状，了解环境安全教育课程内容的变化以及当前学生对环境安全教育的认知状况，找到各个阶段环境安全教育内容的最佳结合点，确保整个环境安全教育内容的衔接和环境安全教育效果的正常发挥。一般来说，国际上就环境安全教育的问题，也主要采取衔接性的原则。以日本为例，作为自然灾害频发的国家，自然对环境安全教育极其重视，建立了一整套从幼儿园到大学的、具有衔接性的环境安全教育体系。

## 九、层次性原则

层次性原则在教育过程中是极为重要的一个原则，在环境安全教育过程中，要因材施教，针对不同学生采取不同的讲授方法。学生对环境安全教育的态度，对环境安全知识掌握的程度是不同的，所以他们的认知水平也是多层次的，其付诸实践的能力也是不尽相同的。因此对待不同认知程度的学生要采取不同的教育方式，如对待认知程度较高的学生，要进行更高层次的引导，并加以奖励；而对于认知程度不高的学生，可以单独教育，以身示范。总之环境安全教育要针对不同层次的学生提出不同的要求，区别对待。

万事万物都有其自身的发展规律，要想探究事物的发展规律就得把握一定的原则。同样环境安全教育也需要遵循一定的原则，这一点极其重要，偏离其原则，其结果就会"失之毫厘，谬以千里"。因此环境安全教育只有遵循一定的原则，才能更好地发挥其教育功效。

# 第四节　环境安全教育的方法与途径

中国古语说，凡事预则立，不预则废。之所以进行环境安全教育，目的就是防患于未然，提高个体及社会的危机意识，做到未雨绸缪，尽量避免事故或意外的发生；另外一个目的就是为危机提供应急知识和经验，指导人们在发生意外或事故时，能迅速有效、镇定地解决问题，尽量减少损失和危害的程度。因此，基于环境安全教育的特殊性原则，环境安全教育的方法与途径也是多种多样的。环境安全教育的方法既要做到明确传达环境安全教育的内容，又要生动活泼、易于理解，更要结合实际情况，因人而异、因时而异。总体上来说，环境安全教育的方法与途径有以下几个方面。

## 一、直观教学法

日本学者正田亘在《安全心理——从人的心理看如何防止事故》中提出，事故的发生常常是由于人的心理状态比较松懈，有的是由于对事故的认识和了解不够到位，有的是对处理事故的方法比较模糊，所以造成事故的发生。因此，必须要有针对防范和处理事故的环境安全教育。通过大量实验和数据表明，直观教学方法是环境安全教育的重要手段和常用手段。直观教学法，即利用各种简单明了的方式，利用采取直观形象的刻画和描绘，宣传环境安全文化，告诉人们事故的形式、危害性以及应对措施。

### （一）设立环境安全文化展示平台，营造环境安全氛围

环境安全文化展示平台的形式可以多种多样，可以是固定的，也可以是流动的，主要目的就是提供随时随地学习环境安全的内容和机会，这样才能深入基层，被广大群众普遍接受。固定的展示平台有很多，比如在社区门口、马路站台旁、矿井下、学校内，设立各种安全文化长廊，将环境安全的主要内容以图片或文字标语的形式展示出来；而流动平台则可以发放各种宣传手册，通过电视媒体普及知识张贴流动标语以及各种可以营造环境安全氛围的文化展示。视觉效果和语言的刺激，从很大程度上能够激发学习的兴趣，或是在不自觉状态下使大众学习到环境安全的内容和文化。

安全教育宣传栏（图 2-1）常见于街头巷尾、车站月台、社区入口等处，它通过简洁明了的文字形式向民众展示环境安全教育知识，能直观有效地吸引注意力，完成知识的传播，这也是为什么通过宣传栏的方式能有效地引起多方的注意。

图 2-1 安全教育宣传栏

　　学校从上而下进行的环境安全教育主题活动包括各类型的宣传刊物。其中，学校安全教育宣传板报（图 2-2）以某一个环境安全教育的主题为出发点，简单又全面地介绍相关知识，能让学生知晓整个事件的来龙去脉。比如游泳的安全知识，游泳时需注意的事项，还有游泳时遇到的突发事故处理办法，更有针对他人遇险时应该怎么在保护自身的情况下救助遇险者，这些知识成系统化，便于应对各种境况。事实上，宣传板报与宣传栏的作用基本保持一致。但相比之下，教室里的宣传板报的功能更接近学生，为学生所接受，是一种特色的直观教学方式。

图 2-2 学校安全教育宣传板报

　　班级可以开展各种类型的主题班会，或是响应学校的主题周活动，图 2-3 就是班级的环境安全教育黑板报，内容简单且充满趣味性。安全板报十分贴合学生的心理，从学生的角度出发，让学生自己思考如何进行安全教育的宣传，达到自我教育的作用。

图 2-3　班级环境安全教育黑板报

　　手抄报形式相较于其他专刊、板报等宣传形式就更为简单和普遍化，参与者可以不受限制。以环境安全教育为主题的手抄报可以让每个孩子或成人都参与进来，从自我角度思考，从资料的收集过程中完成自我教育，又在参与的过程中习得了其他人的知识，这是环境安全教育的重要手段之一，具有十分积极的能动性。总体来看，安全手抄报（图 2-4）是以学习安全为内容的手抄报。在学校，手抄报是第二课堂的一种很好的活动形式，和黑板报一样，手抄报也是一种很好的宣传工具，不仅省力，还可以增加小朋友对安全的知识。

图 2-4　安全教育手抄报

由于多媒体网络的发展，网络用户日益增多，因此环境安全教育在网络平台上的宣传也十分必要。图 2-5 所示为中国安全教育网。网站的环境安全教育宣传可以提供新鲜直观的环境安全相关新闻案例，报道全国各地乃至世界各地的各种事件，让群众掌握社会发展动态的同时，有一个清醒的安全意识，更能通过网络平台让民众相互交流学习经验，参与各种平台开展的各项活动，亲身体验。此外，网络宣传平台还能动员社会各界力量，呼吁倡导环境安全教育，重视环境安全教育的发展和教育。

图 2-5　网络宣传平台

此外，由于网络的普及，网络中的信息和各式各样的活动也愈发在社会生活中承担重要角色。然而，信息的泛滥、信息资料的泄漏以及网络诈骗也多不可数，如何在网络分辨信息的真假，如何正确展示自己的发言权以及如何保护自己的隐私不受侵犯，都是网络信息时代需要注意的环境安全教育的内容。

环境安全教育的展示平台是丰富多样的，展示的形式也是多样的，无论是彩色漫画，还是语言提示都能塑造环境安全教育环境氛围，加上宣传栏、黑板报、手抄报或者是网络平台，都可以作为环境安全教育有效平台。这些宣传平台通过丰富多彩的宣传手段，以图片、文字、音乐或是艺术等活动形式让环境安全教育深入人心，让每个人都能从自身做起，重视环境安全。

（二）开展各类环境安全活动，增加亲身体验机会

环境安全活动的开展形式多样，可以邀请相关安全部门举行讲座，以讲座的形式分享环境安全的成功经验和失败的教训，在直接与当事人的接触中，获得环境安全教育的体悟；还可以组织环境安全活动周，以主题演讲、主题文艺汇演及主题展览等方式，将艺术及乐趣融入环境安全教育，既生动形象，又能引起共鸣；更可以采取事故模拟的方式，参与到事故的预防和处理的过程中，在过程中体会到环境安全意识和能力。

图 2-6 为某小学进行的环境安全教育的知识讲座，环境安全教育讲座能够迅

速集结数量众多的群众，将知识宣传到个人，通过知识的讲读、实例的分析以及对群众的精神鼓舞和引导，能较大程度上激起个体内心的认同感和同理心，从而使其加入到环境安全教育的阵营中去，帮助宣传和改善个体周围的安全教育环境，从而达到一传十十传百的效果。一方面，通过讲座式的方式，让环境安全教育活动得以开展，继而提高同学们的安全防范意识；另一方面，通过实料性的结合方式，既能让受教者感同身受，又能让受教者接触到环境安全教育知识。

图 2-6　环境安全教育讲座

环境安全教育的很多细则需要个体仔细阅读并牢记，因此各种机构组织将发放宣传手册作为最简单有效的环境安全教育手段（图 2-7）。事实证明，这种宣传方式效果也不错。由于环境安全教育的内容多，并与不同的学科有联系，宣传手册能够让受教者有另外一种体验。

图 2-7　发放环境安全教育宣传手册

环境安全教育活动月（也有各种安全活动周），即一段时间内集中开展各项环境安全教育的活动，活动月（或活动周）的活动形式是丰富多彩的，这样可以调动群众或学生的积极性，投入到环境安全教育中，还能激发群众的创造意识和团结合作能力（图2-8）。总之，这样的活动能够将各种活动综合在一起，满足个体的各项需求，达到环境安全教育的目的。

图 2-8　环境安全教育活动月

图 2-9 为进行环境安全知识竞赛，这个可以包含在活动月内，通过竞赛的活动形式，能从隐形层面加强参与者对环境知识的掌握，也能激发关注的学习欲望和动机。不过需注意环境安全教育的负面性，如学校过分形式化，极易造成知识的灌输以及重复，这也给宣传带来不利的影响。

图 2-9　环境安全教育知识竞赛

通过开展各类环境活动，让个体参与到情景中去，并直观地感受和学会环境安全的知识。直观教学法重点在环境安全教育内容的传授上，浅显易懂，又便于传播，十分便捷省心。但在环境安全教育中，应注意这样的情况，即宣传栏总是长年累月地宣传同样的内容，画面单一，或者是各种维护不到位，导致破损和残缺，宣传平台不再受到关注。所以宣传单位在注重后期维护的同时，更要注重宣传内容的及时更新和新颖，注重创造性。

## 二、榜样示范法

个体始终处于社会生活中，人与人之间相互影响的作用十分强大，而且个体在群体中有从众的心理。如何利用好个体的从众心理，从而使环境安全教育从自上而下传达的教育提升到自我学习的境界，这一点十分重要。在环境安全教育中，榜样示范法则能起到这样的作用，利用外界刺激促进个体内部的自我意识的觉醒。

### （一）积极表彰奖励环境安全领域先进个人或团体

用表彰或奖励的形式，给予在环境安全领域做出贡献或表现突出的个人或团体一些实质性的奖励，刺激其他个人或团体有更强的动力去学习环境安全教育的内容，完成环境安全的任务，并以一个人带一群人的方式，促进整体的学习欲望和意识。在表彰或奖励过程中，还可以互相传授相关经验，帮助他人在遇到同样情况时作出正确的应对方式；同时，这种鼓励方式更能激发个体的辨别能力，了解到力保环境安全不仅利国惠民，还能保障自身切实利益，更能获得荣誉和赞赏。

环境安全教育重点在于个体的积极参与，以及大环境的整体重视。表彰个体，既是表明了社会组织对于环境安全的重视，也凸显出作为榜样示范的先进环境安全个人，能有效地促进个体和组织对于环境安全教育工作的开展和学习（图2-10）。

图2-10 安全生产个体表彰大会

　　团体是个体的凝结，团体的整体环境影响着个体，更牵连着数以千计的其他社会组织。因此，对于先进团体的表彰能够加大整个社会对于环境安全教育的重视。自古以来，我们就特别强调集体的力量。通过集体表彰的方式，使得个体间的联系趋向紧密（图 2-11）。

图 2-11　环境安全教育先进团体表彰

　　对先进个体或团体进行表彰，能够有效增加个体或团体继续注重环境安全的意识和信心，也能激发其他个体和团体的竞争意识，有效地促进了团体组织内对于环境安全教育的重视。

## （二）设定标杆式人物

　　在团体中，可以将某个个体的正确行为作为典型事迹，以标兵的形式，激励同辈效仿和学习。设定标杆，即设定环境安全的标准，让所有人都自觉完善不足，达到整体的平均水平。"正向的作用引导群体向榜样靠拢"，通过各种活动预测隐患、检查发现隐患以及及时排除隐患的个体都可作为标杆，在这种向标杆看齐的过程中，榜样就是他们学习的对象和尊敬的人物。

　　像警察或老师，常常是被崇拜或尊敬的对象，他们通常代表着道德模范或优秀个体的形象。同样地，在环境安全教育方面，以这样的榜样或权威人物，对幼儿或青少年进行说教，常常有事半功倍的效果。人们可以凭借对于榜样或权威的敬仰及崇拜，模仿榜样的行为，间接地习得环境安全教育的知识（图 2-12）。

　　榜样示范法，在群体的环境安全教育中有显著的效果，能够激发个体和团体向榜样学习，这样无疑就促进了环境安全教育的内容被群体以主动积极的方式学习。但是，这种方法有时候会出现极端的现象，比如过分的物质奖励或精神表彰容易引来嫉妒和仇恨，对团结和安定有一定影响；也往往造成忽视了环境安全教育的主题才是所要学习的内容的现象。在利用这个方法时，应该注意适度的原则。

图 2-12　警察叔叔以身施教

## 三、总结反思法

### （一）案例分析法

在现实状况中，有很多突出的特大事故和案例，更有很多媒体报道的事例可供学习。总结反思法与榜样示范法不同，是提供反面教材的一种方法，可以教导人们不要误入歧途。总结反思法以小组或团体的成员为核心，针对已经发生的事故和案例进行分析，得出相关的经验和教训，以指导未知的事件。这样的事例可以是身边刚刚发生过的事件，也可以是历史中某一个案例，更可以是发生在其他人身上的故事，在总结反思时对于一些违章违规从而造成的安全事故等必须加以强调，并拿出来作为批判的对象。总之，可以利用总结反思的方法宣传环境安全，达到预防结合的目的。具体操作时对事件进行回顾，对事故原因进行分析，对事故处理的过程和结果进行分析以及对未来防御机制作出展望等，通过一系列讨论、学习和讲演，以真人真事和当事人的现身说法等手段，感染和震撼小组成员。

## （二）专题讨论法

针对自身实际需要，联系安全实际，针对薄弱点、重大隐患、安全愿景、近期安全工作等比较实际的专题进行讨论，让个体参与讨论中，让每个人针对实际论题发表见解，或根据经验和角度提出改善措施，让个体有集体的荣誉感，并能认识到木桶盛水的体积由最短的木板决定，自身对于集体环境安全来说是不可缺少的一部分。在专题讨论中，发挥个体的作用，并强调整体是由局部决定，安全无个体。

这种举一反三的总结反思法，比较适用于各大管理层面的学习进步。在进行总结讨论时，应注重事实的描绘，重点在于挖掘事故的原因，以及如何处理事故方面。在讨论中要把握重点，避免争执，更应将讨论化作实事，否则易成为空谈。不能为了教育而教育，而应深入事件本身，学习到环境安全内容的精髓。

## 四、警示教育法

生活中，常常有各种警示语，提醒人们不要做什么，或者不应该做什么。警示教育法就包括警示标语的学习。通过加强警示牌含义的教育，告诫群众什么标牌代表什么意思，以免因为无知而犯下不可弥补的错误，更要让群众养成查看警示牌的习惯，以免因为大意而忽略了警示牌的提醒。另外，一些危机意识的培养必须要从小做起，比如通过教育使人们熟悉和了解各类救急电话，以及各类求生技能、危机应对措施（图2-13至图2-16）。

当前，短信诈骗案件频发，更随着人们认知水平的提高，短信中的语言和内容也是不断变化，甚至出现了"公证处通知"的信息。随着通信手段的普及，通过电话及短信实施诈骗和犯罪的事例也逐渐增多，只有让民众提高警惕心，才能防止上当受骗。据统计，短信等诈骗的方式有以下几种：

图2-13 安全警示标志

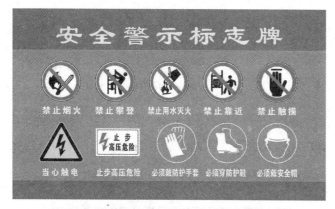

图 2-14　安全警示标志牌

图 2-15　安全警示标语

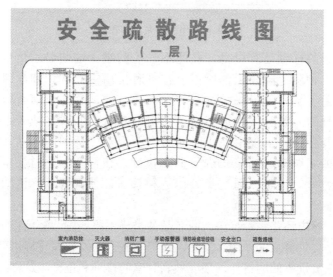

图 2-16　警示路线图

（1）回电话听歌可能会造成高额话费；

（2）以非法"六合彩"招揽客人；

（3）持机人用盗得的手机发送短信给手机通讯录内的联系人；

（4）因某种原因泄漏家庭电话号码，诈骗其家人；

（5）骗取 SIM 卡卡号；

（6）利用人们的贪利心理设计"巨奖陷阱"；

（7）代孕生子。

因此，对于新一轮的信息安全泄漏及通信诈骗，各类组织也出台了应对之策，图 2-17 为警方短信诈骗防范标示的短信提示，提醒群众谨防通信诈骗。

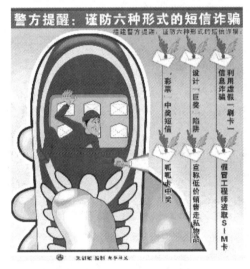

图 2-17　短信提示谨防诈骗

关于警示的标示还有很多，在此不一一列举。这些警示信号常常出现在危险地域，以预防危险发生。所以，在平时生活中的认识和学习是十分重要的，只有提前了解并知道每种标示的含义和目的，才能迅速有效地依照它来规范自己的行为。要让学生习得这些图形、形状、路线，或者是留心各种不正常的现象及特征，需要家长平时留心，在现实生活中随遇随教，教师则要用课余时间或主题活动的形式进行全面教育，让每个学生自我牢记和留心，严格执行和遵守。还可以通过经验传达和教育，使得警示标语的作用达到正确用途。

不管警示标志还是警示标语，或者是各类逃生路线图、短信提示、媒体宣传等，这些都是提供警戒的作用。当然，在警示教育中，要注意标语明确清晰，更要注意标语摆放位置的醒目性，还应做到时空的排列和位序。这样的话，个体才能有意识有觉悟地按照警示语、标志进行操作。

## 五、活动参与法

在环境安全教育中，除了灌输环境安全教育内容外，个体的自主参与性也十分重要。活动参与法即提供各种自发的、有组织性的团体活动，提高个体的学习兴趣。比如，开展应急活动预演，将平时习得的环境安全内容实践到真实的环境中，并从中获得真实的体验，改善和修正自我的认知差异（图 2-18、图 2-19）；开展环境安全承诺签名活动，让每个人承诺，扎实做好自身的防御工作，自觉约束自己的行为；开展环境安全意见征集活动，组织各类民众提出自己的想法和意见，集思广益，形成人人参与、全员覆盖的环境安全环境格局。类似于这样的活动还有很多，重要的是能够提高积极性和主动学习的欲望。当然，活动也不宜频繁开展，以致失去了趣味性和吸引力。

图 2-18 模拟火警逃生

图 2-19 模拟地震自救

出于危险发生的情况常常很难预知，危急关头人的头脑和情绪很难控制，所以，很多人都缺乏危机意识和危机应对的经验。通过危机模拟的方法，能让人有危机的体验，深刻明了内心世界的波动和外界环境的变换的严重性，能够让学生根据自身条件和需求进行环境安全的学习，更能通过模拟训练的方式，让个体切实地掌握应对的能力。

总体上来说，进行环境安全教育的方法还有很多，但大多倾向于外在促进和内在自我提升两方面。在教育过程中，要注重多种方式的并用，注重实践和理论学习的结合，注重趣味性和思考性并举，而不是盲目地实施一种教育方法。这种多管齐下的教育方法，更能促进完成环境安全教育的目标。另外，在使用这些教育方法时，要注重创新精神，不能一成不变，更不能因方法而方法，忽视了人是主体。最后，在使用这些方法时，应注意与实际情况的结合，熟悉掌握，灵活运用。各种社会力量都应结合起来，如政府监督和支持、社会媒介宣传和引导、家庭关注和参与、企业学校注重和投入以及个体的兴趣和主动等，这些所有的力量凝结在一起，才能最大限度地发挥环境安全教育的作用。

# 第五节　环境安全教育的管理与实施

环境安全教育作为新兴发展的教育领域，需要一个具备完善理论和充分实践基础的组织进行管理和实施。对于环境安全教育的管理和实施，是环境安全教育的重要环节，也是更好完成环境安全教育目标的主要手段。

## 一、环境安全教育管理的意义

管理就是预测、计划、组织、命令、协调和控制。自古以来，管理问题就一直伴随着人类的生产发展而被需要。"人类的劳动活动与动物的活动有本质的区别，它有两个根本的特点：劳动工具的制造和利用以及劳动的集体性。"正因为人类在劳动上的根本不同，导致了管理必然存在，这也说明管理的实效性是影响人劳动效率和成果的一部分因素。随着社会的前进、文明的发展，管理科学也在不断前进，它经历了四个发展阶段：早期管理、科学管理、现代管理以及最新管理，从单纯凭借个人经验，到产生"科学管理理论、计划管理理论、行政组织理论"，再到注重人、社会及心理因素，直到现在将系统理论和应变理论运用于实践，这正显示，在当今社会，人们越来越认识到科学的管理能起到至关重要的作用。总而言之，"管理"已成为各项社会组织、企业、单位、团体不可缺少的理论素养和实践能力。而"企业管理的重要问题之一是要调动职工的工作积极性。人的积极性是与需要相联系、由人的动机推动的。"

因此，良好的管理能够迅速有效地提升工作质量和改善工作环境，更能让人心所向，企业合力。

正如美国教育管理学家 F.C.恩伯格（Fred C. Lunenburg）与 A. C. 奥斯坦（Allan C. Ornstein）合著的《教育管理学》中提出的，"教育管理者是遵循特定伦理准则并且其资格由州政府教育委员会认定的专业人士，因此，他们的行为要符合为人接受的实践标准。"环境安全教育的实施过程中同样也需要有一个专业的管理团队和管理理论。这样，才能以人们能接受的实践标准去实施环境安全教育，同时保证环境安全教育的起点处在与所有教育同等的水平线上。因此，环境安全教育的管理者，需要利用各种"理论来解释和预测教育组织中各类现象"。

## 二、环境安全教育的管理模式

"管理模式反映的是管理系统的内要素间的关系结构，任何管理都无法摆脱模式"，"管理模式实质上是一种管理关系并直接影响管理行为"，这其中体现了管理者对于管理过程中形成的人与人之间的关系，其核心就是协调人际关系，管理模式的实施就是帮助人们在事件发展过程中起到管理的作用，在一个共同的管理关系内，依照明确的管理原则，达到形成人们一致的目标、统一的理念、合作的行动。这就意味着"管理模式在不断地更新和演化，管理行为也在不断地变化中"，管理模式将管理者、管理方式、管理环境、管理目标与管理对象等管理要素连接起来，其中一个要素的变动都将带来整个行动的变动。因此，管理模式就是确保各要素能有序地各司其职。

环境安全教育的管理同样是如此，根据管理的模式可将环境安全教育的管理模式分为三个模式：经验型管理模式、行政型管理模式、科学型管理模式。

### （一）经验型管理模式

**1. 概念**

"所谓经验型管理模式，就是指以管理者个体或群体的经验作为管理行为的依据的管理模式。在经验管理模式中，管理者个体或群体的经验是依据管理模式。"在环境安全教育的管理中，要注重管理者个体或群体的经验，从管理层面出发，将管理者自身的人生阅历、环境安全教育经历以及管理的经验融入环境安全教育的管理中去；从另外一个层面出发，在管理过程中注重组织中一些老干部、老专家、老教师的作用，注重发挥组织成员的特长，注重吸收个体的经验和智慧。

**2. 影响因素**

经验是管理者在管理过程中积累起来的宝贵财富，要提高管理的有效性，需要认真总结正反两方面的经验，作为以后工作的借鉴。环境安全教育的经验型管理模式，就是管理者集结群众智慧和个体经验于一体，共同致力于将环境安全教育实施到位的模式。在对经验的吸收和总结上，管理者容易受到主观和客观两方面的影响。

第一，容易犯主观上的经验主义错误。管理者本身的个人素质以及学习能力常常影响着对事物的感知能力。如果一个领导者故步自封，不求进步，对新出现的环境安全教育的内容、方式、类型等缺乏敏感度，也会忽视在管理中出现的新问题，不愿意吸纳新知识和新领域。再加上身为管理者，难以亲自深入基层体察事务状况，无法运用身边的工作人员接收并分析关于环境安全教育的调查研究和情况汇报，单一的思维模式容易造成判断力的下降。管理者自身的个人心理特征、性格、智力水平、过往经历、学历水平、群众基础等都会影响经验型管理模式的发挥。因此，经验型管理是一种主观上的经验主义，并不能完全适应环境安全教育的管理环境。

第二，客观上的环境是不断变化的，更新换代十分快速，由此环境安全教育的经验不仅是时代的产物，也容易被时代淘汰。环境安全教育的受众是 21 世纪的新型民众，群众基础复杂，年龄层面多样，文化风俗差异大，加上当今社会是经济高速发展，管理者无法确保自身经验的有效性和可执行力。相对于小学生来说，环境安全教育的管理就要从实施教育者抓起，教师、家长、同辈群体的感染力能够快速提升小学生的环境安全意识；对于成人来说，他们具有完全行事能力，也能够迅速分析问题的危险性和重要性，且日常的教育资讯和媒体传播信息能帮助成年人在忙碌的工作压力下认识到环境安全的重要性。此外，教育对环境安全的管理不是管理者个人的能力能解决和预测的，管理者也难以在这样一个复杂、多元的时代发挥自身的经验和才能。环境的变化和时代的发展是导致管理者经验易被淘汰的原因，也是影响经验型管理模式失效的关键。

### 3. 优势

首先，经验型管理模式具有较强的灵活性，在相对稳定的社会环境中，管理者具备充足的经验和阅历能够迅速帮助管理提高层次，有助于快速有效地实现环境安全教育的目标和任务。管理者可以根据以往历史的经历中学习经验，包括成功的经验、失败的教训，也可以参考事物发展的过程和走向，对管理的事物能有清晰明了的掌握，并能应对遇到的各种临时状况或紧急状况。这就能随时改善教育方案，积极动员各参与者，能迅速鼓动受众加入到环境安全教育的阵营中来。

其次，以经验型为管理模式能够令人产生信服感，使受众依从组织发出的指令。有了丰富的经验形式，可以帮助环境安全教育少走弯路，走捷径，避免一些陷阱。作为经验型领导，更知道如何调动人员的积极性，也知道如何协调工作与人员的关系，能有效地保证各项环境安全教育工作的开展。但需要提醒的是，经验型的管理模式往往受限于固定的思维，因此在这种管理模式之下需灵活运用各种手段，才能相得益彰。

**4. 局限性**

当然，经验型模式也具有一定的局限性。第一，管理者的管理依据是经验，而经验常常来自于管理者的主观判断、感性的思考和独具个人主义的见解。经验的感性大于理性，缺乏理性的分析，就容易造成判断失误或主观臆断。而这种错误往往造成从上而下的连续犯错，纠正起来十分困难。第二，管理者的个人经验毕竟是有局限性的，在环境安全教育管理过程中，随着教育层级的递进，教育发展的状态、教育完成的程度、教育达成的目标，都是未定的，经验常常不能因时因地制宜，领导者若一刀切地做出决策，后果不堪设想。再加上经验是过去经历的总结，常常让人总是思考过去的成绩和过去的教育历史，而忽视在新时代中应该有的创新精神，经验的有效性是有时限的，过去的经验对现实的社会缺乏普遍一致的有效性。一味地总结过去、学习过去、采纳过去，只能造成停步不前的状态，不能开展新的教育模式，也不能达成新的教育成果，更不能在环境安全教育中取得新的突破。管理者的手下也容易产生怠惰的心理，钻固定模式的空子。

## （二）行政型管理模式

**1. 概念**

行政型管理模式是指教育组织或一所学校的管理以行政职能为中心，按教育行政系统来实施的管理模式。

行政型管理模式最初出现在 19 世纪后期国民教育体系的形成时期，以学校内部工作的专业分工为标志。到了 19 世纪末，教育规模出现了更大的变化，教育的分科更细化，学校的类型及数量增多，学校教育的规模扩大化，这一系列教育的进步提高了对行政管理的要求。"教育立法、规章制度的建立是行政管理的标志"，国家从宏观层面上通过运用国家权力对教育施行调节和控制，而地方和学校则通过规章制度约束来施行管理，这些都是行政管理的标志。20 世纪以来，行政管理模式又赋予了新的内涵，并促成了行政管理的分离。伴随着 21 世纪社会的发展和进步，管理内部的分区和权责划分便促使行政管理体系的形成，最终形成了行政管理的专门机构和专职管理人员，这便是行政管理模式。

**2. 影响因素**

首先，行政型管理模式的首脑是国家，国家意志是操控行政型管理模式的大头；其次是上级组织。国家推进的法令、指示、决议等都是行政型管理模式的施行指标，也就是说，行政管理如何施行，最重要的标准就是依照国家拟定的方针进行，按照法令施行。通过调节和完善各教育领域的管理，各教育部门有效、协调地合作，完成教育目标。根据每一层级对于教育管理的不同要求，采用不同的实施手段和办法，环环相扣，层层递进，才能保证基层完成任务。环境安全教育的管理，必须依照国家颁布的教育法规与法令，依法行政能够保证组织本身的科学性，也能维护组织的权威，更能提高教育管理的实效性。

其次，行政型管理模式受其自身的内部结构影响。行政管理产生的标志就是教育与管理的分离，而教育与管理的分离就必然意味着二者之间有分歧和矛盾，如果管理单单从理论层面或以完全不同的知识来管理教育，就会造成教育的偏差，因此，教育的管理越来越倾向寻求专门的机构和管理人员。学校是专门育人的机构，教育行政负责管理，但教育行政的管理模式的内部结构以及内部权责划分必须明朗和规范，层次分明、分工明确，否则容易造成机构冗杂、管理拖拉，或者造成教育督查松散的局面。

### 3. 优势

首先，行政管理最大的优势即是有法可依。环境安全教育的行政型管理模式能保证在对环境安全教育的管理过程中凡事有规章制度可依循，不仅有国家明确的立法做保障和支撑，还有各级行政部门的指令、决议、文件等作为参考，十分有利于保证环境安全教育管理的有序、持续和稳定。有法可依还能说明在管理环境安全教育的过程中，环境安全教育的实施既是一种有强制性的义务，也是一种自我环境安全教育的责任。法律能够保障环境安全教育实施的权威性，更具有普遍意义。

其次，环境安全教育的行政管理模式本身就是分工明确、层次分明，在管理的每一个环节都有专人负责。权责的明确分工能够确保人人有事干，事事有人负责，每个人都能在自己的工作范围内维系好整体的运营，关系明确。最为可贵的是，这种职、责、权分明的模式，能够迅速提高各行政部门的办事效率，不会遇到有事推诿、遇事逃脱责任、无事缺乏干劲的状况，特别是在新经济管理的大环境之下，这种管理模式更显得重要。

### 4. 局限性

明确的工作分工及层层递进的管理模式，比较容易造成机械化的管理，凡事只求文件精神，强调政策条文，追求统一的国家律法和规章制度，容易造成"本本主义"，在环境安全教育过程中极易有"一刀切""齐步走"的现象。这是管理组织容易出现的问题。

管理人员也容易出现各类问题，例如，管理组织庞大容易造成人员职责过于细化，人员过多，组织关系就越复杂，长期下去，各行政管理人员就会产生倦怠心理，缺乏积极性，办事效率下降；也极易产生个人主义，个人的权利被放大，个人的能力、话语、意见成为整个组织的决议，"官"周围围绕着一群群众，不再以群众利益为首，腐败和不作为滋生。这些都是管理人员容易出现的问题，必须在实施管理的过程中极力避免。

### （三）科学型管理模式

#### 1. 概念

科学型管理模式产生于 20 世纪初，是由社会经济发展、对人的质量的要求提高、义务教育的普及以及教育的进一步发展带来的管理模式。科学型管理模式也是科学技术发展的必然结果，它利用现代科学技术的手段进行科学分析及管理。环境安全教育的科学型管理模式，就是响应社会对教育，对人要求提高的号召，利用各项教育测量、统计、评估、诊断以及预测和规划等一系列科学技术的手段，对环境安全教育进行监督，对环境安全教育的质量进行管理。

#### 2. 影响因素

首先，在管理过程中需要对过程与对象进行分析，这种分析包括各个方面，而在分析过程中，必然有定量和定性手段的区别。"性质、特点、规律、外部环境、内部条件、处理方法"等内容，就属于定性分析；各种数据记录、收集、统计以及分析过程的处理，就属于定量分析；若二者不能有效结合，便会造成判断的误差，使实验结果缺乏效度和信度。

其次，在管理过程中，管理者依据的管理理论也会影响管理水平。比如说当今社会相对流行的系统论与实物论的纷争，理论基点不同，处理教育问题的态度、方法、过程也就不同。理论依据必须顺应教育问题的特征，符合问题的发展方向，同时还应与基层工作人员良好沟通，方能将理论贯彻到实践中去。

最后，技术手段的水平也影响了科学管理的水平。在环境安全教育管理的过程中，如何结合现有的技术手段和人员力量，才能做到对此项环境教育问题的调查和研究实事求是、深入内部，挖掘到核心的内容；如何测量、如何诊断、如何分析、如何预测、如何规划，都会影响科学分析的结果；所以采用什么样的技术手段能够最小化误差、最小化损失和问题，都很关键。

#### 3. 优势

环境安全教育的科学型管理能够利用先进的技术手段和先进的理论，对问题做最切实的研究分析，能够提高管理的正确性，也能排除一些不必要的干扰因素，全心致力于关键问题，提高环境安全教育的实施。

另外，科学型管理模式通常采用量化的数据与定性的分析，并以质的研究方法加以呈现，而这些量化的数据和定性的分析，不仅能够直观、简洁地呈现问题，也能表明教育实施的成果，更有利于下一步管理的决策、管理以及实施。

#### 4. 局限性

在一些基础性的环境安全教育的管理面前，科学型管理能够快速、有效地分析问题，并解决问题，但如果问题基数过大、原因过于复杂时，很难全面展开科学调查和分析，也无法提供全面的可量化的数据，这便导致了无法制定宏观方面的决策。

在对数据的分析和处理中，虽然借助于大量的科学技术手段，但还是无法完全排除测试者、分析者、筹划者本身的主观因素，无法保证他们用一种中立的态度对待问题，这会影响结果的效度和信度。当然，这种主观因素是无法避免的，人的情感因素和主观因素掺杂在科学分析中，极易造成科学分析后得出的结果影响环境安全教育的实施和管理。

在科学管理模式中，过分注重科学分析和管理，忽视了人本，从而造成管理的片面化。环境安全教育的管理中会涉及方方面面的问题以及错综复杂的人际关系，很多东西是无法量化，更无法用科学解释的，这就造成管理障碍。

总结以上三个环境安全教育的模式，能得知所有模式都具有一定的优势，也具有一定的劣势，我们不能完全肯定哪一种管理模式是最适合、最好的，这就要求管理者在管理过程中不断吸收三种模式的优势，避免其局限性。为了保证管理的高水平，三种模式的结合才是最好的管理模式。

## 三、环境安全教育管理的实施原则

在对环境安全教育的管理过程中，需要有一定的原则指导和确保管理的实施，具体包括以人为本原则、多样性原则、灵活性原则、现代性原则等原则。

### （一）以人为本原则

在环境安全教育的管理过程中要以人为本。教育本身涉及的问题和关系就错综复杂，但人始终是各项问题及关系的根本所在，只有以人为本，注重人的主观能动性，促进人员的福利，保证人员的素质，抓住人员的特性，才能在很大程度上确保管理的实施。

### （二）多样性原则

在管理过程中，管理者或管理人员会因自身的知识素养、喜好、利益驱动等原因选择某一管理模式，但单一的管理模式是不科学的，容易造成工作的懈怠和管理过程机械化，只有确保管理模式的多样性结合，才能趋利避害，发挥各种管理模式的优势，更快地完成环境安全教育的目标。

### （三）灵活性原则

管理的事物是死的，人是活的。不管遇到什么样的环境安全教育问题，都不能采用经验主义、本本主义或教条主义完全一致地对待每个问题。管理过程中应因材施教，灵活运用各种技术手段、管理模式、管理经验以及人员的调动，这都是用发展的眼光来应对各种状况，这样才能称得上是好的管理。

（四）现代性原则

社会在进步，人也在进步。科学时代各项技术日新月异，人们的生活方式也与高科技密切连接起来。在管理过程中，应该享用科学给我们带来的成果，为环境安全教育谋福利。为此，环境安全教育管理手段需要现代化。

- 链接：案例分析

**1. 信息安安全教育管理**

### 韩网络实名制护航青少年安全

事件起因：

2009 年，韩国信息安全保护企业 Jiran 发布的一条消息让众多的韩国家长和教育界人士忧心忡忡。在该公司监控到的 13 万条色情视频中，利用手机登录观看的达到 1.8 万条，占 14.3%。作为通信高度发达的国家，韩国互联网和手机的普及程度达到令人咋舌的地步。手机色情传播的急速增加，对几乎人手一部手机的韩国中小学生的身心健康有很大的危害。为此，韩国政府、社会、企业、学校、家庭等各方力量联手，利用不断完善的法律法规以及日益进步的技术力量，合力为青少年的网络安全保驾护航。

问题症结：

据报道，到 2009 年 1 月，韩国互联网使用人数已经超过 3000 万，手机用户达到 4580 万。以韩国人口 4700 万计算，互联网普及率已经超过 60%，手机普及率接近 100%。现代化通信设施给人们生活带来便利的同时，垃圾邮件充斥、个人信息泄露、网络色情泛滥等信息化时代衍生的副产品也愈来愈成为人们难以摆脱的烦恼。特别是针对近年来网络色情信息迅速泛滥的现象，如何保护花季青少年免受侵害成为韩国政府和社会各界共同关注的课题。

管理经验分享：

为防止网络有害信息对青少年产生不良影响，韩国政府采取的措施可以用一句话来概括，这就是政府与社会联手，法律与技术并重。

经验一：日益完善的"实名制"

提起防范网络不良信息，就不能不谈谈引起全球各国媒体广泛关注的韩国网络实名制和手机实名制。2006 年年底，韩国国会通过《促进利用信息通信网及个人信息保护有关法律》修正案，规定在平均每天点击量超过 10 万次的门户网站和公共机关网站的留言栏上登载文章、照片、视频等内容时，必须先以本人真实姓名加入会员。如果违反，将处以 3000 万韩元（约 3 万美元）以下罚款。从 2008

年1月28日起，韩国35家主要网站按照韩国信息通信部的规定，陆续实施网络实名制，登录这些网站的用户在输入个人身份证号码等信息并得到验证后，才能发布信息。

网络实名制实施后，在博得一片赞许的同时，也出现一些疑虑的声音。民众的担心主要集中在两方面，一是网上登录的个人身份信息被盗用怎么办；二是是否会影响到网民的言论自由。

为了防止在网上盗用他人身份进行犯罪活动的可能，几乎在网络实名制诞生的同时，韩国政府就推出了"网络身份确认号码"制度。即网民登录政府指定的5家信用评价机构网站通过身份验证后，就可以得到一个电子认证号码，以后可以利用这个号码替代真实身份在网上发布信息。根据韩国行政安全部2010年的业务计划，政府今后将进一步扩大在网络中用电子认证号码来代替居民身份证号码。

而比网络实名制实施更早的是韩国的手机实名制。2002年，韩国政府就开始采取一户一网、机号一体的手机号码入网登记制。这一制度的实施在一定程度上大大减少了用手机传播色情信息的行为。

可以说，韩国网络实名制和手机实名制的实施为从源头上遏止手机网络、互联网上不良信息的发布、传播起到了不可低估的作用。此外，一旦出现不良信息，相关机构在追查和惩处方面也可以做到有的放矢。

经验二：法律编织的"安全网络"

韩国的《青少年保护法》中规定，禁止17岁以下学生晚上10点以后出入网吧，门户网站和新闻类网站不得含有色情等青少年不宜接触的内容，网吧、学校、图书馆等公共上网场所应安装过滤软件，保证未成年人获取健康信息。

《青少年保护法》还规定，不宜青少年浏览的网站应注明"含有不良信息"，并有义务严格采取核实年龄和身份的措施。如果违反规定，将被列入"青少年有害网站"名单并受到法律的严厉制裁。

针对手机广告短信的泛滥，韩国信息通信部早在2002年8月就出台了一项措施，广告商在发布手机短信广告时，必须事先取得收信人同意，并且在晚上21点至次日上午9点之间不得发布短信广告。这同时也为从源头上打击通过手机传播色情信息提供了法律依据。此外，《促进利用信息通信网及个人信息保护有关法律》规定，利用通信网络公开传播对青少年有害信息的，将被处以2年以下监禁或1000万韩元（约1万美元）以下的罚金。

经验三：社会参与的"绿色工程"

保护青少年免受网络不良信息的危害是一项综合性工程，这在韩国社会各界已经形成共识。因此，韩国各界一直致力于由政府、社会、学校、家庭共同参与，为青少年创造一个安全的网上家园。

从2009年4月开始，韩国广播通信审议委员会联手教育科学技术部以及地方教育厅，推出"绿色网络计划"，免费提供能够屏蔽对青少年有害信息的软件，这一软件可通过广播通信审议委员会的网络主页下载。据统计，到2009年10月，软件下载次数已达到100万次。

为了形成健全的网络信息文化，韩国行政安全部计划在2010年推出"预防、治疗儿童网络中毒项目"。这一项目将灵活运用游戏、美术方式，普及到幼儿园，同时制订以青少年为对象的"诊断手机中毒标准"，开展预防教育。在这一方面，京畿道始兴市开展的"青少年电话1388"活动受到肯定。那些沉迷于网络游戏、患上手机中毒症或遇到学业、家庭问题的青少年，可以24小时拨打1388号码接受咨询指导，从而远离不良信息侵害，重新回归到健康生活当中。

用技术屏蔽网络不良信息，保护青少年身心健康，这在韩国企业看来不仅是一项社会义务，也为他们提供了新的商机。2009年底，韩国三大通信商之一的KTF与网络信息安全企业"安哲洙研究所"达成合作协议，双方将共同推出手机电脑安全管理服务。这一业务的特点是兼容有线、无线进行联合安全服务，用户通过手机可以屏蔽电脑的有害信息，管理子女的电脑，实现信息安全与电脑配置的最佳化。

因此可以这样总结，韩国政府、社会、企业、学校、家庭等各方力量，利用不断完善的法律法规以及日益进步的技术力量，为青少年编织了一个安全的手机网络、互联网络环境，合力为青少年的健康成长保驾护航。

（案例取自中国安全教育网，新闻中心，各地动态，《韩网络实名制护航青少年安全》，2010年1月5日。）

**2. 交通安全教育管理**

### 中国校车事件

事件背景：

2011年5月，河南淮阳一家幼儿园的校车在载送孩子途中遇路边砖堆刮擦，导致车内一名6岁女童当场身亡，调查后发现该校车疑为报废车辆。

2011年3月，北京门头沟一辆核定载客49人，实载81名幼儿园师生（其中76名儿童）的大客车超速行驶，途中发生事故，造成园长和一名5岁儿童死亡，3名儿童受伤。

2010年12月27日，湖南衡南县松江镇一辆由东塘村开往因果村，运送20名小学生的三轮车，在驶到因果桥时，整车坠入河中。事故致14人死亡。

2009年10月，湖南娄底一辆核定载客11人，实载32人（其中30名儿童）的校车翻入路边池塘，造成4名幼儿死亡，26名幼儿受伤。

2006年11月21日，黑龙江双城市周家镇中心小学50名学生坐校车上学途中，由于校车速度过快，方向失灵，导致车辆侧翻，从距水面约3米高的桥上坠下，造成8名学生死亡，39名孩子受伤。

事件处理办法：

接二连三的校车事件爆发，引发了社会各界的关注，一时间关于校车安全的问题成为热议之题，也引起了国家的关注。对于交通安全教育的管理成为重点，2011 年 11 月，温家宝总理在第五次全国妇女儿童工作会议上指出，国务院已经责成有关部门迅速制订校车安全条例。2012 年 3 月，国务院总理温家宝主持召开国务院常务会议，审议并原则通过《校车安全管理条例（草案）》，要求校车通行优先；4 月份，《校车安全管理条例》发布，高中生上下学不纳入校车服务范围。

（资料来自百度词条，《校车管理条例》）

• 链接：国外对于交通安全教育的管理

### 法国：坚持处罚与教育并重

据法国警方的统计，1998 年法国交通事故死亡人数为 8437 人，而 2005 年降至 5318 人，比上一年下降 4.9%，2006 年头 5 个月为 1747 人，又比去年同期下降 11.1%。法国交通事故死亡人数逐年下降是政府多管齐下治理的结果。法国政府采取了哪些措施，减少了公路"杀手"呢？

第一，从限制车速入手，降低交通事故隐患。法国的交通事故多源于超速行驶。近年来，法国将超速作为重点打击对象，在高速公路、国家公路和省级公路上增加了电子警察———雷达测速器，自动测速并拍下违章超速行驶的车辆，并按车牌号对车主实行罚款。2005 年，法国全国公路上新增了 1000 台（300 台为移动式）测速器，2006 年又增加 500 台（200 台为移动式）测速器，2007 年还将增设 500 台。同时，增加了流动岗哨，隐蔽在路边或桥上对车辆进行测速。对超速行驶的车辆也加大了惩罚力度，超速罚款 135 欧元（15 天内缴纳罚款者减为 90 欧元），并按不同情况扣减记分；超速达 40～49 公里罚款 750 欧元；超速 50 公里以上罚款 1500 欧元；吊销驾驶证最长为 3 年，在 3 年中重犯者则罚款 3750 欧元，并判 3 个月监禁，甚至可能被收车辆。如果对罚款熟视无睹，将会加倍处罚。如果你再不理会，法院将向你发出传票。

第二，开展交通法规教育活动。近几年来，法国每年举办道路安全周活动，主题各不相同。期间，在城市主要街道张贴有关标语，电视台专门播放宣传片，请酒后驾车的司机讲述车祸给家庭带来的不幸，以增强人们对交通安全的观念。2006 年的安全周活动将在 10 月 16～22 日举行，以城市道路安全作为主题，重点宣传城区行车时速不得超过 50 公里。

据统计，15～24 岁的青年人是交通事故最大的受害者。为此，政府确定从娃娃抓起，从小学三年级开始增设道路安全课程，讲授交通法规，熟悉各种交通标志，增强学生的道路安全意识。法国对青少年开展的教育形式多样，生动活泼：让志愿家长陪同学生集体上街步行，讲解交通安全法规；设立交通安全顾问，向学生介绍学校周边的交通状况；在校外学生活动场所设立交通安全基本知识教板；在中学开设"道路安全执照"课程，为今后考驾照作准备。

第三，完善法规，强制实行。按规定，大型客车、大型货车的司机，每天最多驾驶 8 小时，且驾驶 4 小时必须休息 45 分钟，违反者要受到处罚并强制休息；如果出现疲劳驾驶，车主也要负相应责任并受到处罚。驾车人不准在行驶时打手机，以免分散精力，造成事故；儿童乘坐小轿车必须使用专门座椅固定；驾车人和乘客在车辆行驶时必须带上安全带，包括在后排座上的乘客，否则将被罚款 90 欧元。为了避免在法国境内违章的外国游客逃脱处罚，法国政府还与外国政府签订合作协议，增加交通法规对外国车辆的约束力。

行车安全在很大程度上取决于驾车人的素质。为此，法国驾照考试和监管制度十分严格，一次考驾照通过率低于 50%。法国自 1992 年就开始实行计分制（满分为 12 分），近年来，法国修改了原有的法规，新获驾驶证的人只能有 6 分，在三年内，如违章扣分超过 3 分，警察局会强制缴费 230 欧元，并让持证人参加为期两天的培训班，学完后最多只能恢复到 4 分；如果扣分超过 6 分，驾驶证将被吊销，从头开始考证；三年内无违章记录者，才能自动转为 12 分。对于无证驾驶或使用假驾照开车者，可判刑。

第四，发布交通实时动态信息，提醒驾车人注意安全。在法国的高速公路上，经常可以看见道路中间的电子显示牌"交通畅通""堵车 X 公里""前方施工"等。交通信息电台播放交通信息，互联网刊登各大公路交通流量、气候、行驶条件、事故、安全建议等。每逢周末或度假日，名为"聪明的野牛"的公路交通信息机构会按绿色（畅通）、橙色（车辆较多）、红色（行驶困难）和黑色（严重拥堵）四个等级，发布道路车流量预测，为准备出行的驾车人提供路线选择。

第五，完善道路设施，避免事故发生。法国政府除了兴建新的公路外，还为改善道路状况投入了巨资。法国从 2000 年至 2006 年投入 330 亿法郎（约合 50 亿欧元）用于现有基础设施建设，不断完善道路路面状况，尤其是事故频发地段；减少铁路与公路平面交叉或对交叉点增设现代化设备；在小城镇和人口居住区增加一些设施，使驾车人减速行驶；增设路旁各种交通指示和限速标牌，提醒驾车人注意安全。

（经济日报 2006 年 09 月 13 日）

### 保加利亚：齐抓共管力保交通安全

在"二手车天堂"保加利亚，街窄、车多、路况差，交通安全一直是困扰社会的一大难题。然而，在政府的全力整治下，交通安全呈现逐年改善的好势头。

2005 年，保加利亚全国死于交通事故的人数由 1990 年的 1576 人减至 957 人，比近 13 年的平均死亡人数减少 200 人。保加利亚是如何整治交通安全的？记者日前就此采访了保加利亚国家社会交通安全委员会书记阿列克西·克西亚科夫。

谈到保加利亚治理交通安全的经验，克西亚科夫首先告诉记者 4 个字："严管重罚"。交通安全是每个国家面临的一道难题。一般来讲，人们对火灾的警惕性很高，几乎所有家庭都想方设法教育儿童不要玩火，但在交通安全问题上，人们的防范意识却不是很强，这是导致交通事故频发的主要成因。因此，要确保交通安全，提高人们的防范意识是关键。保加利亚的做法是强化法制建设，依法进行严格管理。据克西亚科夫介绍，保加利亚现行交通法已多次修改，几乎每年都有新的举措出台。

超速驾驶是威胁保加利亚交通安全的最大隐患。据统计，去年保加利亚因超速行车导致恶性交通事故 3210 起，死亡人数 439 人，占当年交通事故死亡人员总数的 51.5%。为扭转这种局面，保加利亚议会在修改交通法时加大处罚力度，分 7 个档次规定罚款额度，超速 50 公里以上者不但处以 250 列弗罚款，而且暂扣驾照 3 个月。如果重复违规超速驾驶，当事人将被处以 300 列弗（相当于月平均工资）的罚款，暂扣驾照 3 个月。

驾车不系安全带是导致交通事故死伤人数增多的另一原因。2005 年，保加利亚在因车祸死伤的人员当中，儿童所占比例最大，共计 614 人，其中 26 人死亡。据调查，这些伤亡的儿童大多是乘车时没有系安全带。测试结果表明，系安全带驾驶或乘坐汽车，一旦发生车祸，可使人员伤亡程度减轻 30%。保加利亚交通法过去对此曾有明文规定，要求驾车人和乘客使用安全带。但由于法规中没有硬性规定处罚措施，人们对此意识淡薄，驾车不系安全带者比比皆是。为引起人们的高度重视，保加利亚议会修改交通法时，将系安全带驾、乘汽车作为单独部分列出，并详细规定了处罚措施。新法规定，对于配备安全带的机动车辆，驾驶员和乘客必须使用安全带；12 岁以下或身高不足 150 厘米的儿童乘车时，必须使用儿童安全保护系统；驾驶员有义务要求其乘客，包括后排座乘客系好安全带。为确保此项规定落到实处，新交通法对违规者制定了一系列处罚措施，规定对违规驾车司机实行扣分制。对于不系安全带驾车的人员，从其驾照全额的 39 分中扣除 10 分，并罚款 40 列弗；对于不系安全带乘车的乘客，罚款 20 列弗；司机对乘客不系安全带乘车负有连带责任，除加扣 10 分外，另行罚款 40 列弗。

酒后驾车是诱发交通事故的一大杀手。为有效禁止酒后驾车，保加利亚修改后的交通法新设多项条款。规定对血液酒精含量超过 0.5‰～1.5‰的司机，暂扣驾照 1～12 个月，并处以 200～500 列弗的罚款；对于重复违规酒后驾车的人员，暂扣驾照 1～3 年，并处以 1000～2000 列弗的罚款；因酒后驾车受到处罚的司机，在违规后 1 年之内无权获得更高级别的驾照；对于拒不接受警方血液酒精含量检测的司机，暂扣驾照 18 个月，并处以 1000 列弗的罚款。

保加利亚实施严管重罚的目的是用经济杠杆制约人们的违规行为。但说到底，这只是一种预防性措施。克西亚科夫认为，重罚具有明显的调节作用，但不能解决全部交通安全问题。因此，在严管重罚的同时，还必须加大宣传力度，调动全社会的力量，齐抓共管。保加利亚采取的主要做法有三个方面：

一、政府主管部门同新闻媒体密切合作，利用广播、电视和报纸开辟专栏，及时向社会通报最新交通事故信息，以专家访谈形式分析诱发恶性交通事故的原因，为人们安全出行出谋划策。

二、针对各个时期的不同特点，由内务部牵头，组织全国性交通安全专项宣传活动。例如，在易发交通事故的夏季，举办"理智驾车，活着抵达"、"儿童步入暑假生活"等宣传活动，提醒人们克服酷夏疲劳，小心驾车，重点保护假期儿童的安全。

三、由国家社会交通安全委员会牵头，定期举办以"交通安全"为主题的全国少年儿童绘画竞赛。在绘画过程中，为使自己的孩子能够胜出，全家人围绕主题集思广益，启发孩子的想象力，将违规驾车可能造成的严重后果通过画面展现出来。此类绘画比赛，迄今在保加利亚已举办 4 次，对整体提高全社会的交通安全意识起到了不可小视的作用。

（经济日报 2006 年 09 月 13 日）

## 德国：着力培养安全意识

德国实行强制保险制度，车辆不上保险是不允许上路的。保险分为 15 个档次或等级。凡是首次参加车辆保险，驾车者的档次或等级一般处在中间位置，即第 7 档。如果一年之内没有出任何交通事故，即将档次下调一级。换句话说，驾车者可以少交一点保险费了。反之，每出一次交通事故，驾车者的保险档次就上升一级，也就是说要交纳更多的保险费用。由于德国几乎没有公用车，保险费都要由驾车者自己掏腰包，为了避免损失，人们开车时就会格外小心，这样做一方面是为了自己和他人的安全；另一方面也是为了避免不必要的经济损失。

德国注意从小培养孩子的交通安全意识，小学设有交通安全课。在安全课上，孩子们可以学习如何过马路，如何骑自行车，怎样识别交通信号，如何保障自己或他人的安全，以及怎样避免侥幸心理等。记者的孩子在德国上小学时，就曾比较系统地接受过如何遵守交通规则和确保交通安全的教育，这对今天已经成人的他来说受益匪浅。

在交通治理方面，德国处罚最多的是超速行车和违规停车。如果超速行车，轻者罚款 30 欧元，重者扣掉 2 分，甚至没收 1～3 个月的驾驶执照。为了防止过快的车速引发的噪声打扰附近居民的正常休息，德国城市的很多路段在晚上 22

点之后限速 30 公里/时。对于那些不熟悉路段情况的司机来说，常常因为没有仔细关注限速标志而违规遭到罚款。

德国对违规停车的罚款也很严格。

记者有一次亲眼看到几十辆车全部被贴上了罚单。本人不解，就去问正在写罚单的执法员，他解释说，只有那些带槽儿的地方才允许停车，这是法律的规定。德国违规停车的罚款金额分为 5 欧元、8 欧元和 15 欧元 3 个档次。据德国媒体披露，柏林每年的罚款收入有两三亿欧元，这笔数额不小的罚款，可以在市政交通建设上做不少事情。在记者看来，德国的交通执法有两点值得借鉴：一是罚款单上明确无误地告诉违规者违犯了哪个法的第几条规定，并有一个申诉期。在申诉期内，违规者可以通过书面材料到当地警察局进行申诉。其次是罚款全部上缴地方国库。执法人员只开罚单，被罚人员通过银行将罚款直接汇入国库账号。

（经济日报 2006 年 09 月 13 日）

## 新加坡：遵循管理教育执法三原则

据统计，新加坡全国公路干线总长度已超过 3000 公里，其中以泛岛高速、中央高速和淡滨尼高速为主的 9 条高速公路的总长已达 140 多公里。每天，奔驰在大街小巷上的机动车约有 80 多万辆，其中私家车有 50 多万辆，尽管如此，人们却很难看到交通警察的身影，因为许多交通路口都配有监视器，高速干道上也设有照相监控设备，几乎所有的交通疏导工作都是由信号灯及路牌来指示完成的（图 2-20）。

图 2-20　新加坡的电子道路收费系统"ERP"（electronic road pricing system，李满摄）

新加坡陆路交通管理局（以下简称陆交局）隶属于交通部，是交通管理的职能部门。多年来，它一直遵循着 3"E"的原则，即管理（engineering）、教育（education）、执法（enforcement）同步并重，既大力加强基础设施等硬件建设，又非常重视软件建设，以确保城市国家的交通顺畅、安全。陆交局对交通规则与标志的设计较为完善，所设计的新加坡道路符合国际安全标准。记者初在新加坡驾车时，发现这里的交通标志非常多，密度也很高，如单行线标志、不准拐弯标志、准许掉头的提示、提示前方有红外线摄像机等标志随处可见。在每个路口都设有停示灯，行人要通过路口时，需要按动停示灯，路口的红绿灯会以此显示红灯，指示司机停车，这样既避免了不必要的等候时间，也方便了行人的通行。除特殊地点外，道路上的指示牌只限用英文标示，因为专家认为，如果方向牌信息太多，驾车者可能会忽略其中重要的部分，因此规定方向牌最好只用一种语言。

特别值得一提的是，新加坡的多数路口都标划出醒目的黄色方格，表示"车辆不可停留在黄格内阻碍其他方向出入的车辆通行"，这就有效地制止了交叉路口出现"我走不了，你也别想通过"的行为。近几年，在诸如学校及过往行人比较多的地方，陆交局在路边竖起了一些醒目的牌子用来提醒司机注意；同时会在路面设置减速坎，并用黄漆画出长形隔离带，使车辆在这种地段保持适当的间距。

在新加坡，对交通违规者的惩罚相当严厉，除要交付罚款外，还可能面临吊销执照甚至坐牢的处罚。陆交局规定，每个司机在两年中共有24分，如闯红灯一次扣4分，开车时打手机扣9分，不系安全带除扣4分外，同时还要罚款120新元（1新元约合5元人民币）；乱停车者罚70新元。对于酒后驾车，除了扣分，还处以1000～5000新元的罚款和6个月以下监禁。若重犯，罚款将增至3000～10 000新元，监禁将增至12个月。24分被扣完后，驾驶执照将被吊销。要想再次取得驾照，需观看交通事故教育片，上完一定课时的再培训班，重新参加交规及路考合格后，才能获得驾照。

近来，新加坡还开始限制行人在公共汽车转换站及终点站乱穿马路，违规者最高处以500新元的罚款，严重者将实行长达3个月的监禁。同时，交警还增添了新型便携式数码摄像机，加大对超速驾驶等违章行为的治理；在一些重要路段设立临时检查点，严控酒后驾车及车辆的非法改装，从而有效保障人们的出行安全。

除交通设施完善、处罚严格外，新加坡交管部门还十分重视驾驶员素质的培养，重视交通安全的宣传教育工作，倡导行人优先、直行车优先。在新加坡的路口，经常可以见到虽然是绿灯通行标志，但是转弯车辆仍然放缓速度、让路人先行的情景。多年来，新加坡陆交局经常与驾驶学校、全国安全理事会及媒体等密切合作，开展各种交通安全宣传活动，培养民众的交通安全意识。此外，陆交局还与酒吧、夜总会及酒店等娱乐场所合作，让这些场所为醉酒的驾车者安排出租车，将他们安全送回家中，以体贴的方式提醒人们应安全行车。

长期以来，新加坡陆交局通过高征税、加收拥车证（COE）费用等方式，成功限制了车辆的过快增长。与此同时，它还有一套严格的检查机制，负责检查新出售的车辆是否符合安全标准，并定期检查车辆是否符合行驶标准；对于寿命超过 10 年的车辆增加 10%的道路税，超过 14 年则增加 50%，以尽量减少道路上的旧车数量，保障交通完全。

（经济日报，2006 年 9 月 6 日，http：//www.ce.cn/）

## 英国："皇室"交通安全管理

英国每个城市之间都用高速公路连接，高速公路网密度很高，另外，阴雨连绵的天气也给汽车的安全行驶带来一定的不便。政府下了很大工夫较好地解决了道路交通安全问题。比如，高速公路上的标志标牌都是落地式、带自发光，使司机平视即可清楚看到。危险性大的路段设置双层波形护栏。高速公路隧道设有指示牌，灯光照明很好，隧道内设有逃生门，每隔一定距离就会有逃生方向标志。在高速公路上行驶的货运车辆为封闭式车厢，在尾部均标有限速。

英国对旅行客车的管理非常严格，规定驾驶员一天的工作时间绝对不准超过10 小时，200 公里以上的路程途中必须休息一次。旅行客车上装有限速装置和行车记录仪，在高速公路上车速也不能超过 100 公里/时，行车的所有情况都被刻录在记录仪上，随时接受检查。在交通管制上，英国实行"人车相会，行人优先"的法则，体现了"以人为本"。

公众安全意识强

驾驶员严格控制车速，自觉系安全带，红灯时绝对等候，见行人过马路时绝对礼让。民众的安全意识和自我保护能力强。在城市马路上，自觉走人行横道，极少有闯红灯等现象。英国各个城市车辆数量虽然非常大，单行道多，但由于停放都非常规范、整齐，几乎见不到违章占道的现象，基本上不会造成交通堵塞。在英国还有一个现象，不管天多热，不论刮风还是下雨，所有骑自行车的人都戴有安全头盔。

（经济日报，2006 年 9 月 6 日，http：//www.ce.cn/）

**3. 法制安全教育的管理**

江苏省十大措施加强校园安全防范

事件起因：

2010 年 3 月下旬以来，包括江苏泰州市在内的全国多个地区接连发生了犯罪分子侵害中小学生和幼儿园儿童、造成群死群伤的恶性案件，校园安全问题得到了前所未有的关注。事件发生后，江苏省各地、各校认真吸取深刻教训，采取切实有效措施加强校园安全防范，完善校园安全管理措施。

经验分享：

加强学校及周边隐患排查

2010 年 3 月以后，江苏省各地党委政府统一部署，教育、公安、综治等职能部门联合中小学、幼儿园，组织专门力量，深入开展对校园及周边地区的安全检查和隐患排查，重点检查安全制度是否健全、安全责任是否明确、学校门卫是否在岗尽职、物防技防设施是否正常有效运转、校舍是否存在危房、学生伙食卫生条件是否达标、校车及驾驶人员是否符合要求、学校师生中有无可能引发矛盾的特殊重点人物和值班备勤信息报送制度是否落实等情况，通过检查和排查，做到底数清、情况明，及时发现安全漏洞和安全隐患，并限时限期整改到位。

加强学校门卫管理

针对过去学校聘请的门卫多数年龄偏大，紧急时刻难以起到应有的保护和守卫作用等情况，各地、各中小学、幼儿园都明确门卫选配标准和工作职责要求，严格落实外来人员出入登记制度，坚决防止不法分子进入校园制造事端。对目前没有专职门卫或已有门卫不能承担应尽职责的，也按照要求组织干部和教职工顶岗值守。

加强校园安保队伍建设

近期几起事件发生后，很多地方和学校都认识到配备专职保安的重要性。江苏省一些市、县已经由财政安排专项经费，为区域内所有中小学、幼儿园配备1~4名具备相应资质、经过专门考核和技能培训的专职保安上岗值勤。一些中小学、幼儿园建立健全了学校保卫组织，明确了专门负责保卫的具体人员。保卫人员加强了对校内安全巡逻和安全检查。有的中小学、幼儿园还组织干部职工在校内值班巡视，或组织家长志愿者在学生上学、放学期间参与学校及周边安全防范工作。

加强校园技术防范

针对一些学校技防设施尚不到位或设施没有充分发挥作用的情况，近期，江苏省教育和公安部门研究配备标准，由政府财政支持，积极创造条件，在校园和学生宿舍楼的出入口、围墙周界、学校门卫室等重点部位安装必要的视频监控、周界报警和紧急报警按钮等技防设施，提高校园技术防范水平。

加强校园安全防范的教育培训

江苏省中小学、幼儿园通过多种途径，采用各种行之有效的方式，加强对学生的安全教育，特别是有针对性地加强对学生应对歹徒伤害、勒索、诈骗、绑架以及防火灾、洪水、台风、地震等自然灾害的安全教育，增强学生的安全防范意识和自我保护能力。同时，还与公安等部门配合，加强对教职员工的师德教育和安全技能培训，提高教职员工在紧急时刻保护中小学生、幼儿园儿童的意识和能力，尽可能避免或减少中小学生、幼儿园儿童受到自然灾害和人为因素的伤害。

加强校园周边环境综合治理

各地教育部门和中小学、幼儿园加强与所在地乡镇村组、街道社区和综治、公安、工商、文化、城管等部门单位的协调配合，形成联动机制，大力加强校园周边治安状况、交通秩序、高危人群等的摸底排查和综合治理工作，切实消除各种可能影响学校、幼儿园安全的事故隐患，努力净化校园周边治安环境和未成年人成长环境。

加强校园安全应急演练

江苏省各地教育行政部门、中小学、幼儿园进一步制定完善了突发事件应急预案。一些学校还针对可能发生的突发安全事件、公共卫生事件、水灾火灾事故、地质灾害等开展经常性的应急演练，提高应急响应速度，增强事故处置能力。

加强对特殊重点人群进行教育疏导

各地有关职能部门和各中小学、幼儿园主动加强对一些特殊重点人群的关注，特别是因生活困难或受到不公正待遇等原因对社会不满的人员，因学习、工作、生活压力过大产生心理疾患的教师和学生，因对政府、学校有关政策或做法不满产生对立情绪的教职员工或学生家长等。相关部门对他们积极加强说服教育和心理疏导工作，努力化解矛盾和危机。

加强检查督导

福建南平事件以来，江苏省教育、公安、综治等部门多次组织督导检查组，到各地督查校园及周边安全防范工作。2010 年 5 月 3 日全国综治维稳工作会议以后，江苏省教育厅组织多个督查组，由厅领导带队，分赴全省各市督导检查。全省各市、县及有关部门领导也分别带队，到各个学校、幼儿园开展督导检查工作。通过督导检查，了解了情况，总结了经验，发现了存在的薄弱环节，促进了工作措施的落实。

加强校园安全制度建设

江苏省各地教育、公安、综治等部门，各中小学、幼儿园认真吸取近期几起恶性事件的深刻教训，抓紧研究制定或进一步修订完善校园安全管理相关制度，切实建立起加强校园安全管理的长效机制，做到标本兼治，保证校园的长治久安。

此后，江苏省将从建立健全维护校园安全领导机制、部门协调配合机制、严格督查和责任追究机制三个方面入手，进一步加强和改进江苏省各级各类学校的校园安全防范工作，努力为青少年学生的健康成长营造平安和谐的社会环境，真正做到让学生放心，让家长放心，让全社会放心。

## 第六节　环境安全教育的评价

"教育评价作为学校教育活动体系中不可缺少的组成部分，对优化教育管理，提高教育质量等具有重要的作用。"环境安全教育的评价，也能够优化环境安全教育的管理，提高环境安全的教育质量，是环境安全教育实施过程中必不可少的一个环节。环境安全教育的评价是教育的一个子系统，对教育这个结构具有重大的影响。

# 一、环境安全教育评价的概念

## （一）环境安全教育评价的对象和范围

环境安全教育评价的对象是所有社会成员，包括环境安全教育的实施者（国家、政府、学校、教师等拥有环境安全教育知识并向他人传达和教授的这些人）、环境安全教育的承受者（社会成员、学生等需要环境安全教育知识的群体）、环境安全教育的管理者、环境安全教育的环境、环境安全教育的手段方法等；评价的范围则包括环境安全教育过程中各个因素、各个组织团体、各项问题等。这意味着，评价始终蕴含在环境安全教育的各个阶段、各个领域、各个参与者及各个现象中，处于十分重要的位置。

## （二）环境安全教育评价的目的和作用

教育评价是为了鉴定、考核，还是为了推动、改进？是为了选拔、淘汰，还是为了教育、发展？依据不同的评价观来进行评价，就有不同的教育目的观。而环境安全教育的目的，就是为了让所有社会成员具备环境安全的意识，避免灾难和意外，推动社会的和谐和进步。因此，环境安全教育的评价注重"强调评价的反馈、矫正功能即调控功能"，目的就是为了创设一种环境安全的社会氛围。环境安全教育的评价是为了"诊断评价对象的现状，以便发现问题，使教育、教学工作不断改进、不断完善、不断适合教育对象的需要"，为促进教育对象掌握环境安全教育的知识并能切实利用这种理论知识，具备实践能力。反过来说，环境安全教育的评价就是为了环境安全教育的决策提供信息和依据，为改进环境安全教育服务的过程，为不断完善和改进环境安全教育的过程、为提高环境安全教育的质量而服务。

## （三）环境安全教育评价的依据和手段

教育评价的核心就是价值判断，"根据什么进行价值判断？如何进行判断？"这就是价值判断的关键所在。因此，环境安全教育的评价同样需要一个这样的衡量和判断标准，这个标准和依据必须是客观的、有意义的。而整个关于环境安全教育的方针、政策和教育目标就能体现这个价值标准，就是评价的依据。在评价过程中，应该采用科学的手段，对环境安全教育的现象和结果进行测定和评价，这样才能保证评价的科学性。

（四）环境安全教育评价的意义

**1. 符合环境安全教育管理的需要**

实施环境安全教育的评价能够保证环境安全教育的每一个过程都在管理之中，能帮助管理者迅速了解实施的成果及不足之处，便于出台新的决策，改善不足。评价能及时反馈环境安全教育的信息，及时发现环境安全教育存在的问题，帮助解决现有的问题，避免以后的问题。没有评价的管理是不科学的。

**2. 能够提高环境安全教育的质量**

通过环境安全教育的评价，可以及时获取信息，认识到环境安全教育的成果有哪些，纠正存在的偏差，使各项环境安全教育始终处于良性的运行轨道上，促进了教育质量的提高。

**3. 能够促进环境安全教育的研究与改革**

教育科学研究包括"教育理论研究、教育发展理论研究和教育评价研究"。评价获得的信息能够反馈理论是否成熟、方法是否妥当、过程是否顺利，这些都有助于进一步研究，也有助于决策，从而推动改革，推翻旧的、不合格的制度和手段，引进新的、有效的教育方法和内容。

## 二、环境安全教育评价的要素

（一）评价标准

在评价过程中，评价者必须依据一定的评价标准才能进行评价，最高指标就是国家制定的环境安全教育的政策方针。评价者依据社会经济的发展以及人发展的需要而制定的环境安全教育各个具体目标和要求，根据这些具体层级制定不同的评价标准。

（二）评价者

评价者就是具体进行评价的组织机构、领导人员、专家和评价人员。环境安全教育的评价应该具备专业的评价队伍，评价者应该既了解国家教育政策、熟悉环境安全教育的内容、过程、关键要素等，也要具备客观公正的评价态度，还要具有科学的评价知识，能够对要评价的对象进行全面公正完整的评价，从而反馈评价结果。

（三）评价手段

评价手段是指在评价过程中所使用的技术、方法、基本技能等，涵盖了评价需要的各项知识技能，如能详细地搜集资料、数据，也能利用一定的方法技术综合客观地分析和处理这些资料和数据。

（四）评价对象

评价对象指参与环境安全教育的各个层级的人员、环境、工具、手段、方法等，主要是指环境安全教育的受教育者。

（五）评价调控

只有在一定安全、有效的环境中进行评价，才能保证在评价实施过程中，不会干扰和影响评价结果。因此，评价调控就是将一切因素调控到需要的状态，完成评价。

### 三、环境安全教育评价的种类

依据不同的标准划分，环境安全教育的评价种类也有很多。

（一）划分标准：评价的性质不同

环境安全教育的评价可分为需要性评价、可行性评价以及配置性评价。需要性评价就是在整个环境安全教育改革项目启动前或整个活动结束的总结反思时进行的评价，评价根据需要，判断新方案的目标、方案的必要性；可行性评价就是了解目标、计划和方案的各项条件是否满足要求；配置性评价就是对此项教育任务所需的资源条件、配置情况进行判断，以方便合理安排各项资金与人员。

（二）划分标准：评价的时间不同

由于评价的时间不同，环境安全教育评价的方法包括诊断性评价、形成性评价、总结性评价。诊断性评价是在各项环境安全教育与活动开始前的摸底评价。形成性评价是在实施环境安全教育活动过程中，对各项计划和方案的情况进行评价。总结性评价是在教育及教育活动结束后进行的评价，能够测定活动和教育的成果。

（三）划分标准：评价的主客体不同

由于评价的主客体不同，环境安全教育的评价可分为自我评价和他人评价。自我评价就是评价对象自己根据评价标准对自己是否完成目标进行的评价；他人评价即由评价对象以外的人对评价对象进行评价。

## 四、环境安全教育评价的方法

根据评价的标准不同，环境安全教育评价的方法主要包括定量评价和定性评价这两种方法。

### （一）定量评价

定量评价主要是指评价内容能够成为量化的数据，可以利用一定的统计方法分析和讨论数据。"量化统计方法可以采用一般量化方式——频数、中位数、众数、百分比等，这些统计分析方式只是对数据进行初步分析，要进一步分析数据则通常可以运用方差分析、假设检验、因素分析、相关分析、回归分析等。"由此，量化评价可以分为实验法、问卷调查法、测量法、观察法。

### （二）定性评价

"定性评价是指以人文主义为认识论基础，通过文字、图片等描述性手段，对评价对象的各种特质进行全面充分的揭示，以彰显其中的意义，促进理解的教育评价活动。"定性评价主要目的是为了彰显评价结果的意义，促进评价主客体之间的理解，包括档案袋评价、表现性评价、真实性评价等。定性评价的主要特点：情景比较自然真实，手段是描述性的，标准是多元化的，主客体之间的互动能够得到有效保证，每个个体的特点和潜力都能被发现。

当然，定量评价和定性评价都是教育评价的主要方法和手段，同样也是环境安全教育的评价方法。这两者应该有效地结合，才能更有效地促进环境安全教育目的达成。同样也要求评价的范式问题，"如果依据的是科学主义范式，那么就往往要将分析的对象分割为许多变量，结合自然科学的研究设计和分析方法，期望在系统、客观、量化的研究中作出更加接近事实的评价以及可能的预测性的评价；如果依据人文主义范式，评价的形成与发展并不只受知识内在规则的限制或是单纯由理性推论而来，它需要主体意识的参与，运用质的研究方法，对处于自然情景中的现象进行解读和诠释。"因此，在环境安全教育评价过程中，要十分注重二者的结合，不可偏颇。

## 五、环境安全教育评价的原则

### （一）公平性原则

公平性原则要求在实施环境安全教育评价的过程中，注重公平，包括各领域的公平性。

（1）在同一范围内，对同类评价对象必须用同一标准。

（2）在短期内，如果评价标准未作改动，对同类评价对象的评价标准应保持一致性。

（3）评价指标、标准、权数和分值的确定要合理、合情，评定等级和打分时要合理、合情。

（4）注意增加评价活动的透明度，在活动过程中坚持群众性和民主性。

## （二）客观性原则

客观性原则是指评价过程和结果都应符合客观实际、尊重客观事实、实事求是。贯彻这个原则应做到：

（1）注重调查研究。要深入了解情况，广泛听取意见，全面搜集资料。确保评价信息来源的客观性。

（2）整理资料时，不随意夸大或缩小客观事实，鉴定要准确，评议要恰如其分。

（3）分析资料时，要努力排除个人主观偏见或个人情感因素的干扰，保持清醒和冷静的头脑，善于明察事实真相，洞察事件背景。要以客观事实为基础去分析问题。

（4）作评价结论时，要防止用主观印象来代替客观测定。作出结论时要以客观存在的事实为依据。

## （三）可行性原则

可行性原则是指评价方案在实施中行得通，评价指标和标准符合实际，具体可行，并能为评价者所理解和接受。贯彻这个原则应做到：

（1）方案的确定要考虑人力、物力、财力、时间、空间、技术等各种因素。方案实施前应进行可行性分析和估计，最好先在小范围内试行，然后逐步推广。

（2）评价指标体系不要过于烦琐，评价计算体系简便易算。

（3）指标应具有可测性或可操作性。

（4）评价指标和标准不宜过高，评价结论要求也不宜过高。应是被评价者经过自己最大的努力可以达到的目标和评价者经过努力可以完成的任务。

## （四）科学性原则

科学性原则是指教育评价过程（包括确定指标体系、编制评价方案和实施）的各个环节都符合科学要求。贯彻这个原则应做到：

（1）遵循教育评价活动的客观规律。

（2）构建一个科学合理的评价指标体系，设计出符合科学实施程序的教育评价方案，并正确而熟练地掌握科学的评价方法、手段和技术。

（3）端正评价态度。

（4）将定性分析与定量分析结合起来。

（5）将静态评价与动态评价结合起来。

（6）将他人评价与自我评价结合起来。

（7）将终结性评价与过程性评价结合起来。

（8）坚持评价的整体性。

## （五）实用性原则

实用性原则是指，评价具有一定意义、能够指导或规范教育的过程、结果。

（1）要坚持教育评价之前的理论学习和掌握。

（2）制定符合教育目标的评价指标。

（3）抓住主要问题评价，反复思考，反复试验。

## 参 考 文 献

邓美德. 2012. 我国近十年来学校安全教育研究综述. 基础教育研究，（15）：13-16.

高长舒，张立荣. 1989. 社会主义政策学. 武汉：华中师范大学出版社.

高丕俭. 2007. 运行安全管理. 北京：中国电力出版社.

何平，詹存卫. 2004. 环境安全的理论分析. 环境保护，（11）：53-57.

胡云江，张敏生，汪和生. 2002. 关于建构环境教育体系的几点设想. 绍兴文理学院学报：哲学社会科学版，22（4）：114-117.

胡中锋. 2008. 教育评价学. 北京：中国人民大学出版社.

黄静. 2010. 环境的概念. 北京：中国环境科学出版社.

黄崴. 2001. 20世纪西方教育管理理论及其模式的发展. 华东师范大学学报：教育科学版，19（1）：19-28.

江家发. 2009. 环境教育学. 合肥：安徽人民出版社.

赖鹏智. 2005. 善用环境知觉，从环境灾害作环境教育. 环境资讯中心，2005-03-02.

李雁冰. 2002. 课程评价论. 上海：上海教育出版社.

刘文韬. 2008. 学校安全教育规划研究. 成都：四川师范大学.

柳原. 2011. 本性世界. 北京：人民日报出版社.

卢盛忠. 2006. 管理心理学. 杭州：浙江教育出版社.

马桂新. 2007. 环境教育学. 北京：科学出版社.

庞勇. 2005. 关于我国中小学生交通安全教育的若干思考. 中国公共安全：学术版，（4）：141-145.

山石网科. 2013. 不可不知的 2013 年十大网络安全事件. http：//www.hillstonenet. com. cn/mkt/newview/newview_018. html[2014-3-4].

史晓燕. 1999. 教育管理模式关系探析——经验型、行政型、科学型模式. 廊坊师范学院学报，（4）：59-61.

孙小银，单瑞峰. 2006a. 论环境安全教育的内涵及其在环境灾害防治中的作用. 环境科学与管理，31（5）：14-16.

孙小银，单瑞峰. 2006b. 试论环境安全教育. 广州环境科学，（3）：44-47.

汤继承. 2006. 当前大学生安全教育的问题成因及对策研究. 武汉：华中师范大学.

王凤珍，宋德梅. 2005. 论大学生的环境意识教育. 西南民族大学学报：人文社科版，26（12）：402-404.

王曦. 1992. 美国环境法概论. 武汉：武汉大学出版社：124-126.

许英. 2008. 环境科学教育基础. 北京：中国环境科学出版社：267-269.

杨迺红. 2001. 现代教育管理原理. 北京：中国人事出版社.

张海源. 1992. 关于环境问题的思考. 北京：中国环境科学出版社.

郑伟大. 2002. 环境安全教育的意义及其实施途径. 地理教育，（3）：53-54.

祝怀新. 2000. 环境教育论. 北京：中国环境科学出版社：27-28.

Lunenburg F C，Ornstein A C. 2003. 教育管理学：理论与实践. 孙志军等译. 北京：中国轻工业出版社.

Ryu Fukui，Masami Kobayaashi，Rajib Shaw. 2005. Distance Learning on Disaster and Environmental Management. Tokyo Development Learning Center of the World Bank，4.

# 第三章  环境安全教育实践研究

人是以生命的形式存在和发展的，因此，教育就应当承担起引导生命发展方向的责任。安全教育则是珍惜和尊重生命所追求的终极目标之一。加强中小学安全教育，其本质是尊重学生生命的重要举措。2006 年修订的《义务教育法》明确规定了"对学生进行安全教育"，为中小学开展安全教育提供了法律依据和保障。同年，教育部、公安部等十个部委印发《中小学幼儿园安全管理办法》，对中小学开展日常安全教育与培训的形式和内容等进行了明确规定。2007 年，国务院办公厅转发教育部制定的《中小学公共安全教育指导纲要》，将中小学公共安全教育分为预防和应对社会安全、公共卫生、意外伤害、网络、信息安全、自然灾害以及影响学生安全的其他事故或事件 6 个模块，并将其纳入中小学教育。与此同时，教育部不断加大地方安全教育工作的指导力度，还每年召开全国中小学安全管理工作会议，印发一系列指导性文件，指导各地增强安全教育工作的针对性和实效性。

其实，在国际上经济较发达的国家都十分重视中小学的安全教育与研究工作。如日本规定防灾避难教育是中小学的必修课。美国十分重视中小学的安全教育研究，他们研究的一个突出成果就是十分注意学生的自立自主精神的培养，注重培养孩子的交往能力和在各种环境中的自我保护能力。英国为了保障儿童的安全，特制定了《英国儿童十大宣言》。宣言内容贴近学生的实际生活，通俗易懂，操作性强。对我国在学校和家庭进行儿童安全教育方面有很大的启发和裨益。澳大利亚则把健康与安全教育纳入幼儿教师培养培训的重要课程，这足以体现澳大利亚对幼儿健康与安全教育的重视。而在德国无论是家长还是学校，都有意识以培养孩子的抗挫折能力为出发点，进行"免疫"教育，其中有一个学校的校长说："我们无法永远保护孩子，但是可以教给他们怎样认识生活和社会，保护自己。"

我国学校的安全教育大多存在着由学校单打一的教育形式，虽然学校该项工作能得到学生、家长的支持，也能得到社会各方面的配合，但在教育过程中却是各管各的事，说起来大家都重视，但行动起来缺少协调和合作，效果不显著。因此，要想切实加强中小学学生安全教育，及时普及灾害（事故）防范的知识，强化师生避险、自救的意识，提高师生自我防范和避险的能力，既需要学校、社会和家庭密切关注，也需要学校、社会和家庭相互配合。从中小学安全教育的特点来看，构建学校、家庭、社会合作实施安全教育是一个最佳选择。构建学校、家庭、社会合作促进安全教育，有利于以学校教育为核心，有机结合家庭和社会的教育力量和教育资源，构成合力，全方位抓好学生的安全教育，使安全教育进一步规范化、系统化和制度化，让安全教育真正落到实处，达到保证青少年健康成长的目的。

# 第一节　家庭环境安全教育

## 一、家庭环境教育

家庭教育主要指家长在家庭中对青少年进行的教育。它是青少年个体接受最早、时间最长的教育，是有别于学校教育、社会教育的一种特殊教育形式，也是一种基本的教育形式。父母是与孩子接触的关键人物，家庭是直接影响孩子成长的教育小环境。可以说，家庭是孩子一生中的第一课堂，父母是人生的第一位老师。每一个孩子都是一个独特的个体，他的成长无时无刻不受直接包围他的家庭小环境的影响。父母作为家庭小环境的主要营造者，他们在日常生活中对孩子每一件小事的引导，与孩子相处的过程中对每一个细节的示范都蕴藏着教育的机缘。他们在担负传授生活技能、灌输社会价值观念、训练和指导孩子个人行为上起着重要作用。家庭教育已经成为教育学中被广泛研究的学科，夸美纽斯的《母育学校》、法国思想家卢梭的《爱弥儿》、我国颜之推的《颜氏家训》、司马光的《温公家范》等，都对家庭教育问题作过系统论述。家庭环境教育是环境教育的重要组成部分，家庭也是环境教育最初开始的地方。

### （一）家庭环境教育的独特优势

（1）幼儿家庭环境教育是人的整个环境教育的起点。"环境问题的长期解决办法存在于对后世各代进行继续的、终身的环境教育和培训。"因此，环境教育是一种全面的终身教育，也就是说，环境教育是一个人毕生的学习过程，在人生的每个阶段都应接受这种教育。幼儿阶段的家庭环境教育实质上是人的整个环境教育的起点，对人的一生发展具有重要的意义。从成长经历来说，父母在某种意义上是孩子的启蒙教师，儿童从循着妈妈的"嘘嘘"声逐步学习如厕开始接受最初的环境教育，懂得了"不能随地大小便"、"不能随地吐痰"、"不能浪费食物"；父母也是孩子行事的楷模和行为的指导者，父母有意或不经意的言行，孩子会注意观察并加以仿效，如随手关灯、少开空调、不打扰别人等。幼儿时期的直接或间接的体验会留下深刻的印记，小时候对环境建立的取向，会在以后影响其行为。父母通过日常生活中进行环境教育，不仅使儿童习得了一些粗浅的知识和技能，而且培养了儿童一种思维方式、一种行为取向，使他们形成一种"自然而然"的习惯，也同时促进了儿童良好个性的发展。与自然和社会的和谐互动，反过来更促进儿童身心的和谐发展，培养起更为完整的人格。人格心理学认为，人在 6 岁以前就奠定了人格基础，后期的教育与塑造只能在这个基础上起作用。未来的工程师、医生、职员、各行各业的劳动者、管理者，都来自各个家庭，如何使他们在人生最初的经验中获得良好的环境教育，形成初步的环境意识和习惯，其重要性是不言而喻的。

（2）家庭在环境教育具有正规教育机构无法替代的独特作用。家长与儿童有着天然的亲情关系，便于情感交流。家庭中亲子之间可以进行一对一的对话，很多正式教育机构无法组织的活动却可以在家庭中随机进行。比如，家长带孩子即时观察气候、物候的变化等。家庭的文化可以给子女以潜移默化却甚为深刻的影响。家庭成员的互动效应、心理暗示、示范模仿等，是有效实行环境教育的不可忽视的一环。儿童在家庭的氛围中时时接受着熏陶和影响。父母的一言一行都在有意无意中影响着自己的孩子。父母的世界观、人生观和价值观都将会给孩子带来一定的影响。在我们的周围可以发现这样有趣的现象：一些烟瘾重的人通常其家族成员中抽烟者较多，而有的家族全体成员都很排斥烟草。此类实例俯拾即是。因此，家庭是进行幼儿环境教育的重要场所，是环境教育的重要组成部分，不可替代。

（3）家庭是幼儿、青少年环境教育的理想场所。人生早期的幼儿时期乃至青少年和其后很长的时段，都主要身处家中。必须看到，家庭并非游离于人环境之外，家庭既相对封闭又极为开放地融于大环境之中。家庭本身即环境。家庭中时时处处自然而然地存在着生动的情景，具有潜在的丰富的环境教育内容，结合日常生活点点滴滴的环境渗透教育，能收到意想不到的效果。家庭生活中的衣食住行等无不与环境问题紧密相关。日常购物、餐饮、出行、礼尚往来、垃圾处理、资源利用以及家庭的空间布局、布置等许多生活活动，这些看似琐碎平凡的身边之事，都可提供可贵的环境教育素材。进而促使家庭环境更为温馨，更可能被接受，并使家庭环境安全教育更容易且更为有效的实施。

总之，家庭环境教育是重要而可行的，是必要而有效的。在家庭中对幼儿进行环境教育不仅有独特的优势，而且在教育内容、条件、方法等方面都具有一定程度的不可替代性。环境教育必须从小抓起，拯救地球应从家庭开始。

（二）家庭环境的目标和内容

（1）环境教育的最终目标是使人"形成环境上理想的个体行为"（environmentally-ideal personal behavior）。理想的个体行为的基础在于形成道德观，即环境道德或环境道德意识。道德是人们生活及行为的准则和规范，对人的社会及个人的生活具有约束作用。这样，当形成了环境道德意识，那么即便在外界客观制约（法律法规的强制性规定、公共场合的约束等）缺失，甚至在独自一人的情况下，其行为也是环境友好的。可见，个人的环境道德意识和责任心的养成，就使得个人的行为在对环境的取向上，成为某种自觉的环境行为。只有当人类"形成环境上理想的个体行为"，拥有了正确、自觉的环境行为取向，人类才能实现人与环境的和谐共处，实现人与环境的可持续发展。

（2）使儿童初步树立起生态学的世界观是家庭环境教育的重要内容。环境并非一个孤立封闭的系统，而是多种、多层次的体系。生态学把世界看成一个统一体，科学地阐明了自然界中各个组成部分的相互联系。生态学的世界观是一种科学的思维方式，家庭环境教育应不局限于环境中孤立的各个实例，要引导儿童以一种联系的和整体的观点去观察周围的事物和现象，明白大自然的各个构成要素都有其自己的位置和作用，初步了解生态环境中的各种因素相互制约和依赖的关系。如土地、青草、小虫、树木、池塘、鱼儿等各种事物的生存、变化与发展都和环境息息相关，既受环境影响，也影响环境。人处于环境之中，也是环境的一部分。当孩子认识到人和环境的这种密切的依存关系，任何一个要素出现问题都会影响到整体，影响整个生态系统的平衡后，才会懂得珍重大自然，爱护生态环境，与环境和谐相处。以致督促自己在整个生态系统中扮好自己的角色，让整个生态系统持续地发展下去。生态学的世界观的培养使儿童与自然、社会和谐相处的同时也促进其身心的和谐发展，养成美好的情操，形成完整的人格，儿童今后的人生将从中受益匪浅。

（3）自然环境总是时刻不断地在变化着。由于人类的活动，在范围、深度和速度上加快促进了这种变化，因而处理环境问题不仅要具有一定的知识和技能，还要"与时俱进"，需要具备有助于保护和改善环境的新的态度和行为方式。因此，在环境教育中，对价值观教育必须给予足够的重视。环境道德观，其基础正是建立在这种指导人与环境关系的正确的价值观上。人最初的观念是在家庭中获得的，因此对孩子进行环境价值观的教育就尤为必要。事实上，每个家庭都有自己的惯例和规矩，甚至每个人都有自己的见解和做法，这些见解和做法各异，优劣不同。比如有人认为，"环境就是买节能产品，就是食用绿色食品"；而更多的人则认为"节约才是环境最有效的方式，应该提倡尽量减少购物的数量，尽量一物多用、循环使用"等。在不同的价值观影响下，就产生了完全不同的生活理念和行为方式。因此，家庭应注意培养儿童以开放的态度，关注、接受并学习掌握新的知识和价值观，结合生活中的具体情景以启发儿童分析比较各种价值观的优劣并加以取舍，形成良好的价值观。父母应当把关心他人置于环境教育体系当中，传授给孩子正确分析事物的方法。培养孩子正确地看待环境问题和客观地分析环境问题，引导孩子正确的环境观念。让孩子形成自己的正确的环境价值观。

（三）家庭环境教育的途径和方法

（1）利用环境进行环境教育。联合国国际教育计划指出，环境自身就是环境教育的最大工具。利用地方的环境或微观环境（micro environments）进行环境教育是最有效的方式。这是一种在环境中的、有关环境的、通过环境的并结合环境问题的解决而进行的教育。教育的微观环境可以是自然的、人工的或为了不同需要而改变了的环境，如社区、市镇、树林、公园、动物园、工厂、农场等。必须认识到，家庭本身也是一个微观环境，与其他各种形式的微观环境既不相同，又互为补充。家庭提供了环境教育的独特空间，在这个独特的环境中存在着亲子关系，家庭成员之间的依存关系，空间布局与家庭成员之间及其与有关活动之间的关系，宠物、植物与成员之间，灯光与饰物等一系列关系。在这个微环境中，家长也是师长，循循善诱，以身作则，日常生活的点点滴滴都可加以利用。家长可以营造具有浓厚生态特色的室内外环境，种花草、饲养小动物等。家长在为孩子选择、创造环境的同时，孩子也通过亲身体验感受到与环境和谐相处的点点滴滴，从而收获了环境教育。与此同时，我们也要注重安排孩子的个人空间，在生态和谐的氛围中，在活生生的情境中培养孩子的生态观，引导孩子获得选择合适的方法和采取合乎逻辑的行为步骤和能力，让孩子在学习的过程中获得初步的知识和能力。利用环境进行环境教育，不仅节约了教育成本，而且可以让孩子获取更丰富多彩的教育题材，为孩子提供更全面的环境指导教育。

（2）进行渗透式的家庭环境教育。寓教于乐，寓教于生活之中，在家庭环境教育中要注意儿童的年龄特点。孩子在幼儿时期处于感性的认知阶段，主要通过直接的感官知觉去了解认识周围的事物，以视觉、听觉、触觉、嗅觉和味觉去探索和认识客观环境，模仿家长的行为和价值观。对幼儿的教育，直接的感官知觉要远胜于说教。因此，在家庭环境教育中应运用启发引导，进行渗透式的教育。在家庭中，父母与儿童的接触是一种全方位的接触，可以随时抓住生活的点滴对儿童潜移默化地实施环境教育。平时日常生活中可采用讨论、操作、实验、统计、游戏、情景模拟、饲养和种植等方法，随时随地不露痕迹地进行环境教育。比如在孩子已有的经验范围内，运用提问的方式引发讨论：用什么方式御寒更环保，使用取暖器还是多运动？引导孩子思考分析，做出正确选择；和孩子一起讨论生活垃圾有什么危害，和孩子一起探讨垃圾分类的必要性，引导孩子进行垃圾分类，引导孩子对垃圾进行回收利用。如可以让孩子参加收集家中的废纸盒废瓶罐等旧物品，加以分类，逐渐引入循环利用的观念；还可以让孩子自己动手进行小创造，用废纸旧瓶罐制作风车、花篮、笔筒等，养成反复使用，减少购买量的行为。培养孩子在环境教育实践中的动手能力。让孩子参与到环境保护当中，增强孩子的环保意识，并从中感受到快乐。还可以进行一些饲养和种植，让孩子在与动植物的频繁接触当中，观察到动植物的生长、发育、死亡等生命现象，了解动植物的生存与环境中的水、空气、土壤、温度、阳光等要素之间的依赖关系，从而获取初步的生命科学的体验，又在学习简单的种植、饲养技能中，萌发爱护生命、保护动植物的情感和行为。

（3）利用直观、真实的情境开展环境美学教育。从更广义上理解，家庭环境教育并非仅是家庭这一微观环境中的教育，更不是"治理环境污染的教育"、"危机教育"，过分强调"环境污染"和"生态失衡"的状况，会使幼儿形成恐惧心理。应多让儿童亲近大自然，亲近社会，让孩子发现大自然的迷人景色，扩展儿童的活动和探索空间。带孩子到森林中驻足倾听大自然的声音，倾听鸟儿的歌唱。或带孩子去公园感受不同季节的景色，欣赏天空中变幻的云朵。通过与大自然、大社会的直接接触，引发儿童对万物的好奇、好感。如引导儿童观赏大自然的运动和秩序，欣赏自然景观变化无穷的形式美；善于发现美，保护身边的美景，而不是面对大自然的美景无动于衷或冷若冰霜，甚至随意破坏自然美景。参加植树、环境宣传等活动，感受人类爱护环境的热情和决心，体验劳动美、创造美；让儿童参观名胜古迹，感受典雅、朴拙、自然的造型美，以及雄伟、粗犷和古朴的形式美等。还可带孩子参观父母工作的工厂、农场，了解资源的合理利用、废物处理，体验环境与人的紧密关系，去发现、体验"和谐美"。

（4）通过模范作用和榜样的影响实施家庭环境教育。列宁夫人克鲁普斯卡曾提出：家庭教育对父母来说，首先是自我教育。家庭是儿童社会化的最初和主要的场所，父母在儿童心中存在较高威性，儿童对父母有很强的依赖能力和模仿能力。儿童视自己的父母为自己的榜样，父母对待环境的态度、行为，无论好坏，都被孩子全盘吸收。家庭中的亲子关系、父母的榜样角色、家庭成员的互相影响和互动等特点，使熏陶式的家庭环境教育易于儿童学习接受，对儿童爱环境行为的习得尤其重要。父母对大自然的关爱，节约资源、保护环境意识的一言一行，无不对儿童产生正面影响，这种身体力行的示范行为是最为有效的教育行为。因此，父母在环境问题上要率先树立环境道德意识，注意自己的言行举止，以身作则，言传身教，在潜移默化中传授给孩子环境安全教育知识。比如，尽可能回收或循环再利用物品，不买垃圾食品，庆典活动时慎放或不放烟花爆竹等。

在家庭环境教育中还要注意公德意识的培养。我国传统的家庭道德教育有重私德而轻公德的倾向，所谓"各人自扫门前雪，莫管他人瓦上霜"就是这种情况的写照。比如，有的人关注自己家中的整洁，却无视公共卫生；珍惜个人的财产物品，却漠然对待公共的、大自然的东西，甚至为了些许私利而不惜损害环境。在外出旅游时不注意文明出行，不遵守交通规则，在公共场所吸烟、乱扔垃圾、随地吐痰、公共场所大声通电话、不爱护文物古迹等。现代人类社会的可持续发展亟须人们树立起良好的环境道德观，一种能够有助于大环境——自然环境和社会环境良好、有序、可持续发展的道德观。因此，家长应注意通过言传身教培养儿童的公德意识，正确处理好个人利益与公共利益的关系。尊重他人，自觉遵守社会公德，文明出行。

### （四）家庭环境教育的影响因素

家庭环境教育是家庭成员之间的互动教育，因此，家庭成员的环境素养决定着家庭环境教育的质量，而他们的环境素养除彼此之间的影响外，还来自于学校环境教育和社会环境教育。

家庭环境教育没有专门的受过培训的教师，不能有目的、有计划地实施环境教育。它的作用在于为社会环境和学校环境教育提供一个互动的场所，社会环境教育和学校环境教育的作用对象不完全相同，二者在家庭之中交汇扩散，相互影响。如果没有前两者作为基础，家庭环境教育是无法开展的，它可能是某些个体的行为却很难扩展成一种社会现象。俗话有云："知子莫若父，知女莫若母"，父母最了解自己的孩子，父母可以借助这一优势根据孩子的实际情况、性格特点，制定最合适的方法对孩子进行环境教育。家庭环境教育能有效补充学校教育的不足。家庭教育在整个教育体系中与学校教育、社会教育"三足鼎立"，相辅相成，形成合力。

## 二、家庭安全教育的实施内容

现时期网上整合了家庭安全教育内容（图 3-1），为家长对孩子进行安全教育提供依据，呈现如下：

（1）禁止玩火。孩子是不宜进入厨房的，火柴和打火机一类易燃引火物决不能让孩子去玩弄。教育孩子玩鞭炮和焰火时要特别小心，禁止过小的孩子玩这些东西。让孩子懂得玩火的危害性。

（2）不要玩水。教育孩子不要扭动自来水开关。在湖、河边上玩耍，要在安全地带，决不要乱跑乱蹦，以免失足误入水中。

（3）不要玩电。嘱咐孩子不能去触摸和玩耍正在运转的电风扇等电器产品，不能摸电插座。

（4）不要让孩子随便拿刀、剪或其他尖锐器物当作玩具。教会孩子正确使用刀、剪等用具。

（5）避免运动受伤。孩子在运动或游戏时，教育他们注意规则，按顺序进行，避免碰撞。教育孩子不做危险性游戏。

（6）上街安全教育。教育小儿遵守交通规则，不在马路上停留和玩耍，要在便道上走，过马路要走人行横道。和大人一起上街父母要带好孩子，指点孩子什么是安全地方，什么是不安全地方。要让孩子记住自己的姓名、家庭住址。

（7）防止异物入体。教育孩子不随便把东西如小石头、花生粒、瓜子、小纸团等放入口腔、鼻、耳，以免发生意外。

（8）教育大一点的孩子，使他们懂得登高的危险。教育孩子不可从高处随便跳下。教育孩子不拿力所不及的东西。

（9）养成吃东西之前洗手的习惯。人的双手每天干这干那，接触各种各样的东西，会沾染病菌、病毒和寄生虫卵。吃东西之前认真用肥皂洗净双手，才能减少"病从口入"的可能。

（10）要告诫孩子，不要把铅笔、筷子、冰棍、玻璃瓶或尖锐的东西拿在手里或含在嘴里到处跑，因为这样容易扎伤。

（11）教育孩子不要把塑料袋当作面具往头上套，以免引起窒息而死亡。家长也尽量避免将塑料袋乱放。

（12）在野外旅行散步时，教育孩子不得随便采摘花果，抓捕昆虫，更不应将其放入口内，预防中毒等意外事故发生。

（13）教育孩子单独在家时，听到敲门声不要开门，可说："我父母不在家，请你以后再来。"以防窃贼趁大人不在时闯入盗窃。

（14）外出时衣着要朴素，不戴名牌手表和贵重饰物，不炫耀自己家庭的富有。

（15）应当熟记自己的家庭住址、电话号码以及家长姓名、工作单位名称、地址、电话号码等，以便在急需联系时取得联系。

图 3-1　儿童安全教育

http://image.baidu.com/i?ct=201326592&cl=2&nc=1&lm=-1&st=-1&tn=baiduimage&istype=2&fm=&pv=
&z=0&ie=utf-8&word=%E5%AE%B6%E5%BA%AD%E5%AE%89%E5%85%A8%E6%95%99%E8%82%B2

## 三、家庭安全教育的应对措施

随着社会的发展、儿童保健措施的完善、疾病引发的死亡率下降，意外伤害已经成为导致幼儿死亡的首要原因。卫生部门的统计显示，车祸、跌落、烧伤、溺水、中毒等是儿童意外死亡的主要类型，跌落撞伤、烫伤烧伤、硬物夹伤和宠物咬伤在幼儿日常意外伤害事故中所占比例较高。《幼儿园教育指导纲要（试行）》规定："幼儿园必须把保护幼儿的生命和促进幼儿的健康放在工作的首位"，应该"密切结合幼儿的生活进行安全、营养和保健教育，提高幼儿的自我保护意识和能力"，让幼儿"知道必要的安全保健常识，学习保护自己"；同时指出，"家庭是幼儿园重要的合作伙伴。应本着尊重、平等、合作的原则，争取家长的理解、支持和主动参与，并积极支持、帮助家长提高教育能力"。意外伤害虽属突发事件，但有它发生的规律，并非不可预测和不可避免。有一些家庭安全事故完全是由家长没有履行好维护孩子人身安全职责造成的。例如，家长忙于生计，而疏忽对孩子的监护；家长自身的安全防范意识不高，没有对孩子进行安全教育。家长的知识水平很大程度上制约着家庭安全教育的科学性与有效性。家长应该加强安全知识学习，做好家庭安全教育工作，防患于未然。通过指导幼儿家庭开展安全教育，消除家庭意外伤害事故隐患，对子女进行安全行为引导，提高幼儿自我保护能力，应该成为幼儿园的一项重要任务。

我国政府已经对加强中小学学校安全教育多次发布指令性文件，但是事故还是不可避免的发生。为此，家庭安全教育应采取如下措施。

### （一）通过多种途径开展家庭安全教育

首先，家长要提高安全防范意识，认识到对孩子进行家庭安全教育的重要性。加强安全知识的学习，提高自己的水平，以便更好地教育孩子。其次，家长在日常生活中进行安全教育要防患于未然，做到超前教育。结合具体的实例，随时随地教给孩子一些安全常识和自我保护技能。通过各种途径，丰富孩子的生活经验及安全知识，增强其自我保护意识。在我们的生活环境中，处处充满着威胁孩子安全的因素，如家庭的电源插座、热水瓶、刀、室内的摆设、家中存放的有害药物等，家长要为孩子创设安全的环境，有孩子的家庭应在家里铺上木地板，在家具的转角处贴上防撞贴，为孩子选择安全系数高的玩具。带孩子去户外活动时，选择适合婴幼儿开展不同活动的安全场所。家长除了极力消除这些容易导致孩子意外伤害的隐患外，应尽量丰富孩子的生活经验，认识周围的生活环境，了解什么事情该做，什么事情不该做，懂得不该这样做的理由，并认识其危险性。如：让孩子观察刚煮熟饭的高压锅、热水瓶内的水、刚用过的电熨斗，告诉孩子这些东西很烫，会烫伤人，家长可"示范"着摸一下，随即把手拿开，嘴里喊着"烫"，脸上作出痛苦的表情，然后握住孩子的手，也在其上面迅速摸一下，使他感到烫。

有过这种体验，以后遇到这种情况，孩子再不敢冒然去做这些危险的事。家长还可利用周围发生的事故，及时对孩子进行教育，如邻居家孩子手被小刀刮伤，可带孩子前去探望。一方面，教育孩子关心他人；另一方面，通过看小伙伴受伤伤势和痛苦的表情，使孩子懂得玩小刀易发生危险。像这样生活中他人的意外，都可以成为丰富孩子生活经验、预防意外事故发生的教材。

家长还应让孩子初步掌握日常生活中粗浅的安全知识。孩子的思维以具体形象为主，他们喜欢游戏活动，喜欢听故事，因此，我们可以采用这些形式向孩子进行简单的安全知识教育，讲解安全故事的时候最好结合生活中具体的事例，做到动之以情，晓之以理。这样做，孩子易理解并乐于接受。如：通过故事《鲁鲁的鼻子》，使孩子懂得不将异物放入口鼻，不然会有危险性。游戏"看谁找得对又快"，让孩子分辨哪些物品是危险的物品。这样，安全知识在听故事及玩中不知不觉地牢记在心中。另外，家长还应教会孩子识别一些常见的符号与标志，如交通安全标志、有毒物品的符号、安全通道的标志等，告诉孩子每个标志所包含的意思，从中提高孩子的自我保护意识。

### （二）提高孩子独立行为的能力

孩子随着生理与心理水平的发展提高，出现强烈独立行动的愿望，但由于孩子知识经验比较缺乏，独立行为能力差，这一现象也是导致孩子出现意外伤害的重要原因之一。因此家长在日常生活中应特别注意对孩子独立行为能力的培养，教会孩子一些基本动作和自我保护的技能，家长在评估孩子的人身安全不会受到严重影响的前提下，要让孩子多参与社会实践。丰富孩子的阅历，培养孩子处理问题的能力。在生活实践中锻炼生存技能，增强孩子的生存体验。如中小学会正确使用椅、凳等攀高；吃鱼学会剔鱼刺，学会正确使用剪刀、小刀等一些工具，懂得使用这些工具时一定要注意力集中，要有正确的握法，不要拿着这些工具到处走动，更不能奔跑；懂得跑步拐弯要放慢速度；摔倒时用手臂支撑，同时把头抬高。家长还要注意提高孩子独立解决问题的能力。对于发生在孩子身上的事，家长不要急于干预，而应让他们自己去思考解决问题的办法，如孩子要喝水，不知道热或凉怎么办。家长不要急于告诉他是热或是凉，而是让他想办法解决，"你想个法不看怎么能知道是凉是热？"并提醒幼儿注意不要烫到手。在成人的启发下，孩子会想很多办法：我用小勺舀一点试试；垫上毛巾摸一下；手放上面感觉有没有热气。这样，久而久之，孩子的独立性得到进一步提高，以后碰到类似的困难，即使大人不在身边，他也会设法安全地解决。

### （三）加强自我保护的教育

为了应付生活中的突发事件，如自然灾害。在这种情况下，家长要教会孩子一些自救的方法。万一碰到此类事情，孩子就不会束手无策。平时教会孩子记住一些常用的电话号码及用途。如：110 电话，可以求得警察帮助；119 是火警电话；120 是急救电话。教会孩子记住家庭地址与电话号码，学会打电话。家长还要有效地训练孩子的自救技能，可人为设计一些问题情境，"如果你落水了怎么办？" "玩滑梯时脚卡住了怎么办？" "房子着火了怎么办？" "地震了怎么办？" 等生活中常见的突发事情，引导幼儿设想各种自救的方法并进行演习。这种活动既是游戏，又是模拟练习，孩子非常喜欢，能够在活动中培养孩子应付各种意外事件的能力。

总之，家长要提高安全防范意识，认真履行对孩子的监护职责。提前做好孩子的安全教育工作，教授给孩子一些安全常识和安全技能，通过生活实践或创设实践增强孩子的生活体验，提高孩子防范自然灾害的能力。培养孩子的生存技能。把孩子的安全风险降到最低值。家长要细心地爱护孩子，更要注意培养孩子的安全意识、安全行为及自我保护能力，这样才能减少一些意外事故的发生，保证孩子获得平安幸福的生活。

# 第二节　社会环境安全教育

## 一、社会环境教育

社会环境教育主要是指对全民实行的环境教育，是一种非正式的环境教育。其基本目的是为了提高全民的环境意识，让每个社会成员参与环境保护中来。环境意识是解决环境问题的关键条件。社会教育的对象最为广泛，包括工人、农民、城镇居民和知识分子等社会各界人士。教育的形式通过二维媒体或三维媒体的科普以及环境保护类相关的讲座等活动进行宣传。

### （一）社会环境教育的独特优势

#### 1. 社会环境教育的即时性

对于现实生活中与环境有关的热点新闻、热点问题，或是环境科学领域中的新成果、新技术，社会环境教育都可以通过专题讲座、展览、报刊、广播、电视等形式向公众进行宣传教育。人们可以快速地获得环境教育的相关知识，了解世界各地的环保现状，获取最新的环保技术。随着科学技术和网络多媒体的快速发展，社会环境教育的即时性越发地被体现出来。由这种即时性带来的科普性也不断增强。比如"某科研机构研制出了能高效处理垃圾，且对环境无污染的垃圾处理炉"，或是"哪个村子由于附近的化工厂排放了未经处理的废水，导致庄稼不长，村民患病增多"。学校环境教育则对新的东西反映得较慢较少，这与教材本身具有滞后性不无关系。

### 2. 社会环境教育的灵活性

社会环境教育与学校环境教育的形式有较大的差别。学校环境教育是以一种正式的、专业的形式开展的教育活动。学校环境教育是以课堂渗透为主要形式，同时辅之以形式多样、内容丰富的课外活动，比如考察、参观、访问、实验、课外小组、夏令营等；社会环境教育以一种非正式的、业余的形式开展的教育活动。社会环境教育的形式相对而言就更加灵活，比如学习班、知识竞赛、报告、讲座、展览会、文艺汇演、街头宣传等。大众传播媒介在社会环境教育中起着举足轻重的作用，因为广播、电视、电影宣传的覆盖面大，是群众喜闻乐见的宣传形式。报纸、图书、杂志也是传递环境知识和信息的重要媒介。另外，由于互联网的发展也开阔了人们视野，使人们能及时了解并借鉴世界各国，尤其是世界先进国家的环保措施。人们也可以在各个论坛发表对各种环境问题和环保举措的看法和见解，互相学习。

大众媒体中的环境教育专栏，针对普通公民的日常工作和生活，采用"记者行动"、"百姓视线"等形式进行宣传和教育，促进百姓的积极参与。社会环境教育由于其媒体表达方式比较多样，因此在讲述环境问题时会更加形象。比如在环境课本上大都会提到日本由于水污染造成的"骨痛病"，而且还会讲到重患者会出现脸部痴呆、精神失常的情况，但是具体是什么样子，谁都没有见过。而一部电视片里就曾经把患者奇怪而痛苦的样子拍摄了下来，这样人们对此就有了更感性的认识。

### 3. 社会环境教育管理上的松散性

学校环境教育具有专门性的特点，学校为基础环境教育提供了专门的时间、教材及教师。我国的中小学环境教育采用的是渗透模式，也就是把环境教育的各项内容渗透到各门学科的课程中实施，从而化整为零地实现基础环境教育的目的和目标。虽然没有专门的环境课，但在制定各科的教学大纲时已将有关内容纳入，这样各科的专业教师就会在专门的课堂时间，利用各科的专门教材讲授与该学科有关的环境知识。相对而言，社会环境教育则不具备这一特点。它没有固定的时间，一般在与环境有关的纪念日前后，如"地球日"、"环境日"、"健康日"、"人口日"等期间，突出相应主题的社会环境教育会多一些。

社会环境教育因地而异。该地区的经济发展水平、该地区的政府对环境的重视程度、社会环境教育的人力是否充足、宣传人员是否达到一定水平等，都会对整个地区在教育内容的广泛性、科学性等方面产生很大的影响。此外，学校的课堂教育由于受时空的限制，主要以传授环保意识，掌握一些基本的环保知识为主。环保实践活动容易受条件限制而难以开展。相对比，社会环境教育的实践性较强。社会环境教育在内容上更具有实用性。广播、电视里经常会介绍一些关于"在日常生活中如何保护环境、进行环境监督"的内容，公民在收听、收看了这些节目之后即可在实际生活中运用。比如在北京电视台的"走向大自然"节目中，有一集题为"废旧电池与环境"，讲述了含汞、镉的电池对人类造成的危害，同时还建议人们尽量用不含这两种重金属的电池，对于那些无法购买到环保电池的公民，节目里还介绍了保存废旧电池的方法。这样从日常的生活着手，避免了一些人具有环境意识，却不知如何去做的局面发生。

### （二）社会环境教育的内容

根据我国的国情，社会环境教育大体可分为成人环境教育，中小学生、幼儿环境教育和专业院校环境教育三个大的层次。在每一个大层次中又可以按其结构和文化程度的不同分为若干层次进行。

**1. 成人环境教育**

成年人是现在从事社会经济活动的当事人。由于成年人年龄差异较大，知识结构不同，从事经济、社会活动影响范围大小不一，对他们进行环境教育的内容、要求与方式也应有所不同。

（1）领导层的环境教育。各级领导干部，特别是决策者，一般文化层次较高，对政策的理解能力较强，他们环境意识的强弱、环境科学知识水平的高低，往往影响一个地区、一个部门、一个企业环境保护工作的好坏。他们是环境教育的重点，对各级领导干部的环境教育应该以环境保护法律、法规、政策、标准等为主要内容，同时要普及环境科学基础知识。通过教育使之在决策过程中自觉地、科学地贯彻经济建设与环境保护同步发展等环境保护的方针政策，自觉地对本地区、本部门的环境保护负责。对领导干部的环境教育可采取短期培训班、研讨会的形式进行。各级党校、干校应开设环境保护课程，并将其作为培养干部的必修课之一。

（2）职工的环境教育。广大企事业单位的基层干部、工程技术人员和职工群众，是社会经济活动的直接行为者。他们既是环境保护的直接受益者，也可能成为环境破坏的参与者。他们环境意识的强弱和环境知识水平的高低将直接影响其社会实践，因此提高广大职工群众的环境意识和环境科学知识水平，是环境保护工作的关键，也是环境教育的主要任务。对于职工的环境教育主要是普及环境保护法、普及环境科学常识，结合本企业、本岗位的具体情况使每个职工熟知本部门、本企业、本岗位可能给环境造成的污染、破坏和对本人与他人带来的危害，掌握减少污染物流失和排放的技能、技巧，提高保护环境的责任感，促使其在管理、设计、生产、操作过程中，研究和采用新工艺，严格操作规程，自觉防止和减少环境污染。

对企事业单位的环境教育要采取集中教育与经常性教育相结合的办法进行。所谓集中，就是在一段时间内集中力量对全体职工采用全面办班的方式进行环境保护培训。所谓经常，就是坚持日常的环境教育，把环境教育纳入职工正常技术培训计划之中，使之制度化、程序化，保证这项工作长期、广泛、深入地开展下去。环境教育是环境宣传的深化，在有条件的企业，利用广播、电视、报纸进行环境知识讲座，开展问答、知识竞赛等活动，也是坚持经常性环境教育的重要组成部分。

（3）居民的环境教育。城市居民和广大农民是社会的主体，他们环境意识的强弱标志着我们民族、我们国家群体环境意识的强弱。对城市居民和广大农民的环境教育主要是进行环境保护法和环境保护常识的教育，使他们不但能自觉保护环境，而且能对污染环境、破坏生态等违反环境法的行为和现象进行群众监督，保证环境法律、法规的实施。对居民的环境教育可采取灵活多样的形式，可以通过宣传教育的方式进行居民环境教育。社区（村委）要做好环保宣传教育工作，把一些环保知识张贴在宣传栏。在居（村）民经常活动的公共场所挂上一些环境保护的宣传标语。社区领导干部或党员干部在环境保护实践活动中要起模范带头作用。由街道办事处举办居民干部学习班，利用广播、电视搞环境知识讲座，组织居民参与环境教育，定期组织一些环境教育实践活动等。

**2. 中小学生、幼儿环境教育**

中小学生和幼儿是祖国四化建设的未来主人。我国环境保护工作的好坏，将取决于他们环境意识和环境知识的水平。

中小学生和幼儿的环境教育应采取环境知识与各学科知识相互结合、渗透的方式进行，同时辅之以必要的课外活动。要把课堂教学作为环境教育的主阵地，用课外活动巩固环境教育成果，扩大环境教育阵地。

（1）幼儿环境教育。幼儿时期是人生认识自然的初始阶段，幼儿主要是通过环境的潜移默化的作用和影响来认识事物的。因此，这个时期的环境教育主要是为幼儿提供或创造一个良好的活动环境，让他们在美好的、健康的环境中成长。老师带领孩子走近大自然，让孩子通过感知去认识和探索大自然。通过环境的熏陶，让儿童们养成一种爱护环境的习惯，把保护环境、保护自然的最基本、最原始的思想和行为融于各方面教育之中。

（2）小学生的环境教育。小学时期是学习文化知识的初级阶段，环境保护知识教育应从这个时期开始。小学低年级学生要结合文化与品德课展开环境保护思想教育。高年级学生则要进行一些环境保护基础知识教育，结合自然、常识、法律课使学生了解环境、环境保护、环境保护法的基本知识，让他们参加一些必要的、力所能及的环境宣传、环境建设的社会活动。比如学生可以参与保持校园干净整洁，不乱扔垃圾；为保护花草树木制作一些警示牌，在植树节参加植树活动。学生在参与校园环境建设的过程中，体会到环境保护的实践活动所带来的快乐，使学校环境教育落到实处。

（3）初中生的环境教育。初中阶段是学生知识面开始拓宽的时期。这时的环境教育应趋向系统化，要专门开设环境课，同时在生物、物理、化学、地理等学科中应较多地、有计划地将环境科学知识结合进去。初中生的环境教育实践应当从学校走向社会。要组织学生参加环境保护社会实践，学生可以通过志愿者或义工的身份去参加一些环境保护的社会实践活动。还可以让学生通过环保宣传或相关作品展览领略到环境保护的重要意义，引导更多的人增强环保意识和参加环保实践活动。使他们不但晓得什么是环境保护和为什么要保护环境，而且要学会利用所学的各科知识解释环境问题，提出解决一些环境问题的想法和见解。对初中阶段的环境教育应有相应的考试、考察手段。

（4）高中生的环境教育。高中是学生们深化各科知识、拓宽知识面的阶段。高中毕业生有相当大一部分将直接走向社会，成为社会经济活动的直接参加者。对高中生进行环境教育尤为重要。高中课程较多，涉及的环境科学知识也较多，因此应更系统、更全面、更深入地开展环境科学知识教育，对多学科进行有机结合。教学中要把生态保护与建设、环境污染治理等技术有机地结合起来。与各科相结合的环境科学知识应作为各科考试、考察的内容之一。另外应该把最新的环境科学理论的发展和各种新技术、新工艺介绍给同学们。通过组织专题讲座、参观访问、参加坏境监测等形式，开拓高中学生的视野，使之更适应毕业后的社会要求。

**3. 专业院校的环境教育**

各高、中级专业院校是为国家培养专业人才的地方，这里的学生将成为四化建设的栋梁，他们环境意识和环境保护知识的高低将决定我国环境保护的好坏，因此必须对大中专学生进行环境教育。这个阶段的环境教育应该更系统、更深入、更有针对性。各大中专院校应将"环境保护概论"作为各专业的必修课或选修课，同时要根据各专业的不同情况，开设环境法学、环境经济学、环境生态学、环境医学、环境化学、环境工程学等课程作为选修课。工科专业应将污染物治理、工程后处理正式纳入工程工艺课程之中。大中专学生参加环境保护社会实践是了解社会、理论联系实际的重要环节，我们提倡在各院校开展有关的环境科学研究和技术开发工作，提倡他们为解决本专业涉及的各行业的环境保护问题提出新理论、新技术、新工艺，让每个大中专学生都能为环境保护做出贡献。

（三）加强社会环境教育的举措

**1. 进一步推进环境宣传教育的社会化**

公民社会主义道德风尚和环境意识的形成、巩固和发展，需要综合运用宣传、教育、法律、行政和舆论等手段。各级环境部门要做好组织协调工作，争取各级新闻、出版、科技、文化、艺术等部门以及社会团体的支持和参与。结合普法宣传，制作环境法律知识宣传系列片，作为环境法律宣传的直观教材，以提高公众的法律意识。通过环境知识宣传活动，逐步规范公众的行为，培养良好的伦理道德规范，形成良好的社会风尚，逐步将保护环境、改善生态、合理利用与节约各种资源的意识和行动渗透到日常生活之中。如利用"世界环境日"等重要环境纪念日对公众进行广泛宣传，动员公众参与活动，在活动中受教育；指导公众实行可持续的消费，鼓励公众购买和使用"绿色产品"。

**2. 要逐步形成环境保护的公众参与机制**

为公众参与重大项目决策的环境监督和咨询提供必要的条件、机会和场所。引导公众积极参与环境公益活动，为保护环境做好事、做实事，从现在做起，从自己做起，从身边做起。在我国要创新体制机制，培育公众参与环境执法协调机制，提高环境执法效能。环境执法实践表明，在环境执法中，一方面要承认和保障公众个人参与的权利；另一方面，要吸收各种非政府组织（如环境组织、社区组织）参与环境执法。尤其是环境组织，由于其与群众联系密切，可以将民意真实地反馈给政府，有利于政府正确决策，也便于政府在执法中适时地修正偏颇或失误。这样既增强政府决策的科学性、合理性和公开性，减少执法成本，又便于公众参与，提高环境执法效果。此外，公众代表参与环境执法又能了解更多的环境信息，并将这些信息传达给其他公众，提高公众环境意识、丰富环境信息，促进公众更积极有效地投入环境活动中，从而促进改革环境执法手段，环境执法程序规范，公众参与协调机制完善。

**3. 制定《环境教育法》，加强法律保障**

1989 年颁布的《中华人民共和国环境保护法》，第 5 条对环境教育问题进行了原则性的规定："国家鼓励环境保护科学教育事业的发展，加强环境保护科学技术的研究和开发，提高环境保护科学技术水平，普及环境保护的科学知识。"在实践中很难保障环境教育问题的依法进行，目前环境教育问题没有引起应有的足够重视，环境教育如果不能从法律高度进行要求，那么就摆脱不了环境教育被"虚化"和"弱化"的状态，无法实现环境教育的根本目标。为了应对日益复杂的环境问题，加强环境教育、提高国民的环境意识是解决环境问题的重要一环，也是国家和政府在环境保护方面的重要职责。环境教育问题的解决，必须寻找到一种强有力的保障机制——法律规制。相关部门要建立健全环境保护相关的法律法规，杜绝环境保护管理上的真空和漏洞。对破坏环境建设和生态平衡的不法行为进行引导、监督和教育。对违反环境保护法律法规的犯罪行为则要进行严厉的打击。环境保护法在修改过程中应增加有关环境教育、公众参与的内容，切实为环境教育的顺利推进保驾护航。

综上所述，环境教育已成为提高人类环境保护意识的一个有力手段和有效措施。环境教育既要重视提高人们的环境保护意识，防患于未然，又不能仅停留在防范层面。环境教育还应当落到实处，要提高人们的环境保护技能，使人们通过实际行动去保护环境。这是环境教育的目的和根本。环境教育还要加强学校环境教育、在职环境教育与社会环境教育，制定《环境教育法》，做到有法可依。在环境保护法的修改中，要加强对环境教育的保障力度，促进我国环境教育的规范化和法制化，使环境教育获得更深远的发展。

## 二、社会安全教育

社会安全是一个国家或地区社会安全状况的总体变化程度，它是衡量一个国家或地区构成社会安全四个基本方面的综合性指数。包括社会治安（用每万人刑事犯罪率衡量）、交通安全（用每百万人交通事故死亡率衡量）、生活安全（用每百万人火灾事故死亡率衡量）和生产安全（用每百万人工伤事故死亡率衡量）。社会安全事件主要包括：恐怖袭击、空袭、盗窃、抢劫、绑架、骚乱、涉外等。一个国家的社会发展程度包括经济发展速度、社会公平程度、政治体制、历史文化原因等都将影响着这个国家的社会安全状况。我们国家把社会安全状况作为国家统计局全面建设小康社会统计监测指标体系的重要指标之一。

近几年，公共安全已成为国家社会管理工作的重点关注内容之一，"十一五"计划相关文件中，在安全领域明确提到加强社会安全建设的重要性。安全的公共环境与社会中的每个人都息息相关，但社会安全又是一个长期的综合性问题，没有哪一个国家能彻底杜绝各类危机的发生，像法国曾爆发巴黎骚乱，美国、加拿大曾遭受北美大停等，几乎所有国家都在寻找解决社会安全问题的良策。对中国来讲，也迫切需要找到增强社会安全的办法。据统计，"十五"期间，我国每年因自然灾害、事故灾难、公共卫生事件和社会安全事件造成的损失严重，相当于GDP 的 6%左右。为提高政府保障公共安全和处置突发公共事件的能力，最大程度地预防和减少突发公共事件及其造成的损害，保障公众生命财产安全，国务院于 2006 年 1 月发布了《国家突发公共事件总体应急预案》。2006 年 3 月，上海市提出，以"城市安全、人身安全，社会安定、人心安定"为目标，结合特大型城市的特点深入开展"平安建设"，为上海和全国创造更加和谐稳定的社会环境。上海市民积极参与社会安全与稳定建设，至今已有 40 万人参与社区"夜间巡逻队"，1.2 万人参加社会志愿者队伍。上海市民的安全感逐年上升，上海已被誉为"中国最安全的城市"之一。由此可见，社会安全问题越来越引起国家的关注，而对民众所实施的教育，尤其是青少年群体显得格外重要。

青少年是一个国家和社会的未来，这几乎已经成为当今社会的共识。国家每年下大力投资教育建设，兴建各类学校，普及义务教育目的就是要把下一代早日培养成才。一个国家对青少年的教育培养，几乎可以决定整个国家未来发展的方向。

（一）青少年安全教育现状

我国青少年学校安全教育工作最近几年已经得到普遍推行，但具体实施情况却有很大差别。究其原因，主要因为安全教育不是应试考试科目，甚至安全教育本身不是"名称性课程"，在教学考核体系中没有明确列出，在有些地方片面注重考试升学率的情况下，学生安全教育几乎等于空白。

**1. 全国总体情况**

在青少年安全教育方面，我国存在很大的地域差异。总体上城市教育好于农村，东部地区好于西部，大城市好于小城市，这从总体上反映了教育资源投放力度以及人员观念意识上的差异。

在农村，安全教育工作没有专人负责，没有开辟专门时间讲解。以笔者走访过的山东、安徽的部分农村学校来看，每学期老师们提到学生安全教育仅两次，即在每年寒、暑假放假之前说明《安全保证书》并让学生签字，保证自己不到一些危险地方玩耍。这种名义上的安全教育，其实是为发生安全事故后校方推卸责任的一种借口。通过与来自不同地区的大学生交谈，在广大西部地区，或者一些中小城市，这种忽视学生安全教育的情况也多少存在着。

据新闻网报道，进入暑假时期，农村的安全事故频发，发生多起学生溺水伤亡等安全事故，悲剧向人们敲响了警钟。2013 年 7 月 2 日，安徽郎溪县郎溪中学4 名高一学生在放学途中不幸溺水身亡；7 月 4 日，贵州普安县盘水镇 4 名小学生溺水，3 人遇难 1 人失踪。教育部办公厅日前还通报了 6 月 16~22 日全国连续发生的四起学生溺水事故，受害者多为农村学生。根据教育部门的统计分析，溺水与交通事故是全国中小学安全事故发生率最高的两类事故，造成死亡人数超过总死亡人数的 60%。

城市中，以相对最发达的上海市为例。通过对全市几处中小学教师的了解，上海市目前也没有将"安全教育"开设为一种专业学科，没有进行系统化的课堂教育，但各学校非常关注对学生的安全教育。学校会安排一些主题班会，以专题形式对学生进行安全知识讲座，还会进行一些拓展活动，如进行救护、包扎等急救演练，中午休息时间大都会利用教室里的电视教学系统播放一些安全教育知识，交通、消防、医疗等部门还会不定期组织人员到各学校进行相关知识讲座。可以说，上海市中小学生的安全知识相对较丰富。即使在大学层面，也缺乏相应的安全教育。据相关调查数据显示，学生对校内外环境安全的关注不强。在食品方面，53.5%的大学生经常流连于流动饭摊购买食物；19.9%的大学生表示不会留意校园、教室、食堂等场所的环境卫生问题。在交通出行安全意识方面，大学生对于交通出行安全意识较弱。17.2%的大学生表示有过横穿马路、闯红灯等情况；13.2%的大学生表示有过在机动车道上骑自行车的情况；39.1%的大学生表示在校园内会行走在机动车道的情况；49.3%的大学生表示会随意搭乘无牌无照摩托车。一般来说，大一学生会在入学后参加的军训中接受一些消防知识教育和实地演练。

就全国总体情况看，只有在少数几个发达的大城市，青少年的安全教育工作才真正得到开展。但具体效果如何，相对于需要应对考试的其他语、数、外而言，其关注程度似乎会低一些。

**2. 国外经验**

日本国民的危机意识和危机应对能力堪称世界排名前列。日本不因生活条件优越就放松对青少年一代危机意识的培养，在其面积狭小的国土上，28个"青少年之家"在各地区几乎平均分布，这是由日本国立青少年教育振兴机构倡导建设的，目的是在日本正常学校教育之外，设立一套完备的体系，继续对青少年进行各种教育和锻炼。这些机构会定期组织学校学生参加一些各种场合下的生存训练，进行地震、火灾等救助演练，定期召开预防地震等灾害的会议，开办各种知识讲座。这些机构不仅对青少年开放，而且还对各种其他年龄段的人进行开放。据统计，2006年日本共有488万人利用了各处的"青少年之家"。其他一些发达国家均十分关注青少年的安全教育，如法国规定学校每月必须有2.5小时的交通安全教育、安全理论和安全技术训练，并且政府还在全国设立了390所交通公园，指导孩子们怎样骑自行车和摩托车。英国从20世纪50年代就开始对中小学生进行安全教育，法规明确规定："地方自治机关要作出一切努力，在学校教育中向儿童、学生灌输交通安全的思想和技术。"美国对儿童从保育院、幼儿园就开始进行交通安全教育，小学以后就对交通安全进行系统的教育。可见，发达国家一般注重从青少年入手加强安全教育工作，而我国仅在少数大城市推行安全教育。从国家层面来看，我国还有待于继续通过法律手段贯彻推行安全教育。

## （二）青少年安全问题

青少年安全问题一直都受到国家和社会的普遍关注。2006年教育部曾公布了中小学生安全事故总体形式分析报告，对当年中小学生安全事故发生的特点、原因、环节等方面进行了全面分析。

据统计，2006年全国各类学生安全事故中，溺水、交通、踩踏、一氧化碳中毒、房屋倒塌等事故灾难占59%；斗殴、校园伤害、自杀、住宅火灾等社会安全事故占31%；洪水、龙卷风、地震等自然灾害占10%。在所有事故中，溺水和交通事故成为发生率最高的两类事故，学生死亡人数超过了全年事故死亡总人数的60%。从事故发生地点看，校园事故最多，占39%，其中以校园伤害和学生斗殴为主，另外还有少数踩踏、房屋倒塌等事故；32%的事故发生在学生上下学路上，其中以交通事故为主，也包括个别强奸、斗殴等；另有24%发生在江河水库和公路；5%发生在家中，包括自杀、中毒、火灾等事故。在全部安全事故中，10%是因自然灾害等客观原因导致的，90%属于其他各类安全事故，其中，45%的事故因学生安全意识淡薄而发生。统计数据表明，农村学生安全事故发生数、死亡和受伤人数都明显高于城市，分别是城市的 2.9 倍、3.9 倍和 4.2 倍，这也从一个侧面证明了农村与城市相比，对学生安全教育程度不够，从而可以说明加强对青少年进行安全知识教育的重要性。

在 2006 年的数据中，安全事故在不同学年层次分布不同，小学占 43.75%，初中占 34.82%，高中占 9.82%。可见，随着年龄层次的增长和受教育程度的加深，学生的自我保护意识和能力均有显著增强。通过 2006 年的统计数据可以明显看出，青少年是特别容易受到伤害的群体，而这个群体在社会中占据重要比重。同时，青少年在接受过相关安全知识教育培训后，能够在很大程度上避免一些安全事故的发生。

中小学生是社会安全事件的最可能受害者。改革学校的安全教育课程内容，丰富教学方式，提高学生的安全意识，激发学习兴趣，令学生积极自主地获取相关知识并在情景模拟中加以应用，将会大大降低学生在社会安全事故中的伤亡率，让学生和家庭增添安全感和幸福感。

## 第三节　学校环境安全教育

学校教育是一种制度化的教育。在现代教育体系中，学校教育形态是教育的主体形态。与家庭教育和社会教育相比，学校教育有其专门的特点，如职能上的专门性、内容上的系统性、组织上的严密性、作用上的全面性、形式上的稳定性以及手段上的有效性等。学校环境安全教育是学校教育的重要组成部分，在人的生产生活、进步发展等多个方面都发挥着不可替代的作用。它主要是指教育者通过专门的教育机构对受教育者所进行的有目的、有计划、有组织、有系统的环境安全知识传授及能力培养。

从时间维度来看，环境安全教育应贯穿于人的一生，而学校环境安全教育应贯穿于从幼儿园到中小学一直到大学的所有阶段。本节将学校环境安全教育分为三个层次，即幼儿园、中小学和大学三个阶段，目的在于突出针对不同阶段的学生，教师的教学重点应有所区分。在每一阶段将从生命安全教育、道德安全教育、法制安全教育、交通安全教育和信息安全教育五大方面进行详细阐述，但由于受教育者本身年龄的差异及本书的篇幅限制，每阶段的侧重点都有所不同，从而更加突出该年龄阶段的发展特色。

### 一、幼儿园环境安全教育

从人的发展角度看，幼儿正处于人生发展的起始阶段，是从懵懂迈开脚步走向社会的开端，这一阶段是幼儿各方面发展的关键期，对每个人来说这既是机遇又是挑战。幼儿因身心各方面尚未发展成熟而需要家长和幼儿园教师给予一定的安全防护措施和特殊的照顾。他们能否健康成长对整个家庭乃至社会有着巨大的影响。近些年来，幼儿园意外伤害事故频频发生，如惨绝人寰的血案、传染病的突发、自然灾害等，使得保障幼儿的安全问题彰显得尤为重要，各地幼儿教育机构对幼儿的安全教育也越发关注。在我国社会主义市场经济大发展的背景之下，如何提高幼儿园的安全教育则显得更加迫切和重要。

近些年来，幼儿园频频发生的校园血案，揪动着我们每个人的心：2004 年 8 月 4 日，北京大学附属第一医院幼儿园的 15 名幼儿和 3 名幼儿教师被砍伤，其中一名幼儿因重伤经抢救无效死亡。据称该犯罪嫌疑人患有间歇性精神分裂症并且是该幼儿园的门卫。2010 年 5 月 12 日上午 8 点 20 分左右，陕西省某市一名叫做吴焕明的 48 岁男子持刀进入一所私立幼儿园内，当场活活砍死该幼儿园的园长，并且残忍地砍杀多名儿童，最终造成 9 人死亡 11 人受伤。该犯罪嫌疑人最后返回家中用刀割了自己的颈部动脉自杀身亡。这些犯罪嫌疑人不管是患有精神病还是正常，都有一个共同行凶特点：将其罪恶之手砍向了这个社会最纯真无邪、最无反抗力的群体——幼儿，仅仅为的就是给这个社会更多的人造成伤害和痛苦，这更加引起社会各界的震惊和关注。

国际上针对幼儿环境安全教育早有先例，日本、美国等相关部门都曾做过调查统计，表明儿童受伤种类一般有骨折、挫折伤、擦伤、扭伤等，而事故发生最频繁的地点就是户外活动场地、游戏设施等处，例如滑梯、秋千、攀登架等。他们对这些事故高发场地及设施等所采取的对策，是尽量保证有足够的场地与设施供孩子们户外活动使用，也尽量维持设施能提供给孩子以运动经验获得的功能，创设充满"危险"的环境，让孩子亲身体验这些随时可能发生危险的同时，尽可能地降低活动场地、游戏设施的危险性，或在恰当的时候给孩子以适当的安全提醒。

美国幼儿园的户外活动操场多是采用橡胶木之类的材料，但也有适合幼儿开展不同活动的不同地面，如草地、水泥地、沙地等。他们非常重视安全检查工作，因为他们认为在现在看上去安全的环境设施不一定在一周后甚至 24 小时后还是安全的，因此他们有每日每周每月的定期或不定期的安全检查工作。在《美国幼儿园环境安全评估标准》中，对幼儿园的各项安全工作都制定了严格的标准，作为安全检查的参照。

日本幼儿园中的绝大部分户外活动场地采用了硬沙土地，以降低摔倒后的损伤程度；单杠、爬竿等攀爬类设施下面垫上塑胶垫子；秋千周围设置围栏或用白线标示，以提示孩子秋千摆的安全位置。他们的一些环境创设似乎又故意增加了危险因素，有尖尖屋顶的小房子用来给孩子攀爬，两棵高高大树之间的有着大漏洞的绳网也是允许孩子爬越的。

国外很多幼儿园的活动场地都非常有限，但他们在环境创设上注重为儿童创设一种自然的环境，更多地是用原木类的材料做成设施，如一些堆成的小土坡，自然生长的草地，用绳索吊在树上自制的秋千等。这一切都力图让幼儿与自然相亲近，获得人与自然的交往体验。他们认为儿童不是仅生活于纯封闭、安全无危险的环境中的，只有让他们在充满危险的自然环境中去冒险，去体验，才能积累具体的经验教训，形成防御危险的意识和能力；而这种自然的环境也减少了像塑胶等化学制品可能造成的污染。基于此，以下将重点介绍与幼儿最息息相关的生命安全教育和交通安全教育。

### （一）生命安全教育

生命安全是人类最基本的需要，没有生命保障，人类的一切就毫无意义可言。马斯洛认为人的需要有七种，分别为：生理的需要、安全的需要、归属与爱的需要、尊重的需要、求知与理解的需要、美的需要和自我实现的需要。前四种需要定义为缺失性需要，它们对人的生理和心理健康是很重要的，必须得到一定程度的满足，也就说缺失需要使我们得以生存，只有较低级的需要得到满足之后才能出现较高级需要的追求。位于底层的安全需要便成为较高层次需要实现的基础，于是，生命安全教育便受到人们越来越多的关注。

安全是人类最基本最重要的需求，可以说安全即生命，特别是对于幼儿来说，由于他们身心发展还不成熟，更容易受到意外的伤害，所以幼儿园必须把保护幼儿的生命和促进幼儿的健康放在工作的首位。幼儿身心发展的特点要求教育者对其生命安全要格外关注，幼儿期的孩子活泼好动，对任何事都充满了好奇心，什么都想看一看、摸一摸，这是因为活动主要是依靠大脑高级神经系统的调节，幼儿大脑的成熟度不足，兴奋过程胜于抑制过程，因此表现为十分活泼好动。但3～6岁的幼儿正是身心发育的起步阶段，身体的协调性较差，好模仿，缺乏一些必要的生活经验，自我保护的意识较差，常常不能预见自己的行为会产生什么样的后果。这就要求幼儿园教师格外重视保障幼儿的生命安全，初步向幼童介绍一些安全常识，在最大程度上阻止意外和悲剧的发生。

每个人都是独立的个体，虽然生存于社会之中，但也有其特殊的自主性和能动感，幼儿年纪虽小，但也是自主建构的个体人，所以即使再"天衣无缝"的看护也比不上幼儿的自护。正如何玉在《家园共育如何培养幼儿的自我保护意识》中认为，"千般照顾，不如自护"，从提高幼儿的自我保护意识入手使孩子们学会灵活地应付突发意外事件是问题解决的根本方法。

"没有规矩，不成方圆"。我们应制定必要的安全规则，培养儿童遵守规则的主动性和自觉性。安全规则的制定可根据不同的内容、不同的规模、不同的对象，采用不同的形式，提供适当的安全材料，创设安全场景，确保符合安全卫生要求，一旦发现隐患，立即消除，妥善处理。以下就防火、防电、防溺水，防异物、防拐骗，防跌落、防踩踏，防机器，警惕宠物五大方面进行详细介绍。

（1）防火、防电、防溺水。教师要告知幼儿不要在火源附近玩耍；不玩火柴、打火机、蜡烛；一旦着火应迅速扑灭，火势不能控制时要逃跑并及时拨打火警电话119。触电又称电击，是日常生活中较常见的意外伤害，严重时有生命危险。儿童青少年因触电而死亡的人数占儿童青少年死亡总人数的10.6%。教师要在日常生活中教育儿童，不能接触插座、电源；知道高压电的标志并远离它们。溺水多发生在幼儿园高年级和小学生中间，他们往往因缺乏安全观念和有关知识，常瞒着家长、老师去非开放水域嬉水或游泳；由于不了解水情或体力不足，或缺乏游泳技能而发生溺水。应教育儿童去游泳时要有大人陪同，或由幼儿园和学校组织，到专门的游泳池或有保护措施的水域游泳，千万不要只与同龄儿童结伴到水库、池塘、湖滨、海边嬉水。

（2）防异物、防拐骗。告知幼儿不能将纽扣、黄豆、硬币、玻璃球等放入口、鼻、耳中；不乱吃药；知道急救电话120；知道自己父母的姓名、联系方式、工作单位和家庭住址；不接受陌生人的玩具、食品，不跟陌生人走；遇到危险时知道拨打报警电话110。

（3）防跌落、防踩踏。要教育儿童在运动或游戏时应按顺序进行，避免碰撞；在没有成人看护的条件下，不从高处往下跑或从低处往上蹦；教育儿童不爬树，不爬墙，不爬窗台、扒窗户，不从楼梯扶手上往下滑；推门时要推门框，不推玻璃，手不放在门缝中；乘车外出时不应在汽车里来回走动、打闹；不使用棍棒在室内外追打，过往楼道要轻声，走路有序。为了孩子的安全，教育儿童不要随身携带玩具及锐利的器具，更不应把它放在口、鼻、耳中，以防被伤害。

（4）小心"咬人"的机器。随着现代科技的发展，各种高科技电器越来越普及，这些电器给我们的生活带来便捷的同时也给幼儿的生存环境增加了许多安全隐患，老师应教给幼儿正确使用电器的方法和注意事项。

（5）警惕宠物安全。为了培养幼儿的观察力、思维力、想象力，丰富幼儿的在园生活，许多幼儿园增加了试验区、观察室等场所，幼儿多与小动物接触也有助于培养他们的爱心、同情心和耐心，但与宠物接触也有一些注意事项，如：摸过宠物或给宠物喂食后应立即洗手；如果身上有伤口应避免接触宠物，以防感染；带宠物出门或去公共场所时要用链子拴住，以免它咬伤或吓着路人；一旦被宠物咬伤或抓伤应立刻告知老师，注射疫苗。

生命只有一次，珍惜生命应该是每个人的习惯，所以我们应该让青少年从小接受生命安全教育，让他们珍爱自己的生命，也珍爱别人的生命，要让他们从小树立"生命神圣不可侵犯"的思想。生理学家认为："习惯是自动化了的条件反射"。幼儿期的神经细胞反应时间短，容易形成条件反射，即容易养成习惯。教师应抓住这一教育契机，帮助幼儿养成良好的行为习惯，减少伤害事故的发生。

（二）交通安全教育

据有关部门统计，全国交通事故平均每50秒发生一起，平均每2分40秒就会有一人丧生于车祸。更让人痛心的是，因交通事故死亡的少年儿童占全年交通事故死亡的10%，且有呈逐年上升的趋势。因此，对幼儿进行交通安全教育不容忽视。幼儿交通安全教育主要包括以下几个方面：

（1）了解基本的交通规则如"红灯停、绿灯行"，行人走人行道，上街走路靠右行，不要在马路上踢球、玩滑板车、奔跑、做游戏，不横穿马路等。

（2）认识交通标记，如红绿灯、人行横道线等，并且知道这些交通标记的意义和作用。

（3）教育幼儿从小要有交通安全意识，养成遵守交通规则的良好习惯。

在对幼儿进行交通安全教育时，可选用一些儿歌或故事的形式以增加趣味性。如儿歌《交通规则要牢记》中唱到："小朋友，你别跑，站稳脚步把灯瞧。红灯停，绿灯行，黄灯请你准备好，过路应走斑马线，交通规则要记牢"。儿歌既朗朗上口方便记忆掌握，又可以培养幼儿的韵律感陶冶情操，不失为幼儿学习的好资源。

特别值得一提的是，学前儿童由于神经系统和运动系统发育不完善，虽然有时已经察觉到危险，但因未能及时反应和有效控制动作而会导致意外发生，如虽然幼儿已经有了"尖锐的东西能伤人"的知识，但在使用剪刀时仍然会划破手指。这是幼儿与其他阶段学生的差异之处，在环境安全教育中要特别注意，实施有效策略。总之，幼儿园环境安全教育要克服经验主义，不能"想当然"，不能对一些危险情境熟视无睹，不能以为以前幼儿从未在这方面出过状况，今后也不太可能出意外，也不能以为强调他人发生意外的恶果就能避免类似情况的发生，而忽略给幼儿深入浅出地分析意外事故发生的原因并着力提高他们的防范技能。

幼儿年龄尚小，知识经验贫乏，模仿性极强。可利用图片、照片、录像等资料，为儿童树立安全行为的榜样，进一步培养幼儿的安全意识和技能。还可以通过树立安全行为榜样的直观形象以及不按规范活动所产生的不良后果为例，引导儿童自己进行比较讨论，从而使他们形成正确的行为习惯。教师要有高度的责任感，时刻注意儿童的动向，防患于未然。充分利用条件，如宣传栏、标语、宣传资料、黑板报、咨询活动、安全月、安全周、安全日、大会、演出和组织专项活动等多种形式的宣传活动，引导儿童正确的思维与行为。在教法上可采用编童谣（歌谣）式学习法、故事化学习法、范例与比较学习法等。

幼儿由于年纪尚小，对道德安全、法制安全和信息安全三方面的理解还存在一些困难，但这并非表示可以不重视它们，而是要求教师联系家庭和整个社会为幼儿做出榜样，渗透正确的思想，在幼儿稚嫩的心灵里种下一颗对这个社会充满爱的种子。随着幼儿年龄的成长，这颗种子也会不断生根发芽、开花结果，从而收获最丰硕的人生果实。总之，儿童身心发展处于未成熟阶段，身体各部分器官比较娇嫩，神经系统比较脆弱，运动水平较低，协调性差。他们对事情发展，对自己行为将会产生的后果无法预见，无法控制，而且儿童脑皮层细胞的兴奋性较高，对周边事物都感兴趣，好奇心强，表现出好动又很难自制的特点，极易产生伤害事故。安全防范教育最终要转化为安全行为才是教育的根本，才是最有现实意义的。儿童安全教育应该遵循幼儿身心发展规律，应符合儿童心智发展的自然顺序，应建立健全预防体系和急救网络，确保责任落实到部门，落实到个人，教师应及时观察儿童活动的全过程，防患于未然。对于危险性较小而儿童又能从中获益的活动，教师只要稍加指点，就可放手让儿童去探索；对危险性较大的活动，教师则必须严加干预，立即制止。最后，教师的指令、忠告要讲究艺术性，使儿童乐于听从和接受，不产生逆反心理，以防做出更危险的行动。

## 二、中小学环境安全教育

随着经济的发展和社会的进步，教育改革不断深入，中小学生的活动领域越来越宽，接触的事物越来越多。他们的自身安全问题日益引起人们的重视。在日常生活中，人们从事各种活动，如出行、集会、旅游、参加体育锻炼等，都有可能遇到各种不安全的因素，而青少年应付各种异常情况的能力是极其有限的。目前，社会治安中仍存在一些问题需要解决，社会上还存在着违法犯罪现象，中小学生遭到不法分子侵害或滋扰的情况也时有发生，这些使他们的身心受到了不同程度的伤害。尤其是有关珍爱生命、呵护青春等心理健康教育的缺失，会对中小学生的健康成长构成严重威胁。所以，对中小学生进行安全教育是非常必要的，有关专家认为，通过教育和预防，80%的中小学生意外伤害事故是可以避免的。安全教育是生命教育，安全教育是公众教育，安全教育是世纪教育。

2008年5月12日下午2：30左右，我国的四川省汶川发生了震惊全世界的、强度达8级的特大级地震，在随后的新闻报道中得知，其中有一所中学全校师生在地震发生后的1分钟左右全部赶到校园的操场上，无一伤亡。奇迹是如何发生的呢？原来这所中学自2005年起就坚持每学期进行一次井然有序的紧急疏散演练，平日里的演练使得师生们在地震面前沉着应对，迅速撤离，把握住了宝贵的逃生时间，避免了惨剧的发生，可见安全教育所彰显的重要性。对于中小学来说，十二年教育着实是一段黄金时段，怎样有效而合理地运用这段时期对学生、对学校来说十分重要。环境安全教育有着自身的阶段性特征，由于从小学到中学，年龄跨度较大，需要进一步理清小学阶段和中学阶段在生命安全教育、道德安全教育、法制安全教育和交通安全教育四大方面的具体情境，进而才能够防患于未然。

（一）生命安全教育

生命教育是在尊重生命发展规律的基础上，对学生实行珍惜生命的教育。安全教育是对学生进行生命教育的重要组成部分。安全教育的理论基础是生命教育理论、"以人为本"的人本主义哲学观念以及马斯洛的需要层次理论。新课程的实施对学校教育提出了更高的要求。"以人为本"是新课程的一个重要理念。要深刻地理解"以人为本"必须关注人的生命世界；人是以生命的方式存在的，没有生命的存在也就没有人的存在；生命是人智慧、力量和一切美好情感的唯一载体。而现行教育在实施的过程中存在一些问题和弊端，以致忽视了生命成长的内在规律和需要，忽略了生命意义的追求和生命价值的提升，造成了生命意识的消解。教育必须重视学生的情感、心灵和个性，使学生知识的增长不以情感的盲目和责任感的丧失为代价，避免导致学生对生命价值和意义的怀疑与破灭。因此，确立以人的生命为本的教育理念，才能使我们从知识课程观的狭隘眼界中走出来，使学生的学习不仅是知识技能的掌握，更应当是生命的整体生成。换言之，以"生命为本"的教学，才可能让中小学学生的认知、情感、意志、态度等都参与到学习中，使他们在理解和掌握知识的同时，获得精神的丰富和完整生命的成长。

小学生命安全教育的关键是对学生进行实地演练，让学生掌握必要的逃生技能。学校的安全教育不能纸上谈兵，要避免形式化的安全教育，要改进和完善教学，必须对学生进行实战演练，让每个学生掌握逃生的技能和技巧。中学生处于心理上的"第二次断乳"时期，由于其特殊的心理特征，自我认同与角色混乱的冲突是这个阶段的青少年主要面临的成长课题，顺利地解决这个危机，会使青少年变得更加成熟和社会化。生命教育要着力培养学生生命安全、生命关怀的意识和技能以及生命成长的反思能力、生命意义和价值的积极探索精神等，使之心理不断成熟，建立个体生命与自我的和谐关系。学校教育作为实施生命教育的主要途径，其安全教育活动的开展及安全教育措施的落实是生命教育的重要方面。

（二）道德安全教育

中小学阶段是道德结构形成的关键期，是伦理形成和意识建构的重要阶段。现如今在学校中的道德安全教育大多停留在说教和考试层面，方法简单、内容陈旧，途径封闭单一，远未形成"教育合力"，很难满足当今社会的需求，所以社会中不乏有人强烈呼吁"学校道德教育应回归生活"。

的确，中小学道德安全教育只有回归生活才能走出实效性低迷的困境。学校道德教育必须重视学生道德行为的培养，应该更多地走出课堂，在生活实践中进行。以学生直接经验为基础，将学生的需要、动机和兴趣置于核心地位，充分发挥学生的主动性和积极性，鼓励学生自主选择主题，积极开展活动，在活动中发展创新精神和实践能力。克服当前基础教育课程脱离自身生活和社会生活的倾向，面向学生完整的生活领域，引领学生走向现实的社会生活，促进学生与生活的联系，为学生个性发展提供开放的空间。

中小学道德教育有区别于其他阶段的独有特点，这应当格外注意。首先，该阶段的学生处于青春期阶段，在进行说服教育时应采取符合年龄阶段的策略。教师的说教不仅要以理服人，还要以情动人。要以学生原有的态度为基础，逐步推进、循循善诱。其次，中小学生由于年龄的限制，其理解能力有一定局限，所以教师最好只提供正面论据，以免学生产生错意。再次，要注意树立良好的榜样示范。班杜拉在社会学习行为理论中就强调观察学习中，替代强化和替代惩罚是非常重要的。最后，要善于运用群体的约定，学生并非独立的个体，他们是生活在一定组织环境中的社会人，集体对他们思想行为的影响是不容小视的。教师就要利用这一点，唤起积极向上的班级氛围，给学生以正确的价值导向，塑造行为并形成习惯。

（三）法制安全教育

《刑法》第十七条第二款明确规定："已满十四周岁不满十六周岁的人犯故意伤害致人重伤或者死亡、抢劫、贩卖毒品、防火、爆炸、投毒罪的，应当负刑事责任。"第十七条第一款规定："已满十六周岁的人犯罪，应负刑事责任。"一个人走上犯罪道路并非一朝一夕形成的，正所谓千里之堤，溃于蚁穴。如果从小养成了各种不良的习惯的话，以后要改正就很困难了。如若平日又不注重学习科学文化知识，不注重规范自己的言行，不按照各种规章制度做事，最终必将酿成大错。

对于法制安全教育，首先从如何增强中小学学生的自我防范意识入手。未成年人应当遵守国家法律、法规及社会公共规范。实践证明，未成年人一旦养成了种种不良习性后，要矫正过来是很不容易的，需要花费更大的力气。因此，未成年人应在日常生活和学习中，处处遵守法律、法规及社会公共规范，遵守社会公德，加强自我修养、自我调节、自我完善、自觉抵制违法行为的诱惑。另一方面，要树立自尊、自律、自强的意识，建设一种积极的人生态度，知道社会保护的途径，增强辨别是非和自我保护的能力。中小学学生只有学好知识、丰富自己的社会生活经验、锻炼好自己的能力，才能对违法犯罪行为有一个清醒的认识，才能分清是非、辨别善恶。最后，学校教育应加强中小学学生运用法律维护自身权益的意识。由于中小学学生还都属于未成年人，所以不提倡他们同违法犯罪分子做正面搏斗，提倡"见义智为"而并非"见义勇为"，遇事不慌，设法摆脱或向周围的成人呼救。

（四）交通安全教育

交通安全主要包括行走安全和乘车安全两大方面。在路上行走时要注意：①须在人行道内行走，没有人行道处靠路边行走。②横过车行道，须走人行横道。通过有交通信号控制的人行横道，须遵守信号的规定；通过没有交通信号控制的人行横道，须注意车辆，不准追逐、猛跑。没有人行横道处，须直行通过，不准在车辆临近时突然横穿。有人行过街天桥或地道处，须走人行天桥或地道。③不准穿越、倚坐人行横道、车行道和铁路道口的护栏。④不准在道路上扒车、追车、强行拦车和抛物击车。⑤小学低年级同学在街道或公路上行走，须有成年人带领。⑥通过铁路道口时，要确保安全方可通过。参加学校组织的集体外出活动时，教师应尤其注意学生的人身安全，中小学学生的情绪具有易感性，集体出游容易使他们过于兴奋而忽略安全问题。对此，教师要提前讲明安全注意事项，如排成队靠道路的右侧行走，不要妨碍交通，遇有汽车时由领队人指挥避让，不要乱跑等，在适当的时候，可以运用班委的带头作用，不仅可以为学生树立良好的榜样行为，也可以督促其他同学把安全问题铭记于心。

乘车安全主要包括四方面：首先，待车子停稳后再上车或下车，上车时将书包置于胸前，以免书包被挤掉，或被车门轧住。其次，上车后不要挤在车门边，往里边走，见空处站稳，并抓住扶手，头、手、身体不能伸向窗外，否则容易发生伤害事故。再次，乘车要尊老爱幼讲礼貌，见老弱病残及孕妇要主动让座。最后，乘车时不要嬉戏打闹，有座位时要端正坐好，没有座位时要握紧扶手，防止紧急刹车导致意外摔伤。另外不要乘车看书，否则会损害眼睛。

有专家指出，通过安全教育提高小学生的自我保护能力，80%的意外伤害事故是可以避免的。红灯短暂而生命长久，为了更好地宣传交通安全法规，增强学生交通安全意识，更好地珍视生命，应该向全体师生发出倡议：第一，要认真学习交通安全的法律法规，遵守交通规则，加强安全意识，树立交通安全文明公德。第二，当徒步行走于人来车往的马路时，时刻保持清醒的头脑，不在马路上嬉戏打闹。第三，当过马路时，多一份谦让与耐心，不闯红灯，走人行横道，绝不能为贪一时之快就横穿马路。第四，严禁12周岁以下的学生骑自行车。放学回家一定要排好路队。

安全教育的目的是使学生在事故发生时能保护自己的生命、及时逃生、学会生存。学校应加大安全教育宣传力度，开设和完善安全教育课，通过各种资料、图片、案例和演习活动来增强学生的安全意识。教师要结合生活中的事例，给学生讲解各种安全知识，帮助学生树立良好的安全意识和自我保护意识。学校在中小学安全教育中起着至关重要的作用，安全教育不能只是口头教育，更为重要的是让学生直观地了解、掌握安全有效的方式、途径来预防事故的发生，减少事故发生的概率，学会逃避事故的技巧。因此，学校应利用一切有利资源来开展灵活、多样化的安全教育。

## 三、大学生环境安全教育

近年来，我国经济改革、教育改革步伐加快，高等教育事业发展迅速，高等学校为适应市场经济发展的需要，正在从封闭走向开放，学生的活动范围不再仅仅局限于校园，与社会的接触更加广泛和密切。但从另一方面来看，在教育改革与经济发展互相促进的同时也掺杂了许多不安全因素，这些不安全的因素不仅会破坏改革的发展，也会成为阻碍教育前行的绊脚石。无论是学生自身不安全，还是学生对他人造成不安全都会给社会带来许多负面影响，毕竟高校是人才培养的摇篮，它的教育质量是衡量一个国家综合国力的重要指标之一，社会对它的期望值仍是居高不下的。

然而，当前潜伏在校园内部和周边地区的不安全因素不断涌现，各类安全事故时有发生，侵犯在校学生人身、财产安全的违法犯罪行为日益增多，学生因车祸、他杀、自杀等原因的非正常死亡在高校时有发生，在校生涉足刑事犯罪的比例也越来越大，这些安全问题给学校带来了恶劣的社会影响。高校安全问题也已成为制约高校扩大社会影响的一个瓶颈，引起社会各方面的高度关注，直接关系到高等教育持续稳定发展。近些年大学生安全意识的培养研究，逐步成为高校建设发展中关注的重点和焦点。

在探讨高校环境安全教育这一部分，首先我们引入一个实例，这个例子折射出了当代高校环境安全的多个方面。众所周知，2004 年发生了震惊全国的马加爵事件，据马加爵的老师、同学介绍，马加爵是一个性格内向的人，平时少有朋友交往，但与同寝室的同学关系比较融洽，常常一起活动，尤其与梧州老乡唐学礼（被害人之一）关系密切。这说明马加爵应该是一个比较单纯的人。年仅 23 岁，一个即将毕业的大学生，居然会因为打牌争执这样的平常小事而报复杀人，其行为简直无异于一个法盲，让人难以置信。但仔细分析我们可以发现，马加爵一时兴起残忍杀害朝夕相处的同寝室同学，一定是长期受到某种不健康心理指使所为。他在交代中特别提到，四位室友冤枉他打牌作弊，引起争吵。他们说他经常作弊，还扯到其他一些事情，我们暂且认定这里的"其他事情"是马加爵在心中常常回避或者说忌讳提到的"短处"。假设几位同学尽管平时相处不错，但同处一间寝室难免磕磕碰碰，或许四位被害人经常拿马加爵开玩笑，抑或拿他的某一"短处"经常敲打他，使马加爵长期处于一种潜意识的、不健康的仇恨心理之中。由于"打牌"事件引发他这一心理偏差的极端爆发，导致惨案发生。马加爵犯下的血案，给本人及被害人的亲人、同学以及社会都带来了不可估量的损失。但这一血案的发生是应该引发社会各界深思的，大学生心理健康教育问题应该提到议事日程上来了，如果马加爵的父母、老师、同学甚至他本人及时发现其不健康的心理问题并进行心理疏导，或许这一血案能够避免。另一方面，如果被害的四个同学平时多一份生命安全意识，及时发现他的作案动机和作案准备的蛛丝马迹，那么悲剧也是可以制止的。

从马加爵的案例中可以反映出在高等教育中仍然要关注学生的心理安全教育、生命安全教育、道德安全教育和法制安全教育。大学生虽然基本上已经成年，有了一定的生存能力和自我保护能力，较未成年人来说更加成熟、自我意识更强，但由于教育的不得当、不及时，还是有可能受人蛊惑、误入歧途的。因而，大学生在调控自己的行为和情绪方面仍需要老师的教导，也容易受同学的影响。但由于高校职能的多样化以及高校和社会之间的联系不断加强，高校逐渐把精力放在教学与科研、组织与人事以及硬件设施的管理上，学生管理则退居末位。大学也不同于中小学，中小学每个班级都有班主任，班主任每天都和学生见面，进行管理和交流。虽然现在每所大学都有专职的辅导员，负责学生管理工作，但这与中小学的班主任是有很大差别的。大学生普遍表示一学期见不到辅导员几面，即使见面，也只是发发通知，匆匆来匆匆去，师生之间几乎没有什么交流和沟通。这一矛盾变得更加深刻是在高校大幅度扩招以后，一个辅导员要负责管理几百个大学生，要做到面面俱到更是难上加难。高校这种僵化的师生关系使得学生在面对辅导员时，没有交流和倾诉的条件及欲望，师生之间不能进行良好的互动，久而久之，教师不知道学生的内心波动，学生也只能通过其他途径来表达自己。

这样看来，大学生其实是普遍处于放任自流的境地，这对培养大学生自主性来说，既是一个机会也是一个挑战，很多大学生往往不能很好地控制自己。其实这是中国应试教育留下的痼疾，学生从完全由老师和家长安排的填鸭式学习突然转变为完全由自己掌控的自主学习，不适应也是情理之中的，但如果放任这种现实与需求之间的矛盾任其自由发展的话，我们只会看到更多畸形人格源源不断地产生。

其实，虽说辅导员做到关注每一位学生的方方面面在现实中的确并非易事，但我们完全可以充分利用集体这一有效的教育资源。大学生是有一定文化基础的知识分子，也已初步形成自己的世界观、人生观、价值观，心理安全教育、生命安全教育、道德安全教育等方面是可以在人与人交往的过程中、在个体生命交往和互动中逐渐形成的，从某种程度来说，这种潜在的教育资源和交往方式往往更能够直抵人心，使学生感受到生命的美好与感动。教师可以针对大学生的这一特点，创造各种机会和途径来促进他们形成健康的对待生命的态度，和对人生进行深入的思考，使其能积极对待人生。

## （一）心理安全教育

近些年来，我国高校也开始逐渐重视大学生的心理安全教育，例如开设一些选修课程，设立专门的心理咨询室等，但收效甚微。为了更有效地利用这些资源，真正实现心理安全教育的价值，应用以下几个方面着手进行改进：

（1）在认识方面要强化服务性。明确树立"心理安全教育对大学生和谐发展是重要的而不是次要的，是必需品而不是点缀品"的新理念，高度重视心理教育在推进高校素质教育、促进大学生心理发展方面的积极作用。

（2）在心理教育功能方面要突出发展性。要以实现心理教育的主体发展性功能为根本，兼顾预防性功能、补救性功能，使高校心理教育在培养具有较高心理素养的现代化建设者，提高大学生的心理素质水平方面体现其现实价值。

（3）在心理教育对象方面要把握人文性。要以现代人性观为指导，树立以大学生人格现代化为本的意识，确立"全心理教育观"，促进大学生心理的全面、和谐与自主发展。

（4）在心理教育实施方面要强调系统性。确立"大心理教育观"，把握系统性，探索建立从学前、小学、中学到大学科学衔接和有效沟通的心理教育机制。

（5）在心理教育管理方面要体现实效性。依靠教育行政机构和心理教育的学术团体制定和建立相应的管理条例、工作细则，健全和完善高校心理教育的管理制度与运行机制，引导大学生心理教育向着规范化方向发展。

（6）在心理教育资源方面要实现整合性。注重引导大学生自我教育、自我管理与自我服务，建构大学生心理发展的社会支持系统，使"心理育人、人人有责"真正成为全社会的共识和共同行动。

（7）在心理教育队伍方面要提升专业性。加大高校心理教师专业化的培养、培训力度，推行高校心理教育教师资格认定制度，提升心理教育工作的专业化水准。

（8）在心理教育模式方面要支持多元性。按照"高起点、易操作、有特色"的要求，积极实践，自主建构，努力探索中国特色的、本土化的大学生心理教育之路。

## （二）生命安全教育

生命教育有两种表达方式：education for life 和 life of education。education for life（生命教育）最早是美国的 J. D. Waiters（杰·唐纳·华特士）于 1968 年提出的，迄今为止已有 40 多年的历史。他认为："学校教育不应该只是训练学生谋取职业或获取知识，更应该引导他们充分体验人生的意义，帮助他们做好准备，迎接人生的挑战。"台湾学者张振成认为，生命教育是"从生物自然界的生命现象开启希望之光"，"从社会文化的生活体认，激励服务人生，实现自我……从精神心灵的探索，启迪珍爱生命，发扬善性。"北京师范大学教育学院教授、博士肖川认为"生命教育就是为了生命主体的自由和幸福所进行的生命化教育。它是教育的一种价值追求，也是教育的一种存在形态。"

生命是值得我们每一个人尊重和感恩的。但近些年的调查显示，自杀在我国青年大学生的死因中却是位居前列。例如：2005 年 2 月 28 日，湖南省某职业技术学院一大学生在开学后的第三天跳楼自杀；3 月 5 日，兰州交通大学的学生在宾馆割腕自杀；3 月 13 日哈尔滨某高校 24 岁的大四学生邹某从学校教学楼 6 楼坠下身亡等；2006 年 3 月广州某高校 10 天内发生四起自杀事件；4 月衡阳某高校一个月内发生两起学生跳楼自杀事件。大学生自杀事件之多令人咋舌，南京危机干预中心对南京大学生的调查发现：大学生自杀率为万分之二。为何自杀会成为我们社会"天之骄子"们异常殒命的原因呢？本是花样年华的莘莘学子为何要以死来诠释这人生最美好的时光呢？研究发现，有自杀倾向的大学生并不是不想活着，而是人生态度消极，迫切需要与人沟通，化解心理困惑，消除心理问题，渴求必要的关心和帮助。如果大学生的成长过程中有心智成熟而又充满爱心的师长伴行，那么，无数心灵的困顿就会化解，随着心灵之窗的开启，他们会理解现实，会看到希望。一个准备走上神秘的、遥远的死亡之路的心灵是全世界最寂寞、最悲凉的了。我们的生命安全教育就是要为这样的灵魂点起一盏灯，引导他们前行，成为他们"心灵的守护神"。

大学生是已经具有一定文化基础的社会群体，但还是会有一部分人错误地认为生命是纯物质的或纯精神的；在遇见突如其来的灾难时，他们不知道如何自救和他救；从没听说过有关人生意义和价值的知识，更没有对自己的生命进行深入的思考。这导致了许多大学生对生命的态度是模糊不清的，有很多人表示在思考这些问题时感觉困难，这最终导致了他们在遇见疑难情境时表现出冲动和不理性，致使自己或他人走上不归路。

然而，这并非只是大学生们的责任，目前的教育制度在一定程度上剥夺了他们受此类教育的权利。学校本是向学生传授各种知识和教人如何成"人"的场所，但在知识本位传统观念的指导下，学校并非为"人"的教育，而是"非人"的教育，以至于培养出来的学生成为"单向度的人"，是不完整的人。从某种程度上讲，他们并不能完全掌握自己的人生，他们所受的教育注定了他们无法对某些书本上没有的知识进行理性的思考和分析，那么在遇见实际问题时，他们也会因为没有任何经验而不知所措，表现出逃避、退缩、情绪波动强烈等不良心理和不良行为。对于高校生命安全教育来讲，当务之急是使大学生正视生命的存在，丰富生命的情感，明确生命的意义，掌握生命的真谛。我们应该在反思社会和教育中重建能解决生命困境的问题，适应时代需要，促进人的生命全面和谐发展。

当今世界，经济、社会、科技都处于高速发展阶段，这使得大学生在面临着前所未有的发展机遇的同时，陷入了前所未有的迷茫困境。少数大学生受不良社会风气的影响，心灵空虚迷茫，甘于平庸，沉溺于感官享受，缺乏正确的生命价值观，以至于对生命不负责任，无所作为。由于缺乏对生命的热爱、尊重和珍惜，一旦遇到挫折和委屈，他们往往就会做出极端行为，甚至走上人生的不归路。人的生命集天地之精华、万物之灵性，是最宝贵的东西。存在是发展的前提，对生命存在的珍视是人类最朴素的感情，然而在异化的教育中，人们开始漠视生命的存在，把人的生命当作可以任意对待的物体，不顾生命成长规律与内在需要。

（三）道德、法制安全教育

邓小平同志曾尖锐地指出："十年来最大的失误就是教育的失误。"这句话至今仍发人深省。大学生是我们的各级学校选拔并精心培养出来的栋梁之才，然而，其中却有人因为些许小事犯下如同法盲一样的惊天血案，他们本人的罪行的确不可原谅，但我们也应该看到，他们个人的人生悲剧可以说明我们现行教育存在的一些弊端。显然，我们的教育过分强调智育，却忽略了或者说淡化了人性教育，也即是道德法纪教育。整个社会都应该深入思考，如何对青少年从小实施生活化、具体化的，而不是概念化、公式化、形式上的德育教育。青少年从小就应学会宽容地对待他人，宽容地对待生命，宽容地对待社会，宽容地对待生活，让幼小的心灵充满同情、充满善良、充满希望、充满热爱，让他们从小就懂得遵守规则、遵守秩序、遵守时间、遵守道德。舍此，别无出路。

（四）信息安全教育

从认识论上说，信息是指有价值的消息。信息是一种有价值的资产，信息资产的价值是通过信息的众多属性（保密性、可用性、完整性、不可否认性等）来体现的。也正因为信息是有价值的，所以存在安全风险（即可能造成这些属性的丧失）。现如今，网络已成为大学生学习知识、交流思想、休闲娱乐的重要平台，它改变了当代大学生学习、思维和生活的模式，影响了他们的政治态度、道德风貌和价值取向。互联网虽已成为大学生与外界交流的重要平台，但大学生的信息安全意识十分薄弱，有网无防的现象广泛存在，且高校对大学生的信息安全意识教育并没有足够的重视，教育水平严重滞后于信息技术的发展。

据统计，现在国内的很多大学都开设了"信息安全概论"与"上网安全与信息安全意识"课程。但从目前的教学情况来看，学生大多只是为了应付考试，而真正能学会怎样维护信息安全措施的寥寥无几，这无疑是对教育资源的严重浪费。

另一方面，大学生利用信息犯罪的人数也随着信息化进程而逐年攀高。2009

年，四川一名在校大学生通过黑客技术及手段，入侵了苏州科技大学校园网，搜索到有关该校大学生奖学金的一个 Excel 文档。根据 Excel 文档中大约 100 多名大学生的招商银行卡信息以及个人信息，猜测出这批奖学金银行卡的初始密码，发现有些同学没有更改初始密码，于是盗取了 49 个发放奖学金的银行卡账户内的存款共计 51 619.12 元。这起全国首例网络盗窃奖学金案，对我们高校校园网络信息安全以及大学生的信息安全意识培养提出了警示，我们应该大力加强大学生网络信息安全意识和网络信息安全防护技术教育。科教兴国，人才为本，信息安全人才培养一定程度上说直接决定着一个国家信息安全总体工作的成败，同时也决定着国家的未来发展。

《2006～2020 年国家信息化发展战略》明确指出"建设国家信息安全保障体系，提高国民信息技术应用能力，造就信息化人才队伍"是我国信息化发展的重点战略。自 20 世纪 90 年代以来，信息化成为全球经济社会发展的显著特征，并逐步向一场全方位的社会变革演进。我国信息技术不断创新，信息产业持续发展，信息网络广泛普及，进入 21 世纪，信息化对经济社会发展的影响更加深刻。广泛应用、高度渗透的信息技术正孕育着新的发展方向。信息资源日益成为重要生产要素、无形资产和社会财富，信息网络更加普及。信息化与经济全球化相互交织，推动着全球产业分工深化和经济结构调整，重塑着全球经济竞争格局。互联网加剧了各种思想文化的相互激荡，成为信息传播和知识扩散的新载体。电子政务在提高行政效率、改善政府效能、扩大民主参与等方面的作用日益显著。信息安全的重要性与日俱增，成为各国面临的共同挑战。信息化使现代战争形态发生重大变化，是世界新军事变革的核心内容。全球数字鸿沟呈现扩大趋势，发展失衡现象日趋严重。发达国家信息化发展目标更加清晰，出现向信息社会转型的趋向；越来越多的发展中国家主动迎接信息化发展带来的新机遇，力争跟上时代潮流。全球信息化正在引发当今世界的深刻变革，重塑世界政治、经济、社会、文化和军事发展的新格局。加快信息化发展，已经成为世界各国的共同选择。高校是国家信息化人才的培养重地，对高校学生进行信息安全的广泛教育，定会非常有益于我国的信息安全形势，对增强社会安全保障也意义重大。下面就以下三个方面提出建议。

首先，培养学生识别信息安全威胁、规避信息安全风险的能力，旨在提高学生对信息及信息资产价值的理解，同时提高他们在接触和使用信息及信息系统时识别信息安全威胁并规避信息安全风险的能力。在教学过程中，应当向学生分析和演示各类近期发生的实际信息安全威胁，讲解和分析目前信息系统主要应用领域面临的各类信息安全陷阱，以及各类典型的重大信息安全事件，促使他们吸取各类信息安全教训，培养他们养成良好信息安全思维方式和日常操作习惯。

其次，提高学生基本的信息安全防护能力，旨在促使学生了解目前入侵者常用的大致入侵流程和技术手段以及目前恶意程序传播的常见途径和触发方式，同时提高学生利用已有信息安全技术和防护软件来保护各类个人或单位、国家信息不受非法侵犯的能力。譬如，操作系统的安全设置、数据恢复软件、常用的加解密软件、常用的反病毒软件及防火墙的选择与使用等。

最后，加强学生信息安全道德伦理和法律法规教育。信息安全技术是一把双刃剑，掌握信息安全技术可以有效地保护自身信息，但如果不具备良好的信息安全道德伦理，也很容易对他人的信息安全造成严重威胁。与此同时，我们还必须向学生宣传信息安全方面的法律法规，促使他们利用相关法律法规保护自己，同时对他们自己的行为也产生一定约束，以免对他人造成伤害。

教育的目标是使年轻一代能够成功实现社会化，为未来生活做准备。尤其在大学期间是个人完成从学校到社会、从孩子到成人转变的重要阶段。对于高校而言，安全教育是为了维护学校的正常秩序，维护大学生的人身财产安全和身心健康，提高大学生的安全防范意识与自我保护技能。学校应从实际情况出发，依照国家有关法律、法规的规定，制定各种安全教育与管理的规章制度，并对大学生进行国家法律法规、学校安全规章和纪律、安全知识与防范技能的教育与管理活动，努力提高学生的安全意识和素质，使学生学会用安全的观点解释和处理自己遇到的新问题。与此同时，高校作为高等教育的重要阵地，其稳定性直接关系到国家和社会的稳定。随着中国社会高速发展，高校面临的内外环境发生了巨大变化，我们只有深入研究高校安全教育问题，加强高校大学生的安全教育和管理，强化大学生的责任意识，才能使高校健康发展，最终为大学生创造安全、和谐的校园环境。

## 四、学校环境安全教育模式

从学校环境安全教育的实践来看，学校安全教育模式主要有以"教师教为中心"的传统教育模式和以"学生学为中心"的现代教育模式。二者的根本区别在于教学中心的转变，实际上是由教师中心走向学生中心，这也是一种不同模式的转变。

### （一）"教师教为中心"的安全教育模式

传统学校安全教育模式是以教师传授安全知识为指导思想，采取以"教师教为中心"的教育模式。传统学校安全教育仅仅是一位教师一支粉笔，安全教育投入较少。但是随着教育现代化迅速发展，教育理念不断更新，教育需求多元化，传统的学校安全教育模式的不足之处也日益凸显：一是学校安全教育个性化差。由于现代社会发展，学生安全教育个性化需求日益强烈，但是传统安全教育的普遍性很难满足学生个性化需求。二是学校安全教育的效果差。虽然传统安全教育效率较高，但是效果不佳，安全教育仅仅停留在安全知识传授和被动灌输层面，忽略了学生安全技能培养、安全素养提升和学生积极主动性培养。三是学校安全教育的形式、手段单一。由于没有现代教育设备设施和信息化手段，传统安全教育以讲授、说教为主，几乎没有实践体验、安全演练、信息化教育等教育手段。

（二）"学生学为中心"的安全教育模式

现代学校安全教育是以学生主动需求安全知识、技能和素养为指导思想，采取以"学生学为中心"的教育模式。其特点主要为：一是学校安全教育内容多元化。安全知识仅仅是学校安全教育最基础的内容，更主要的是对学生安全技能（包括安全防范技能、应急处理技能、心理缓释技能等）的培养和安全素养（包括安全责任感、安全文明行为等的）提升。二是学校安全教育主动性和个性化。在一段时间内教育的普遍性仍然长期存在，但是教育个性化色彩显著增强，通过学校和教师适当地设计，学生可以按照自己的认知水平任意选择学习内容、学习方式以及各种工具，学习是学生主动参与完成的，真正实现了个性化的教育。比如诊断式安全教育，学生可以就自己的心理问题向老师说明，教师给予心理辅导和矫正。也就是说，不仅在安全知识内容的选择方面给学生更多自主权，而且在学习方式、途径、手段上也更具个性化色彩，学生可以通过网络自学、案例剖析、安全演练、选修课等多种自主方式学习。三是学校安全教育的现代化。这不仅是指学校安全教育理念的现代化，还包括教育方式现代化和数字化、教育设施保障的现代化等。四是学校安全教育的效果好。由于现代学校安全教育的个性化和主动性，学生自主学习性、自主体验性显著增强，教育成绩效果明显提高。

事实上，传统学校安全模式并非一无是处，而现代学校安全教育模式也并非十全十美。由于传统学校安全模式根深蒂固，运用成熟，原来的很多安全教育教学系统都是建立在传统学校安全模式基础上的；现代学校安全教育模式要想在现代学校安全教育中起主导作用，要走的路还很长。因此，传统学校安全教育模式和现代学校安全教育模式还将长期共存。而在学校安全教育系统中同时采用传统模式和现代模式，使其相互补充则是发展的趋势。

- 链接：《2001～2005年全国环境宣传教育工作纲要》

为了更好地贯彻落实《全国环境宣传教育行动纲要》，加大环境宣传教育工作的力度，现将《2001～2005年全国环境宣传教育工作纲要》印发给你们，请你们参照《工作纲要》的精神，确定本地区"十五"期间环境宣传教育工作的内容和目标，认真予以落实。

## 1. 前言

（1）世纪之交的全国环境形势是：环境污染加剧的趋势开始得到基本控制，部分城市和地区的环境质量有所改善；环境污染的结构正在发生变化，工业污染比重趋于下降，生活和农业污染比重正在上升。环境形势仍然相当严峻，具体表现在：一是污染物排放总量很大，污染程度仍处在相当高的水平，一些地区环境污染还在发展；二是生态恶化加剧的趋势尚未得到有效遏制，部分地区生态破坏的程度还在加剧。环境污染和生态破坏已成为危害人民健康，制约经济和社会发展的一个重要因素。

（2）2005 年环境保护的目标是：力争环境污染的状况有所减轻，生态环境恶化趋势开始减缓，重点城市和地区的环境质量得到改善，初步建立起适应社会主义市场经济体制的环境保护政策法规和管理体系。

（3）自 1996 年颁布《全国环境宣传教育行动纲要》（以下简称《纲要》）以来，各级环境保护、宣传、教育部门认真贯彻实施《纲要》，开创了全国环境宣传教育工作的新局面。中小学开展的环境教育活动丰富多彩，教师的环境意识和推动环境教育的积极性和主动性不断提高，在基础教育、职业教育和成人教育中，环境教育的广度和深度方面都有较大发展；环境宣传工作的社会化取得了明显的进步，公众参与机制正在逐步形成；环境宣传教育的对外交流与国际合作日益增多，环境宣传教育的能力建设有了较大提高，公众的环境意识和环境法制观念逐步增强。

（4）同时，全国的环境宣传教育工作发展还不平衡，地区与地区、城市与城市之间仍有不小差距。全民的环境意识还不高，可持续发展战略尚未得到全面贯彻落实，环境宣传教育的公众参与机制还不健全。宣传教育的手段和形式不够丰富，与环境保护事业发展的要求以及《纲要》的目标相比还有较大距离。

（5）面对严峻的形势和任务以及环境事业发展提出的要求，进一步加大环境宣传教育力度尤为重要。编制《2001～2005 年全国环境宣传教育工作纲要》，就是为了落实和实现《纲要》提出的阶段性目标和要求，改革和加强新形势下的环境宣传教育工作，推动全国环境保护事业的发展。

## 2. 指导思想和目标

（1）全国环境宣传教育"十五"工作纲要的指导思想是：认真贯彻党的十五届五中全会精神，以邓小平理论和江泽民总书记关于"三个代表"的重要思想为指针，着眼于环境保护事业的推进，着眼于公众环境意识的提高，围绕全国环境保护中心工作，突出重点，面向公众，贴近生活，出效益，出成果，出精品，以扎扎实实的环境宣传教育工作，推动《纲要》目标的实现和环境保护事业的发展。

（2）全国环境宣传教育"十五"目标是：到 2005 年，广大青少年基本普及环境保护知识，各级决策层对环境与发展的综合决策能力有一定提高。企业职工、农民的环境意识有明显增强，环境系统干部职工岗位培训实现规范化、制度化，环境文化建设取得明显进展，环境保护公众参与机制和环境宣传教育社会化机制初步建立；自觉遵守环境法律法规、自觉保护环境的社会风尚开始形成。

### 3. 行动与措施

**围绕环境中心工作，加强新闻宣传，营造有利于环境保护事业发展的舆论氛围**

（1）重视面向各决策层的环境宣传。继续通过内参（新华社及其他重要媒体内参、录像、环境总局及有关部委的内部简报、调研报告等）、环境状况公报（简报）等，定期向各级决策层通报全国及本地区环境污染和生态破坏的状况及变化趋势，定期邀请各级决策层参加有关环境与发展的座谈会、研讨会，以及面向公众的环境宣传活动，及时向各级决策层传递各类环境信息，包括寄送各类环境报刊及国内外环境参考资料等。

（2）各级宣传部门应把环境保护宣传作为重点工作，加强领导，精心组织，广泛宣传党和国家关于环境保护的各项方针政策以及法律法规、环境知识和环境重点工作。对违反党和国家政策法律，破坏环境，危害国计民生的现象和行为，要抓住典型，开展批评，加强舆论监督。大力开展环境警示教育，要把环境污染和生态破坏的严峻形势告诉各级领导干部和广大群众，增强环境忧患意识和环境工作的紧迫感。

（3）配合全国环境重点工作开展新闻宣传活动。继续做好"三河"（淮河、海河、辽河流域）、"三湖"（太湖、巢湖、滇池）、"两区"（酸雨控制区和二氧化硫污染控制区）、一市（北京市）、一海（渤海海域），污染防治工作的宣传报道工作要积极开展。长江三峡库区及其上游、黄河小浪底库区及其上游、南水北调的污染防治、全国生态环境保护、西部大开发中的环境保护以及环境执法检查等重点工作、重大活动的宣传报道工作。适时组织"中华环境长江行"、"中华环境黄河行"、"中华环境西部行"等大型新闻宣传活动。

（4）强化新闻宣传管理机制，建立完善各项管理制度。省市级环境部门要制定对外宣传管理规定，保证对外宣传及时、有效。建立和完善新闻发言人制度。充分利用新闻发布会、通气会等形式，及时宣传重大的环境保护活动和重要法律法规出台的意义。建立突发环境事件宣传报道的制度。

（5）精心策划和组织"6·5"世界环境日等重要环境纪念日的活动。开展有创意、有影响、有效应的"环境宣传月"、"环境宣传周"、"环境文化节"等大型活动，广泛发动、深入动员、激励公众踊跃参与。

**建立和完善有中国特色的环境教育体系**

（6）逐步建立以教育部门为主导，环境部门积极配合，各级教育部门和环境部门共同参与的学校环境教育体制。

（7）环境教育是素质教育的重要组成部分。要采取多种方式，把环境教育渗透到学校教育教学的各个环节之中，努力提高环境教育的质量和效果。

（8）继续开展中小学"绿色学校"创建活动。要在巩固成果的基础上，使"绿色学校"创建活动向师范学校和中等专业学校拓展。制定并逐步完善符合我国国情的绿色学校指标体系和评估管理办法。

（9）重视中小学课外环境教育活动的开展。通过夏令营、冬令营、知识竞赛和征文比赛等多种形式的课外活动，使学生受到丰富多彩的环境教育。引导学生参与植绿护绿、垃圾分类、废电池回收、爱鸟护鸟等一些力所能及的保护环境的行动。在小学生中间逐步开展"争当环境小卫士"活动。积极鼓励中小学生撰写环境论文、调查报告，以及进行环境方面的小发明、小设计。培养他们的创新精神、实践能力和良好的环境道德意识。

（10）各级各类高等院校都要重视环境教育。努力提高学生的环境意识，帮助学生了解或掌握环境知识。非环境专业要开设环境课程或讲座。加强现有环境专业的建设，努力提高教学水平和人才培养质量。加强环境方面的科学研究，出成果，出人才，上水平。各级各类师范院校要逐步把环境课列为必修课程或选修课程。

（11）在全国高等院校逐步开展创建"绿色大学"活动。"绿色大学"的主要标志是：学校能够向全校师生提供足够的环境教育教学资料、信息、教学设备和场所；环境教育成为学校课程的必要组成部分；学生切实掌握环境保护的有关知识，师生环境意识较高；积极开展和参与面向社会的环境监督和宣传教育活动。环境文化成为校园文化的重要组成部分，校园环境清洁优美。

（12）加大对领导干部的环境教育和培训力度。县以上各级党校、行政院校和各类管理干部院校，各省、市环境培训基地要把普及环境科学知识和法律知识，实施可持续发展战略，提高环境与发展综合决策能力的内容纳入培训计划，并逐步开设环境课程。

（13）大力开展岗位培训。举办各类切合实际的讲座和学习班，对企业干部职工进行环境法、可持续发展战略、清洁生产、ISO14000 系列环境管理体系以及环境伦理等方面内容的培训教育，使节约资源、降低消耗、减少污染、增加效益成为员工的自觉行动。

（14）各级宣传部门、教育部门要重视对本系统内在职干部的环境知识和环境政策法规的培训教育。要通过举办讲座，学习班和专题报告等多种形式，分期分批进行轮训，逐步增强各级宣传、教育干部的环境意识和参与环境宣传教育的自觉性。

（15）各地环境部门要把在职干部培训纳入计划，加强领导。保证在职干部培训的经费，建立适应新形势需要的在职干部培训的运行机制，逐步实现在职干部培训的规范化、制度化。

（16）重视对广大农民的环境教育，开展"环境宣传教育下乡"活动。各地要利用广播、电视、挂图、图书、幻灯以及文艺表演等多种农民喜闻乐见的形式，向农民传播环境知识，传递绿色致富信息，把环境教育同提高农民素质、科技兴农和农村脱贫致富结合起来，动员广大农民自觉地参与环境保护。

（17）在环境部门、教育部门和有关出版部门组织和支持下，编辑出版各种分别适用于行政院校、各类管理干部学院、大中专院校的非环境专业教材，以及适合中、小学生阅读的科普材料。编好大中专环境重点项目教材。

（18）各级环境部门应重视加强环境教育基地建设，进一步提高基地建设的水平和质量，调整完善和规范国家级环境教育基地标准，建设一批高质量的国家级环境教育基地。

**推进环境宣传教育的社会化，探索和建立公众参与机制**

（19）继续做好组织协调工作，与宣传、教育、法制、新闻、出版、科技、文化、艺术等部门以及社区物业管理、社会团体等紧密合作，综合运行宣传、教育、法律、行政和舆论等手段，形成全社会对环境的关心和参与，鼓励支持社会各界以及非政府组织从事有益于环境保护事业发展的宣传教育活动。

（20）各级环境、宣传、教育文化部门要积极引导、推动环境文化的健康发展，鼓励和支持以环境为题材的群众性艺术创作活动，倡导对环境保护的科学研究和理论探讨。在全国范围内，推动一批反映环境保护成就，讴歌环境战线先进人物，表达人们要求改善环境质量、追求洁净环境愿望的优秀剧目（戏剧、曲艺、舞蹈等）、优秀图书（小说、论著、译著、理论文章等）、优秀影视片（电影、电视剧、专题片等）和优秀音乐作品（歌曲、乐曲等）。

（21）建立并逐步完善动员、引导、支持、公众参与环境保护的有效机制。形成以群众举报投诉、信访制度、听证制度、环境影响评价公众参与制度、新闻舆论监督制度、公民监督参与制度等为主要内容的公众参与制度。公布环境状况和环境工作的信息扩大公众对环境的知情权，为公众关注环境，参与重大项目决策的环境监督和咨询提供必要的条件。引导公众积极参与环境公益活动，为保护环境做好事、做实事；从现在做起，从自己做起，从身边做起。

（22）努力将保护环境、合理利用与节约资源的意识和行动渗透到公众日常生活之中。倡导符合绿色文明的生活习惯、消费观念和环境价值观念。在47个环境保护重点城市逐步开展创建"绿色社区"活动，培养公众良好的环境伦理道德规范，促进良好社会风尚形成。各级宣传部门要把"绿色社区"的创建活动逐步纳入文明社区建设和精神文明建设的总体目标之中。绿色社区的主要标志是：有健全的环境管理和监督体系；有完备的垃圾分类回收系统；有的节水、节能和生活污水资源化举措；有一定的环境文化氛围；社区环境要安宁，清洁优美。

**进一步加强环境宣传教育的国际交流、能力建设和基础研究**

（23）推动环境宣传教育活动的国际交流与合作。进一步加强与国际、地区的环境保护组织、环境教育科研单位和友好人士的联系。建立交流渠道。不定期地开展环境保护人员培训、学术研讨、文化交流等活动。建立环境宣传教育网站，通过国际互联网对外交流。做好"全球 500 佳"评选推荐工作。组织编辑、摄制、出版一批高质量、有影响的环境保护对外宣传出版物。适时发布中国环境宣传教育国家报告。

（24）加强环境宣传教育的能力建设。环境宣传教育的机构建设和队伍建设要同环境保护事业发展水平相适应。应把培训基地的建设、环境宣传教育网站和视听资料库的建立、宣传教育培训手段的现代化，以及宣教干部政治素质和业务水平的提高，作为环境宣传教育能力建设的重点，积极推进，分步实施。环境宣传教育经费应纳入各级财政预算，并随着经济建设和环境事业的发展逐年有所增加。逐步建立环境宣传教育工作的评估体系和表彰奖励机制。

（25）加强环境宣传教育的科学研究。通过举办研讨会、座谈会，组织国内外的专家学习考察，以及加强同高等院校、科研院所的合作等多种形式，大力开展环境宣传教育的科学研究，为环境宣传教育工作的开展提供一些前瞻性、战略性的理论成果和工作思路，提高环境宣传教育工作的水平和效果。

# 参 考 文 献

白莉. 2011. 儿童安全教育的内容与路径. 教育探索，（4）：70-71.

陈帼眉. 1989. 学前心理. 北京：北京师范大学出版社.

从《英国儿童十大宣言》看学校的安全教育. http://www. kaixin001. com/repaste/25774228_3635163338. html.

冯婉桢，叶平枝. 2007. 幼儿家庭教育中的感恩教育. 学前教育研究，（4）：59-61.

宫运华，张来斌，樊建春. 2010. 《安全原理》课程教学探讨. 中国安全生产科学技术，06（5）：167-170.

顾荣芳. 2006. 对幼儿园安全教育的思考. 幼儿教育，（11）.

黄龙. 2008. 当代高校大学生安全教育若干问题思考. 科技信息，（30）.

家庭安全教育主要内容. http://web. ptjy. com/web/Web_Programs_DotNet/Info/Info_Show. aspx?Id=69836.

蒋国生. 2009. 浅谈思想品德课的"魅力教学". 现代教育科学，（5）：112-113.

教育部首发中小学生安全报告. http://news. sohu. com/20070323/n248929305. shtml，[2007-2-23].

雷颖. 2010. 浅谈中小学学生道德教育. 现代教育科学：中学教师，（2）：39-39.

李开勇，冯维. 2009. 论我国中小学安全教育存在的问题及其解决对策. 现代教育科学：普教研究，（10）：86-87.

李全庆. 2011. 学校安全教育的主要模式、驱动机制与路径选择. 中国安全生产科学技术，7（6）：168-171.

廖柏明. 2009. 环境教育探析. 教育与职业，（23）：165-167.

刘建霞，杜学元. 2010. 应试教育背景下的学校安全教育与管理的异化及其改进对策. 基础教育研究，（17）：55-56.

刘文文. 2011. 论青少年安全教育与社会安全建设. 四川理工学院学报：社会科学版，（6）：

120-123.

刘艳萍，曲福年，任佃忠，等. 2009. 安全生产隐患排查治理工作研究. 中国安全生产科学技术，
　　（2）：185-188.

倪慧渊，何敬瑜. 2008. 在园幼儿家庭安全教育的调查报告. 上海教育科研，（11）.

潘世钦，石维斌. 2006. 我国公众参与环境执法机制的缺失与完善. 贵州师范大学学报：社会科
　　学版，（1）：22-26.

庞勇. 2005. 关于我国中小学生交通安全教育的若干思考. 中国公共安全：学术版，（4）：141-145.

彭国军，黎晓方，张焕国，等. 2008. 信息安全意识培养应纳入大学生素质教育培养体系. 计算
　　机教育，（22）：44-45.

日本国立青少年教育振兴机构. http://www. niye. go. jp/ [2011-08-21].

时军. 2008. 从环境教育的视角探讨环境保护法的修改. http://www. riel. whu. edu. cn/morenews.
　　As[2008-03-26].

王茹燕. 2004. 家庭中孩子的安全教育. 安全与健康月刊，（105）：48-48.

王素. 1999. 应该重视家庭在环境教育中的作用. 环境教育，（1）：23-24.

王台珍. 2008. "拯救地球"应从家庭开始——浅论幼儿家庭中的环境教育. 中华女子学院学报，
　　20（3）：95-98.

王悦. 2011. 幼儿园安全教育现状及对策研究. 郑州：河南大学.

王志明. 2000. 学前儿童科学教育. 南京：南京师范大学出版社.

肖川. 2002. 教育的理念和信念. 长沙：岳麓书社.

肖红光，谭作文，周亚卉. 2009. 论大学生信息安全意识教育. 当代教育理论与实践，（4）：29-31.

新华网. 2013. 农村学生假期安全事故频发 长效安全网如何建立？ http://news. xinhuanet.
　　com/politics/2013-07/10/c_116483744. htm[2013-7-10].

阳际华. 2007. 大学生生命安全教育. 长沙：湖南师范大学：16-17.

幼儿园安全教育的前提：环境创设. http://www. ci123. com/article. php/2482[2015-10-3].

余冠仕. 2008. 中小学安全管理水平整体提升. http://www. jyb. cn/cm/jycm/beijing/zgjyb/1b/
　　t20080701_174734. htm [2008-7-1].

俞丽萍. 2008. 防患于未然——幼儿园安全教育之我见. 科技创新导报，（30）：226-226.

张超，裴玉起，邱华. 2010. 国内外数字化应急预案技术发展现状与趋势. 中国安全生产科学技
　　术，6（5）：154-158.

张进. 2003. 我国环境教育现状及对策探究. http://www. riel. whu. edu. cn/ morenews. asp[2003-9-19].

张维. 1989. 社会环境教育的层次结构. 中国环境管理，（6）：6-8.

张莹. 2010. 研究生安全意识的培养. 济南：山东师范大学：2-13.

张振成. 2007. 生命教育的本质与实施. 上海教育科研，（10）：4-6.

赵中建. 1999. 全球教育发展的研究热点. 北京：教育科学出版社.

周达章. 2010. 构建学校家庭社会安全教育合作伙伴初探. 宁波教育学院学报，12（6）.

朱爱胜，崔景贵. 2007. 中外大学生心理教育的比较研究. 思想理论教育月刊，（4）：76-80.

卓筱芸. 2009. 大学生生命价值观及其相关研究. 南昌：江西师范大学.

邹勇. 2014. 大学生安全意识教育研究. 重庆：西南大学.

2006 年全国中小学安全形势分析报告. 中国教育报，2007-03-22.

Walters J D. 1998. Education for Life：Preparing Children to Meet the Challenges. Crystal Clarity.

# 第四章  环境安全教育比较研究

发达国家的环境教育起步比较早，并取得了一些成功的经验。本着"他山之石，可以攻玉"的想法，本章选择美国、英国、法国、日本、澳大利亚等几个主要国家为研究对象，探讨其环境安全教育的历史、目标、途径以及措施等内容，为我国环境安全教育提供一定的参考。

## 第一节  美国环境安全教育

### 一、信息安全教育

随着计算机技术与网络通信技术及其应用的高速发展，信息化已经融入社会的方方面面，一个国家的信息获取和信息安全保障能力成为 21 世纪综合国力、经济竞争力和生存能力的重要组成部分，网络与信息安全的基础性、保障性作用日益增强。

信息技术飞速发展，信息安全的重要性日益凸显。信息技术是一把双刃剑，在给民众的学习、科研、生活提供极大便利的同时，也带来了各种信息安全隐患。面对日渐复杂的信息安全威胁以及连续出现的校园信息安全事件，如何有效提高民众的信息安全意识和能力，已成为信息素养教育亟须解决的问题之一。美国将信息安全作为保持经济和科技核心竞争力的关键影响因素，在信息安全教育的政策计划、教育实践、宣传推广、资源服务等方面开展了大量有意义的研究与实践探索。

#### （一）美国信息安全教育的政策计划

1999 年，美国制定了《国家信息安全战略框架》，明确提出了信息空间安全意识教育，启动了国家网络安全教育培训计划（NIETP）。通过在政府、学术界与企业界间建立合作关系，围绕国家信息基础设施保护，开展培训工作。2000 年，美国发布了《信息系统保护国家计划》，启动了联邦计算机服务项目（FCS）、服务奖学金项目（SFS）、中小学拓广项目、联邦范围内的意识培养项目以及计算机公民项目以加强信息安全教育和培训。2003 年，美国国家标准技术研究院（NIST）发布了《信息技术安全意识和培训项目建设指南》，规范了信息技术安全意识和培训项目的设计、开发、应用和评价要求。2008 年 1 月，美国的《国家网络空间安全综合计划（CNCI）》十二项任务中的第八项"拓展网络教育"强调要加强信息安全教育；2009 年 5 月，政府的《网络空间政策评估报告》十项近期行动计划中的第六项是"发起全国性的公众常识普及和教育运动来加强网络空间安全"，十四项中期行动计划的第三项是"扩大支持重点教育和研发项目以确保国家在信息时代经济的持续竞争能力"，第四项是"制定战略来壮大和培训网络空间安全队伍，包括在联邦政府里吸引和雇佣网络空间安全专家"。2009 年，美国将 10 月定为国家网络安全意识月，面向家庭、学校、企业、政府等各类互联网用户开展大规模的信息安全意识宣传、教育和培训活动。为落实这些战略布局，美国于 2010年 4 月专门启动了国家网络空间安全教育计划（NICE）。

### （二）美国高校信息安全教育

美国将高校信息安全教育教学研究项目完全等同于科研项目进行支持和管理，既强调了教育教学研究的重要性，同时也加强了对教育教学研究的科学性的要求，对促进和鼓励开展信息安全教育教学研究有很好的作用。设立政府服务专项奖学金，对培养选拔优秀学生进入政府信息安全关键岗位方面非常有效，一方面能有目的地培养并留住优秀学生直接为政府所用；另一方面也导向性地加大了对信息安全专业人才培养的支持力度。

**1. 美国高校信息安全教育的培养模式**

为了培养具有良好信息安全素养的素质公民，美国高校积极响应国家信息安全教育政策，多数院校已经在 IT 服务部门中设立了信息安全办公室，并通过开设课程、组织研讨、开发教学游戏等方式提升大学生的信息安全意识与能力。

1）开设信息安全培训课程

开设培训课程是目前美国高校进行信息安全教育最常用的方式。这些课程一般以短训课程为主，培训方式和培训要求具有较强的针对性。比如：斯坦福大学通过"计算机安全意识"在线课程对学生进行培训，重在使其掌握必备的信息安全基础知识和技能，并使其熟悉大学的信息安全规章制度；弗吉尼亚州立大学启动 IT 安全专项活动，并把信息安全教育作为一项系统工程来抓，要求学生、教工、职工每年至少参与一次 IT 安全培训，并取得课程结业证书，才能继续使用大学各类信息资源。

2）组织信息安全研讨会

组织研讨会是美国高校进行信息安全教育的另一种重要形式。如堪萨斯州立大学 2008～2010 年的信息安全会议主题涉及邮件安全、办公设备安全、信用卡安全、移动设备安全等方面。2011 年该校开始将会议常规化，每月举办一次信息技术安全圆桌探讨会，由信息安全技术专家讲解相关的信息安全防护技术措施与管理要求。

3）开展信息安全意识运动

开展信息安全意识专项运动是美国高校响应国家网络安全意识月政策的一种

直接形式。例如：田纳西大学的信息安全意识运动，不但举办各类信息安全宣传活动，而且由信息安全办公室和新技术中心共同制作了病毒防护、密码设置、敏感数据存储、间谍软件、垃圾邮件、网络钓鱼、文件共享与版权等专题教学视频，对学生进行信息安全知识和技能专项培训。

4）开发信息安全教育游戏

游戏教学是近年来备受关注的一种寓教于乐的教学模式，它能够充分调动学生的积极性，增强教学内容的趣味性和吸引力。卡内基梅隆大学充分发挥自身计算机专业的优势，开发了信息安全教育在线游戏，并以其科学的教学设计和精良的制作水准，获得本校师生和同行院校的认可。例如：该校开发的反钓鱼网络游戏Anti-Phishing Phil 和 Anti-Phishing Phyllis，教育用户如何辨认钓鱼网站，如何在浏览器中寻找网站暗示信息，如何通过搜索引擎找到合法网站，进而避免被黑客"钓鱼"。

5）编制信息安全测验问卷

为了有效评估学生的信息安全能力水平，乔治梅森大学信息技术中心编制了信息技术安全测验问卷。问卷重点考查学生对信息安全威胁的重视程度、常用信息安全技能的掌握状况以及对大学信息安全政策的了解程度。该问卷既是大学生进行信息安全能力自我评估的工具，同时也可作为大学制定信息安全教育计划的重要依据。

此外，不少高校还综合利用上述方式开展信息安全教育，比较典型的是麻省理工学院。该校在课程培训方面，不但针对信息安全技能薄弱的用户提供了自主开发的"计算机安全意识基础"课程，而且引入了美国国立卫生研究院（NIH）的"信息安全与保密意识培训"课程，以及德克萨斯农工大学的培训课程；在学术活动方面，麻省理工学院积极响应国家网络安全意识月活动和高等教育信息化协会［EDUCAUSE：由高等院校系统交流组织（college and university systems exchange，CAUSE）与大学校际交流委员会（interuniversity communications council，EDUCOM）合并而成立］信息安全意识视频大赛，组织信息安全研讨会，编制信息安全常见问题集；在教学游戏方面，则引入了卡内基梅隆大学的反钓鱼游戏以及美国联邦贸易委员会制作的 On Guard Online Games 系列游戏。

**2. 美国高校信息安全教育的宣传推广**

良好的宣传推广能够使社会充分认识并认可信息安全教育的重要性，为教育实践活动的开展创设良好的舆论氛围。美国以高等教育信息化协会（EDUCAUSE）和国家网络安全联盟（national cyber security alliance，NCSA）为代表的组织机构通过开展专项比赛、启动专项活动、建立专题网站等形式加大信息安全教育的宣传推广。

1）高校教育信息化协会的专项比赛

EDUCAUSE 是一个非营利组织，它和下一代互联网联合组建了高等教育信息安全委员会，其主要职能是积极发展和推动重要 IT 资产和基础设施保障方案的有效实践，进一步提升高等教育领域的信息安全与隐私保护。EDUCAUSE 自 2006 年起举办高校信息安全意识海报与视频大赛，参赛作品不仅通过 EDUCAUSE 网站进行官方宣传，而且还在 YouTube、Facebook 和 Twitter 等主流网络媒体中同步发布，引起了美国高校的广泛关注和积极参与。2006 年首届美国年度高校信息安全意识视频大赛主要评选两类作品，包括描述一系列安全话题的短片和专注于某个安全问题的专题片，组委会共收到 17 所高校的 62 部参赛作品。2007 年第二届比赛中，引入了媒体的宣传优势——美国探索频道加入了承办方，组委会共收到来自 24 所高校的 56 部参赛作品。原定在 2008 年举行的第三届比赛因故推迟到 2009 年，新增了承办机构 CyberWatch，并增设了信息安全意识宣传海报的评选，比赛规模进一步扩大，共收到来自 31 所高校的 87 部参赛作品。2011 年举行的第四届比赛吸收查普曼大学作为承办方之一，这是高等学校首次成为信息安全海报与视频大赛的承办方，进一步凸显了信息安全教育"源于大学，用于大学"的比赛初衷。

2）国家网络安全联盟的专项活动

NCSA 是一个公私合营的非营利组织，主要负责执行互联网方面的公共教育和普及工作，帮助数字时代的公民安全地使用网络并保护他们所使用的网络。NCSA 不仅是美国国家网络安全意识月的主要发启者和承办方之一，而且针对大学生开展了信息安全意识提升高等教育运动。该运动启动于 2009 年，目标是增加大学生的网络安全知识和防护技能。针对高校管理者，NCSA 围绕"我能做什么"和"我该怎么做"两个方面提出了加强网络信息安全意识的建议；针对高校大学生，则进一步明确了 3C 要求，即网络信息安全（cyber security）、网络人身安全（cyber safety）和网络伦理道德（cyber ethics）。全美高校积极响应此项活动，普渡大学、弗吉尼亚大学、达特茅斯学院、波士顿学院等八所高校被选定为合作伙伴院校。

**3. 美国高校信息安全教育的资源服务**

美国信息安全教育的有效实施离不开丰富的教学资源。美国不少信息安全企业都专门设立了教育资源开发中心，提供各类教育资源服务。比如：SANS 公司针对信息安全意识培训，不但开设了"信息安全导论"、"软件安全意识"、"计算机与网络安全意识"、"SANS 安全概要"等收费课程，而且以信息安全阅览室的形式提供了海报、视频、报告、论文等丰富的免费资源；而 Native Intelligence, Inc.公司则提供了 60 秒的安全教育短片、7 分钟的微型课程以及 15～45 分钟意识唤醒课程以及由近 300 幅图片构成的信息安全宣传海报库。

（三）政府提供多种教育与培训

美国政府在 1998 年开始了针对信息系统和网络基础设施的安全保障培训和认证活动计划。美国的信息安全教育与培训要求研究机构根据 NIST SP 800-16N

定义教育和培训的基本内容，测试和评估课程内容是否符合信息安全工作的实际需要，评估受过培训的专业人员在接受培训后工作是否得到提高，最后由专业机构开发和管理的认证程序进行认证。

美国国家关键基础设施保证办公室（CIAO）指定美国国家商务部作为协调委员会负责信息安全教育培训及宣传工作。由美国公共服务管理委员会（GSA）和CIAO委员会下的安全委员会共同发起的美国PDD 63信息论坛，针对PDD 63描述的信息资产易损坏特性定义了系统管理者应掌握的知识和技术技能。为解决这些问题，美国联邦政府许多部门介入了信息保证和安全的培训和教育。其中，美国国家基础设施保护中心为其成员提供了基础设施易损坏和保护测试的培训和教育论坛；美国国家标准和技术研究所（NIST）也根据工作职责（WILSON98）定义了计算机信息安全培训方面的内容；国家安全代理机构 INFOSEC 培训和教育程度建立了对信息保障培训的评估程序，这个程序目的是评估研究机构、大学等提供培训方面的等级是否符合 NSTISSL 标准；美国联邦信息系统安全教育者协会已经提出了如何处理培训认证存在的问题。

美国国家政府许多机构都向他们的工作人员提供信息保证和安全方面的培训，例如国防信息系统代理（DISA）向工作和管理人员提供 INFOSEC 培训，SPAWAR INFOSEC 办公室向海军人员推荐一系列信息系统安全课程，美国国防安全研究所向在美国国防部工作的正式和合同员工提供安全专业的培训。

（四）行业协会的教育与培训

美国行业协会的职责主要是帮助设定信息安全教育与培训的标准，组织持续的教育活动，并向协会和组织内部成员实施培训等。如美国信息处理国际联盟（IFIP）将信息安全评估和证书颁发作为建立从事 IT 系统和系统信息安全管理人员的国际证书制度的标准。信息系统审计和控制协会（ISACA）提供了鉴定信息系统审计员的课程。美国工业安全协会（ASTS）提供普通安全管理的教育证书。USENIX 系统管理员协会成立了信息安全专项认证委员会，目前在研究系统管理员培训证书的颁发。

一些专业性较强的行业协会，如美国计算机协会和电气与电子工程协会已合作建立计算机科学和工程的高等教育课程的鉴定的组织。其他行业协会也不断地制定标准，向其会员提供课程和举行年度学术交流会，以求在专业领域得到快速的发展。

（五）教育科研机构的教育与培训

美国许多大学为本科和研究生在信息保障和安全及相关领域提供课程，并设有相关的研究中心。普渡大学的信息保障和安全教育研究中心倡导在信息和信息资源保护技术方面的革新，并致力于发展和提高信息保障和安全方面的知识詹姆斯麦迪逊大学也有这种研究中心——信息系统安全教育研究中心，同时它还发起了有关商业、工业、学术和政府部门的专业人员的信息系统安全教育的国家研讨会。乔治梅森大学的安全信息系统中心提供信息系统安全领域的研究生课程，也主办相关的指南、研讨会和实习。加利福尼亚大学的 Davis 分校有计算机安全实验室，该实验室进行有关的技术研究。爱达荷州大学的计算机科学系设有计算机安全学士点、网络系统安全和信任系统的硕士和博士点。

值得一提的是，卡内基梅隆大学的公共政策管理学院提供信息安全管理证书，并设有用于公共政策和管理的信息安全管理的信息系统的硕士点。在卡内基梅隆大学软件工程学院的 CERT 协作中心提供应急响应和信息安全的课程培训。这是美国在信息安全管理教育与培训方面进行的成功实践。

（六）企业厂商的培训

在美国通过企业厂商信息安全培训获得知识和技能主要通过两个环节来实现：一是根据工作任务和职责描述划定掌握的知识涵盖内容。由于信息资产的保护问题是在不断增长和变化的，一些信息的安全性也在随着时间的变化发生变化，以前保密的信息随着时间的推移或许变得不重要了。例如：理解如何配置邮件服务器、域名服务器和网站服务器是非常重要的，然而，完成这些任务的工具是随着技术和攻击手段的变化而变化的。另外，如安全主管人员涉及的理解、评估和避免关键资产泄露和被攻击的方法不断丰富，以至于难以全面深入掌握。因此，对具体工作应具备的知识体系应该有一个能够进行评估性的描述，同时能够根据需求更新描述信息。二是建立基于工作描述的培训和认证。培训和认证必须能够同时测试具体工作需要的知识体系和技术技能体系的要求，还应该根据工作的职责对其进行分类。例如：安全主管人员应该掌握信息系统审计、法律问题、管理安全风险、安全管理策略开发及电子商务方面的知识，同时能够成功地对参与重要论坛和评估一个管理者的关键管理能力进行认证。对系统和网络管理的认证包括必须掌握 NIST 中描述的所需要的知识和概念，并能够对这些知识的应用能力进行测试。系统和网络管理者还需要具有在实验室里进行实验的演示能力。根据不同岗位对技术、职业需求和基础技术需求的变化，还需要通过培训和实验室实验训练更新认证。

为了保证国家信息基础设施的安全，美国企业厂商信息安全培训主要包括以下内容：①综合框架体系，包括信息资产保护定义、保护需求描述、保护方法开发、知识范围描述等。②知识描述体系，根据具体工作职责描述的对应知识体系，并能够保证随着时间的变化这个体系也得到更新；信息更新跟踪体系，根据工作职责的跟踪体系，主要的目的是确保员工能够随时获得重要的和相关的信息。③评估体系，一个由人力资源专家和信息资产保护研究机构组成的合作体开发的有效的相对独立的认证评估体系。④培训和课程开发体系，能够同政府机构和专业组织合作的机构为专业人员获得知识、技术和技能而开发培训课程的体系。⑤模拟实验体系，根据工作职位设计的实验培训和评估，能够对完成不同职位的人进行安全实践能力的培训和评估。⑥沟通和交流体系，这个体系由政府、专业机构、大学和研究机构及商业机构组成的沟通和交流实践团队组成。

## 二、交通安全教育

美国是世界上汽车最多，也最为普及的国家，号称"车轮上的国度"，平均每 10 个人拥有 8 辆车。从三十多年前到今天，美国汽车保有量增长了 3 倍，而交通事故死亡率却从每年 5 万人下降至 4 万人。这一升一降，体现了美国交通安全管理的成效。美国的交通安全管理经验表明，安全管理是一个系统工程，要在快速发展机动车的同时有效减少事故率和死亡率，必须"软硬兼施"。在软件方面，鉴于几乎一人一车的特殊国情，美国尤为重视向申领驾照者灌输安全和礼让意识。如果司机从一开始就养成正确和良好的开车习惯，交通事故自然会相应减少。许多在美国开车的中国人都深有感触地说，要在美国顺利拿到驾照，并不需要有多高的车技，最重要的是严格按照交通规则行事，该停就停，该让就让，只要动作规范到位，便可过关。

在美国行车，必须深刻理解"优先权"的概念。因为交通标志、信号灯和路标并不总能解决车辆间可能发生的冲突。正确理解和执行行车优先权，可有效避免事故。美国交规对于优先权的规定细致入微，几乎无所不包。在美国的大城市，尽管上下班高峰期车流量很大，但极少出现争道和抢行的现象，车辆都是自觉地按优先权行驶，车多而不乱。

在有关车祸责任与赔偿认定的交通法规方面，美国强调以人为本，但不是一味偏向行人，而是注重责任认定。美国法律认为，驾车是一种"特权"，而非基本权利。此外，美国法律强制车主购买车险，无保险的汽车不许上路。作为世界公路系统最发达的国家，美国十分重视投资建设道路等硬件设施，以进一步提高交通安全。研究表明，车道变更引发的事故率最高。对此，美国交管部门在弯道、交叉道、学校、医院和贸易市场地段均设立减速地段；设立限速灯、文字、音响等指示、警告信号；在路面设置让驾驶员一目了然的安全指示图标；在事故高发地段公路交叉口则采取增设交通管制信号、延长交叉路口线外停车等候距离、增设红外线摄像头、扩大道口视野和增加机动车转弯道口等措施。

### （一）对青少年进行的交通安全教育

#### 1. 政府机构制订交通安全教育计划

政府机构是国家的权力部门，主导交通安全工作。很多国家的职能部门及地方政府都非常重视青少年的交通安全工作，在立法、执法、开展各种交通安全宣传项目方面都做了大量的工作。如美国国家公路交通安全管理局（NHTSA）发布了青少年交通安全教育和训练标准，该标准为各州提供了可靠的、统一的教育和训练方案。得克萨斯州的交通部门还发起了青少年交通安全计划，他们邀请法律工作人员和交通安全专员给青少年讲解关于禁止疲劳驾驶、酒后驾驶的法律规定，并为学校、社区制订各种交通安全教育计划。

**2. 社会组织开展公益性交通安全教育**

在发达国家，社会组织协助政府机构提升了青少年交通安全教育的深度和广度。如美国华盛顿州的道路驾驶学校开设了青少年交通安全教育课程。该课程教授学生驾驶时所必备的交通知识和驾驶技能，目的是培养青少年的安全驾驶意识。该课程要求学生在 8 个星期内必须参加至少 32 个学时的课堂指导，如果学生在规定的时间内没有达到要求，则学校会要求学生增加时间来完成培训课程，但是会收取一定的费用。

**3. 政府机构组织主办交通安全互动教育活动**

政府组织除执行常规性交通安全教育计划外，还定期举办内容轻松活泼的互动活动，让青少年参与其中，促使他们提高交通安全意识。如美国国家道路安全基金会（NRSF）和国家青少年安全组织（NOSY）每年都联合举办"DRIVE TO LIFE"竞赛。该活动旨在让青少年以他们的方式交流安全驾驶心得，并邀请青少年为如何提高交通安全意识提供创意和想法，内容涉及各类交通安全问题，包括酒后驾驶、超速行驶及其他危险驾驶行为，获胜者不仅可以得到奖学金，他们的想法还会被用到交通安全教育宣传片的创作中。

**4. 媒体创办交通安全互动教育栏目**

青少年具备较强的阅读能力和写作能力，报纸、电视、网络等媒体是他们获取知识的重要途径，因此，在媒体上开辟带有互动内容的交通安全栏目，有助于提高他们的交通安全意识。如英国的广告、电影、电视、教育资源和网站通过多种互动形式向儿童和青少年传播交通安全知识。美国的全球音乐电视台（MTV）制作以真实案例为题材的电视节目，鼓励青少年为交通安全出谋划策，并将他们的想法以电影的形式表现出来，这些拍出来的电影经过交通部、交通安全领域的专家和观众的评审后，会在 MTV 上播放，供全国范围内的青少年观看、学习。

（二）情景互动教育

情景互动教育是互动式教育模式的一种。目前，国外交通安全情景互动教育的研究成果主要以游戏型学习软件的形式出现，这种软件把交通安全教育内容与互动游戏有机地结合在一起，随着个人计算机的普及和多媒体技术的发展，这种软件已在家庭中得到广泛应用。根据场景制作的复杂程度，可以分为以下几类。

**1. 小型情景互动软件**

这类软件主要以 Flash 动画的形式出现，开发简单，使用方便，占有的市场份额较大。美国旧金山损伤中心于 2007 年资助完成 ACE'S ADVENTURE 软件，旨在指导青少年关注出行时经常遇到的交通安全事项。该软件的特色在于结合有趣的故事和友好的人物角色构建图形画面，通过游戏手法传达交通安全知识，比如如何在停车标线前安全停车，如何在停车场内察看周围环境，如何安全地过马路等。

美国全国广播公司（NBC）旗下专注于家庭安全的网站 In Gayle We Trust 于 2009 年推出了青少年安全驾驶程序软件（Teen Driving Game），体验者在模拟驾驶过程中要避免撞到道路前方的锥形障碍物，并且在规定的时间内到达终点，才可以进入下一关。通过这个软件可以测试青少年的安全意识，提高其对行驶速度的判断能力。

**2. 大型情景互动软件**

美国 Besier 3D-Edutainment 公司于 2005 年发行了"3D 驾校"软件。从名字上也可以看出，这款软件更像是教学软件，青少年可以练习如何通过驾校考试。软件的主要特点是：融入严谨的交通法规，设计复杂的路况和完善的驾照考试系统，配备人性化的虚拟辅导教练。

**3. 基于网络的情景互动软件**

网络互动软件的最大的特点是在前两类软件的基础上，将互联网作为互动体验平台，受众面更广。美国克莱斯勒公司于 2009 年推出 Road Ready Street Wise 2.0 Online 3D 网络游戏软件。这款软件是第三方视角的驾驶模拟游戏软件，真实地模拟了大城市交通环境，能让体验者体会在城市道路上驾驶的乐趣。行进过程中，体验者需要掌握基本的驾驶技能，作出正确的驾驶行为才能过关，过关后的分数可以上传到全国或本地的积分排行榜上，每过一关都赋予体验者新的角色和新的任务。根据克莱斯勒公司的抽样调查，有 80%以上的体验者倾向于采取安全的驾驶措施保护自己。

## （三）交通安全宣传教育

美国十分重视交通安全宣传教育，始终将教育列为交通管理的两大主要工作之一（即教育和执法）。

**1. 美国的学校交通安全宣传教育**

美国在学生的交通安全宣传教育方面很成功，几乎所有的警察都与中小学校合作，从一年级就开始进行行人、自行车安全教育。除在教室教育外，还到实际现场教学生驾车（需达到一定年龄），同时提倡中学生鼓励父母积极参加安全驾驶项目。

　　在硅谷圣塔克鲁兹警察局有 11 名交通警察，其中 9 名上路执勤，另外 2 名专门从事交通安全宣传教育工作。由于该局管辖区域有加州著名学府加州大学圣塔克鲁兹总校，该校学生 5.5 万人，大学生驾车现象很普遍，因此警察局与学校建立了密切的联系，经常派员到学校开展宣传教育活动。

　　**2. 美国的社区交通安全宣传教育**

　　美国的社区是交通安全宣传教育的又一大阵地，每个社区都有相对固定的警察负责交通安全宣传教育，根据不同的种族社区，安排对应的警察，使警察对居民更具亲和力；听取居民对交通管理的意见，宣传行人安全项目、自行车安全项目、禁止酒后驾车项目等；**争取居民主动配合**，争取使交通执法活动转为居民关心内容。

　　加州公路巡警部门十分重视交通宣传教育工作，他们根据不同时期、特点开展宣传教育活动。例如近 15 年来，讲西班牙语系的移民逐年增多，但这部分人有的交通法制观念较为淡薄，因而交通伤亡事故较多，于是巡警部门深入到社区开展宣传教育。某个时期老年人事故较多，他们又设立了老年教育项目。

　　**3. 美国公民良好的交通法规意识**

　　（1）严格各行其道。如果遇到红灯，无论多么拥挤的街道，车辆均很自觉地按照划分的车道整齐地排队，没有争抢车道的现象，更不会挤成一团堵在路口，因此，一旦信号灯变换，整齐的车流通畅无阻。

　　（2）互相礼让。美国人似乎都明白欲速则不达的道理，也知道礼让可以加快车速。如遇到并道特别是高峰时某个车道关闭而必须并道时，美国人约定俗成的规矩是并道处两个车道轮流依次各走一辆车，秩序很好。

　　（3）路口不畅时，即使是绿灯信号车辆也不进路口。这一良好意识不但与严格的交通管理有关，而且也在于公民的文明素质。如在华盛顿车流高峰时期，主次干道由于交通压力大，车流不畅，绿灯时车辆仍停在停车线以内而空出路口的情况到处可见。

# 三、道德安全教育

## （一）美国道德教育发展历程

　　19 世纪末、20 世纪初是美国历史的分水岭，同样也是美国道德教育的分水岭。为了培养现代民主社会所需要的公民品格，道德教育领域出现了相对保守的传统品格教育和相对自由的进步主义道德教育两种方法，道德教育也出现了相应的不同特点。

　　20 世纪前四十年，这一时期的美国教育实施主体由家庭变成了公立学校。道德教育以为现代民主国家培养合格公民为主要任务，道德教育与公民教育重合，公民教育思想渗透道德教育实践，道德教育为培养有效率的好公民、好工人所需的品格服务，以偏重行为习惯训练的品格教育为主。这一时期道德教育实践的主要途径为职业教育、公民教育和道德品格教育。

第二次世界大战后，美国经济彻底摆脱了战前萧条的阴影，迅速进入了空前繁荣时期，一跃成为世界超级大国。同时，以美苏为首的两大意识形态阵营的对峙，又使美国进入了长达数十年的冷战中，发展和矛盾并立。经济发展带来的社会生活中原有的贫困和歧视问题的凸现，激发起全面争取公民权利的社会改革运动，促使社会文化思潮极度活跃，成为美国历史上独特的社会文化景观。受到当时独特的社会环境和改革的影响，这一时期的道德教育的地位与作用也发生了相应的变化。比如："冷战"思维影响着道德教育，"青少年犯罪"和"中学生辍学"等很快成为这一时期美国青年问题中的常用词。平等意识、公民权利等已进入他们对社会问题的关注中。道德教育的地位逐步被边缘化。然而道德教育是不可能消失的，这一时期的道德教育以公民教育、行为指导教育为主要内容，以多种途径存在于美国的教育活动当中。

20世纪80年代到20世纪末，伴随美国经济所经历的兴衰变化和美国在国际竞争中所面临的挑战，为解国内社会问题，保持霸主地位，历任美国总统都将教育改革置于重要的地位。针对青少年中行为不端、道德示范等问题，20世纪80年代以来，新"品格教育"运动在全美掀起声势浩大、涉及面广的品格复兴热潮，并被形容为20世纪美国道德教育的"第三次浪潮"。进入21世纪后，教育改革与品格教育运动在公立学校教育中延续。品格教育的复兴成为这个阶段美国道德教育最主要的特点。

## （二）美国道德教育的特征

人们常说，美国是一个"熔炉"，它的实际含义是美国通过它的强大的教育"机器"，铸造了一个美利坚合众国。正如英国比较教育学家埃德蒙·金所指出的："倘若不是它教育上的各种发明和它的历史熔铸出了一个充满激情的国家，那么美利坚合众国现在就可能是一个松松垮垮的联邦。"历史地看，美国人喜欢把他们的道德教育观念与民主联结在一起，他们一直认为民主与自由是他们建国的基础，而要使民主与自由持续下去，则有赖于公民的良好品格和正确行为。因此，使年轻一代具有良好的道德修养一直是美国学校道德教育的主题。在美国两百年的历史中，美国人对道德教育一直有着十分清晰的认识：道德教育的成功与否决定着社会稳定的程度。从目前美国道德教育的现状看，主要有以下几个特征。

**1. 美国的道德教育注重理论与实践相结合**

美国的道德教育模式和方法的确立注重以科学的调查研究和系列性的实验为依据，从而使道德教育不仅有浓厚的理论基础，而且具有较强的客观性、较高的实用性和可操作性。美国道德教育目前主要存在以下几种模式：理论基础构建模式、道德认知发展模式、价值阐明模式、体谅模式、价值分析模式和社会行动模式等，它们都是以哲学、心理学、教育学和社会学等知识为依托，并通过大量的实证研究和实验分析后得出的，从而把"要这样做"建立在"为什么要这样做"的客观依据上，而不是从条条出发的主观设计上。因此，尽管任何一种模式都有其片面性，但都有其可取之处，能够引起学生的共鸣，产生实际的效果。美国道德教育更注重贴近生活，调动教育客体的内在因素，鼓励他们参与教育的过程，激发他们的积极性和创造性，使教育产生内化效应。这一方面体现在他们不把学生简单地作为被教授对象，而是给学生设立情景，通过角色进入，引导他们去体验，进行选择；另一方面体现在他们重视学生以主体的身份去参与教育过程，从而促使学生在实践中确立道德准则，培养学生掌握社会生存的基本能力，具有探求、自立自强的精神和尊重他人、平衡人际关系的协作态度。显然，这种双向互动的教育方式的效果会更明显。

**2. 美国学校道德教育十分注重原则性与灵活性的统一**

据了解，在美国没有一个通用于全国或各类型学校的统一的道德教育目标和要求，不同的州、不同的地区甚至不同的学校都可根据各自的价值观去确定各自的道德教育目标，所以美国的学校没有专门从事道德教育工作的队伍，更没有统一的道德教育教材。有些地区开设一些类似于道德教育的课程，也主要集中于中小学，而且讨论的不是理论问题，而是针对当时社会和学生中存在的主要问题。教学往往采取就事论事的讨论方法，引导学生对与他们生活密切相关的问题进行分析和判断，进而为他们提供一些具体的、技术性的引导。美国的教育目的，不是要告诉学生什么是真的、对的或是错的，而是帮助学生自己去思考。尊重个性的特点使美国道德教育表现得不拘一格，从道德教育目标、内容、组织形式到道德教育环境、氛围都表现了这一点。道德教育不是给学生灌输某种既定的规范，每个人都可以根据各自的价值观去选择。他们认为教育只能引导他们怎样选择，而不是选择什么，这在美国教育界基本上形成共识。美国高校注重通过组织学生参加课外活动和社会服务，增强道德教育的实效。课外活动主要包括：形式多样、内容广泛的各类学术活动；丰富多彩、学生积极参与的校园文艺与体育活动；校庆、国庆、入学及毕业仪式等全校性活动。

**3. 注重德育操作模式的研究**

美国道德教育的各种理论和模式都十分重视在提出基本原理的同时，设计出供教育实践者运用的操作体系。例如：20世纪60年代末兴起的价值澄清策略。拉思斯等在《价值与教学》一书中列举了"对话策略"以及其他19种策略。在西蒙、哈明和柯申鲍姆合著的《价值澄清：师生实用策略册》一书中更详细地介绍了价值澄清模式如何应用于学校教育实践的各种方法和策略。因为它所提供的方法容易接受和运用，所以价值澄清模式在学校中大受欢迎，广为流行。再如 80 年代，波士顿大学教授 K. 瑞安的著作 *The New Moral Education* 在总结了战后美国德育得失后提出了新的道德教育方法，归结为 5 个 E：" 榜样 "（example）、" 解释 "（explanation）、" 劝诫 "（exhortation）、" 环境 "（environment）、" 体验 "（experience），供教师在不同的情境中选用。虽然各个理论流派提供的操作体系水平参差不齐，应用效果也不同。但是总的来说，美国道德教育界注重操作模式的探讨，大大缩短了理论与实践的距离。另一方面，美国的德育理论大多来自实证的研究，是在亲临教育第一线，实践归纳的基础上产生的，因此，理论与实践之间形成了良性的互动。

**4. 强调德育的全面性、渗透性**

美国学校德育很少在课时计划中得到反映，一般不设专门的德育课程，他们更加倾心于以 " 渗透 " 为特色的间接综合的教育方式，即把德育的许多方面归于隐性课程。乔伊斯·亚亨斯等呼吁：" 必须将它（德育）编织到其他课程中去，与其他课程的教学一体化。" 这种德育方式具有极大的自然性和隐蔽性。学生在不知不觉中接受了教育，不易萌生受灌输和被强制感，从而不易引发逆反心理，取得了较好的德育效果。

**5. 强调好公民教育**

美国是个年轻的多民族国家，因而美国的德育也具有注重现实、兼容并蓄的特色，在对待价值的实然和应然关系上，对待道德的理想与现实之间，将德育目标落实在现实性上，寻求一种大众普遍认为的道德行为规范教育。而教育学生成为将来的好公民无疑成了最基本的教育目标。柯尔伯格作为 " 儿童道德发展阶段论 " 的杰出学者，提出了道德发展 "3 个水平 6 个阶段 " 的理论。他认为品德的最高目标是培养超习俗的第六阶段的人，但他们强调最基本的还是在于培养遵守社会纪律、法规，忠于祖国的品质。20 世纪 70 年代后，美国的许多教改方案都反复强调要把学生培养成具有爱国精神和能对国家尽责任和义务的" 责任公民 "。

### （三）美国道德教育面临的挑战

长期以来，美国学校的任务一直在于培养献身于民主制度和民主理想的爱国公民。自从独立战争以来，美国的学校教育已经成功地培养了新的民族意识，并创立了独特的美国文化和伦理道德，它对美国资本主义的发展起到了不可低估的作用。但自 20 世纪 50 年代后，美国便进入了一个道德教育的危机时代，传统的价值观受到巨大的冲击，反对越南战争的抗议、对民主权利的要求、城市暴乱、校园罢课等社会风暴此起彼伏，贫困、种族主义、帝国主义、性解放、妇女解放运动等各种社会问题对学校道德教育提出了新要求，使得美国学校和社会陷于一种疲于应付的状态，传统的道德教育面临着新的挑战。

### 1. 多元文化的冲突与震荡

多元文化是美国的历史基础。有人把美国比喻为一个交响乐团，是"一个多民族的民族"。美利坚合众国的创始人及其继承者为了使这个多民族的国家团结统一，始终坚持实行同化和融合的民族政策，以便使外来移民采用美国的生活方式，实现美利坚化。但在现实社会生活中，那些来自欧洲、亚洲、非洲等地的移民们并没有完全被同化，他们在一定程度上仍承袭着自己过去国家的习俗和价值观，这些价值观可能会与美国的清教伦理传统不合，甚至相抵触，它们使得美国呈现为一个多元文化的社会。现在很多美国人意识到，自诩美国为民族"熔炉"的时代已经过去了，它今天已转化为"炖锅"，各种民族会在其中相互渗透和影响，但绝不会熔为一体。在这样一个社会中，传统的道德观念和道德教育内容变得苍白无力，让人莫衷一是；学校道德教育受到多元价值观的强烈冲击，经常处于矛盾之中；美国儿童则处于许多不同甚至相反的价值观的狂轰滥炸之中，被多元价值观搞得晕头转向、不知所措。

### 2. 民主的代价

美国一贯把自己标榜为民主的国家，它的基本道德原则也是民主，但民主的哲学观在当代则使美国传统的道德观念受到巨大的冲击，道德教育面临新的危机。20世纪60年代，美国人便开始躁动不安，以新左派和反主流文化为代表的新一代美国人，扛着反传统的大旗，奔赴美国各地推行他们自认为是民主的改革，把民主的火焰引向街头。他们要求采取直接的行动以消除美国社会的弊端，并进行各种人生体验，诸如吸毒、群居、跳摇滚乐等。所有这些事情对传统的美国价值观打击之大，是不可低估的。20世纪60年代美国的各种民主化思潮，不仅冲击了美国传统的道德观念，而且也使美国的道德哲学处于危机之中。正如美国哲学家麦肯泰尔所指出的，美国人的道德哲学正面临着两种境况：一方面人们似乎已经和传统的道德观念分道扬镳，传统的道德观念与价值不再为人们所接受；另一方面，人们在谈论道德时，使用了很多意义和内涵含糊不清、无法比较的只言片语，结果使当代的道德处于危机状态。

### 3. 家庭伦理道德的衰微

家庭是社会的基本单元，它的道德状况反映了社会的道德状况，也决定了学校道德教育的状况。20世纪60年代后，美国掀起了一场轰轰烈烈的女权运动，妇女们不仅开始走出家庭、走向工作，而且在家庭伦理道德观念方面发生了急剧的变化。首先，随着20世纪60年代美国的性革命及社会对婚前性行为的认可和接受，浪漫爱情的传统家庭情感开始丧失，两性关系不再是终身的承诺，而是双方的认同；其次，随着社会对妇女就业的接受，核心家庭的母爱情感也开始动摇，男性也在家庭事务和儿童教育方面承担了越来越多的职责；第三，随着电视、电脑、汽车等进入家庭，信息化的时代到来并冲击着美国的家庭生活，人们开始从重视家庭生活走向重视市民生活，家庭与工作、公共生活与私人生活、儿童与成人之间的界限更加开放和有弹性，它们之间的信息屏障也具有更大的可渗透性。女权运动还使美国传统的家庭模式遭到破坏，双职工家庭、丁克家庭、单亲家庭、再婚家庭、收养性家庭等家庭形式大量增加。由于父母们陷入生活的奔波之中，无暇教育他们的子女，家庭的道德教育传统衰微，没有发挥家庭应有的道德教育功能。

### 4. 大众媒体的异军突起

后工业社会的主要特征之一是信息化，异军突起的大众媒体为信息化提供了渠道，也为儿童的社会化提供了源源不断的信息，儿童不再需要通过直接的观察去学会各种社会知识和道德原则，各种通信技术和信息媒体已经成为儿童获取信息的主要渠道。目前，网络已经成为极其重要的媒体之一，它的发展也带来了各种新的社会问题和道德问题，例如电脑屏幕综合征、网上色情、信息污染、文化的融合与侵略、国家与社会的安全、数字化公平等，这些问题都对传统的伦理道德产生了威胁，使社会规范体系呈现"失范"，使少年儿童成为电脑色情的最大受害者。科学技术是一把双刃剑。随着互联网进入家庭，新的信息技术革命促进着社会、政治、经济、文化、科研、教育以至人们日常生活的全面信息化，但它对道德教育也提出了一个新的重大课题。

## 四、法制安全教育

在现代社会中，法律是调整社会成员行为的社会规范，对维护人类社会的正常运转发挥着积极的作用。一个国家的法制完备程度决定着这个国家的社会发展程度。一国在建立健全其法律制度的同时，必须通过教育使业已形成的法律意识、法律观念、立法精神得以延续，否则一个国家法制发展程度再高也没有意义。

美国的法制教育是公民教育的重要组成部分，除了传授司法系统和法律程序的基本知识以外，更以培养学生的公民技能和法律意识为主要目标，而这些技能和意识是一个有社会责任感的积极公民所必不可少的。美国的法制教育已经形成了比较完备的体系。

早在 1975 年法制教育就开始作为美国的学校教学内容，其教育的目标就是让学生认识美国国家政治、法律以及社会机构，进而能够遵守法律，提高公民的法制意识。就法制教育的方法来讲，美国的法制教育的途径多样，有学校教育、社会教育、社区参与等方式。

### （一）中小学法制教育

由于美国是一个联邦制国家，联邦和地方各州在管理权限方面有明确分工，教育权限大多由各州行使，因此美国没有全国统一的教材，每个学区都有制定自己的政策和规则的权利。就法制教育课程而言，各地中小学法制教育的课程名称也各有不同。一般来说，美国中小学以重视兴趣和发展、培养学生生活适应能力为原则设置课程，将课程分为不同类别，一般包括英语、数学、自然科学、社会科学、计算机科学等，其中社会科学研究是其中一类，具体又包括历史、地理、公民的综合知识，在公民部分主要涉及的就是法律知识的学习；同时在美国，社会科学研究是绝大多数学校的必修课程。当然也有学校以单一课程的方式开设，课程名称不一，如"法律研究"、"社会伦理学"等。不管怎样开设，美国中小学法制教育早期都围绕一些在历史上重要法律事件文本的学习展开，如美国《宪法》、《独立宣言》的起草等，课程内容涵盖正义、自由、平等等法治国家核心理念学习，重点对中小学生进行法治理念的教育。在美国中小学除了开设这种有课程名称的显性课程外，法制教育还附带在其他课程中，称之为隐性课程，老师在讲授这些课程涉及相关问题时都会引导学生从伦理、道德和法律等相关方面去考虑问题，以生活化的方式让学生吸收课程内容从而加强法制意识。

美国的中小学法制教育除了学校教育以外还注重和社会密切联系，他们将资深的法官、律师、检察官、警官请进课堂，将他们丰富的司法实践经验传授给学生，一方面使学生了解法律的使用，另一方面也让学生将所学理论与实践相互结合，真正加深对法律的理解与体会，提高法律素养。此外，法制教育的方法还有社区参与。在美国中小学法制教育中，社区参与使得学生在真实情景中实践、内化和运用在教室中学到的知识，从而获得法治教育期望的目标，形成作为一个具有民主意识的公民应具备的态度和价值观。社区参与的实施可以是将社区志愿人士邀请进入课堂或在课堂中模拟社区，形成"课堂中的社区"；也可通过学生走入社区，在社区中同志愿人士在司法机构中共建"社区中的课堂"。

（二）高校法制教育

美国高校法制教育的原则主要是以公民教育的原则为指导设定的，主要包括平等性原则、公共性原则以及多元性原则三种。平等性原则是指在对学生进行法制教育时，必须要体现出公民对民主的诉求这一目标，要告知每一位在校学生法治在国家民主进程中的重要意义，即要在高校法制教育中体现出民主性，教师在面对每一位学生时，都应该坚持相互尊重、平等对待的态度。所谓公共性就是指在美国高校所开展的法制教育都必须以向公众提供福利为导向，美国法制教育不与任何政党相关，具有国民性，而非政党性，且与宗教相分离，在美国高校法制教育中不宣传任何诋毁或者倾向有利于某一党派的言论与观点。所谓多元性是指在美国高校法制教育中，法制教育的内容所涉及的范围较广，凡是与美国公民息息相关的法律几乎都会在高校中独立授课。

就美国大学阶段法制教育的内容来看，主要根据大学生身心发展特点和认知水平，侧重于讲解法律制度的形成以及演变，要求大学生了解法律制度产生发展过程，制度的作用和制度如何影响人们日常生活；从日常生活现象入手，引导大学生从感性认识变为理性认识。同时，美国高校教育的内容涵盖了公民生活的诸多方面，如就业、求学、家庭、经济生活以及国家安全等。最引人注意的就是美国法学院开设的最为普遍的一门课程"街道法"。之所以称之为"街道法"，是因为这门课程所涉及的法律知识渗透到生活的每个领域，其普通和实用程度就像走在大街上一样，深受大学生喜爱。街道法主要是针对大学二年级和三年级学生开展，其内容包括了美国的立法和司法系统介绍、律师与纠纷处理专题、美国公民侵权行为与公共政策专题、房屋合同、信用、债务等专题，通过专题的方式向学生横向地展开美国的法律，并在每一个专题后设置2~3个案例，便于学生加强记忆。

美国高校法制教育方法多样化。教育者在具体的教学实施过程中可以根据学生的实际情况和教育课程的目标，灵活地安排自己的教育方法，这种教育方法具有一定的综合性。在美国高校法制教育中，反对灌输式教学，提倡教师与学生之间的互动与平等，并在此过程中实现教学目标。法制教育方法运用上则以过程为导向，当前在美国各州所采用的教育方式大相径庭，但也有各种特色，例如理论基础建构模式、价值澄清模式、体谅模式、道德认知发展模式、价值分析模式、社会行动模式等，这些模式的运用在美国高校法制教育中取得了较好的效果。同时，美国高校通过开展"走向法庭"现场实践训练，让大学生旁听法院审判，根据所学的法律知识进行实地案例分析与探讨，来判定法官给予罪犯定罪是否合理。另外，除课堂教学之外，安排组织大学生到当地警察局、律师事务所等相关机关亲自实习体验。通过不同的教育方法，培养了美国大学生法律意识和守法习惯，提高了知法护法用法的能力。其次，教育途径多元化。美国高校十分重视整合法制教育的各种途径。具体表现在：一是法制教育渗透于多学科。除了专门的法制类课程之外，还分散于其他课程教学当中，如政治课、职业道德课、历史课、人文课等。二是发挥隐性教育功能。美国高校把法制教育与校园文化建设紧密结合起来，要求课堂教学和校园文化环境相一致。比如在美国高校的学生俱乐部活动、社团活动、节日庆典活动以及社会实践服务等不同程度渗透着法制教育，传递美国的法律价值观。三是发挥"三位一体"的重要作用。学校与社区、家庭、宗教组织等各种组织建立了制度化的联系，在平时的生活中进一步让学生学习和践行法律，养成良好的法律品格和行为习惯。

## （三）美国法制教育的特点

美国重视法制教育，其培养模式有明显的特色，具体体现在以下三个方面。

### 1. 法制教育体现出强烈的政治观

美国的法制教育具有明确的目标，尽管美国没有统一的课程，但美国教育行政部门还是制定教育方案指导学校教育。从中小学到大学美国法制教育的内容有较大差异，但其法制教育的目标却是一致的，即告知美国民众美国法律制度的合理性，让美国的学生成为遵守法律和忠于美国制度的公民。

**2. 法制教育首先是理念教育**

美国中小学法制教育主要是一种理念教育，通过教育让学生具有法制理念而非单纯的具体法律条文记忆学习。美国高校法制教育课程开设多样，没有统一教材，通过对美国法律制度的介绍，引导学生认可美国法律观，能够适应美国社会生活需要，做一名合格的美国公民。

**3. 法制教育内容的层次性以及方法的多样化**

美国法制教育体系完备，从小学、中学到大学都规定了具体的教育内容，环环相扣。中小学侧重法治理念教育，而大学则侧重于理论分析和研讨，重点引导学生深层次认识美国的法律制度，强化学生对美国社会制度的认识。此外就方法来讲，教育方法多样，不仅有课堂教育还有课堂外教育，比如社会教育等。

## 五、美国学校安全教育的措施

学校安全问题是世界性的教育难题，已经成为世界教育研究的重要课题。美国为减少这类事故的发生，制定了积极的防范措施，主要有以下六个方面。

### （一）把学校安全作为学区的一项任务

美国政府认为学校暴力与教育任务是不相容的，保证学校安全是一个系统工程。从美国制定的防范措施来看，保证学校安全不仅仅是学校自己的事情，还需要教育行政部门、公安司法部门、社区组织、社会媒体、学生家长等多方面的努力和支持。这一提议得到了学校董事会和法院的支持，他们认为，如果学区的任务不包括学校安全，那么学校的工作也就难以保证学区的安全。

### （二）不同的学校要制订不同的安全计划

学校安全计划要依据学校教育对象的年龄特征、学校所在地点等主客观条件来制订。学校管理工作可以概括地分为计划、实行、检查、总结四个阶段。学校应将制订安全计划作为学校总体工作计划的重要内容之一，在此基础上采取各种措施实施安全计划，包括规章制度的制定，对教职工工作状况的检查、监督，对学校工作督导评估以及此后的总结反馈等，确保学校安全工作列入日程。

### （三）与其他社会力量形成协议

美国认为校董会和学校行政人员不可能独自维护学校安全，因此需要其他社会力量的协助。保证学校安全不能等事故发生之后再来检讨事故发生的原因，而应该采取积极的行为防患于未然。积极的行为有多种表现方式，无论哪一种方式都应反映教育者的主动性。

（四）制定危急情况管理政策，进行学校安全训练

美国要求每一所学校和学区都要有一个可操作的危急情况管理计划，计划主体包括管理人员、学生、家长，协调法律实施部门、社区危急情况服务部门和媒介部门等。但仅靠计划和书面协议是不够的，还要体现在长时间训练之中，使学生和教师知道怎么做，同时学校设施的建设也要对此有充分的考虑。

（五）在学校中公布危险性的境况和人员

学校公务人员要注意学校和学校附近的危险性人员，同时要注意具有危险性的学生的转入或在学区内的就学。总之，保证学校安全是学校教育工作的重要组成部分，如果学校没有安全的教育教学环境，便无法论及有效的教育教学活动。

（六）保持与学生的接触

美国督导者总结认为，当糟糕的事情要在学校发生时，学生总是说："我担心这种事情发生。"这表明，如果你知道了学生担心的事，就可能防止悲剧的发生。因此，美国要求教育者在学校中进行走访，与学生交谈，观察学生的生活，了解他们的忧虑，并要鼓励家长和教师去做这些事情。

● 链接：美国国家安全教育法简介

1990 年 11 月 6 日，美国总统布什签署了美国国家环境教育法（The National Environment），这标志着美国环境教育进入了一个新的阶段。该法案总共十一条，它对美国环境教育的政策及措施，作了比较详细的规定。该法案的主要内容如下。

**1. 立法缘起和目的**

该法案第二条述及立法缘起。美国国会认为，美国境内毒性污染物四处泛滥，对美国人的健康和环境质量构成了严重威胁，另一方面，国际的环境问题，诸如全球温室效应、海洋污染、物种灭绝等也对人类健康和全球环境具有深远影响。

要解决复杂的环境问题，就必须使人们正确认识自然环境和人造环境，形成对环境问题的意识和解决环境问题的技能。环境问题的有效解决和环境教育计划

的具体实施，都需要依靠受过良好教育和训练的专业人员的协助，但在目前，美国政府对有关自然环境和人造环境其问题的教育和宣传并不切合绿色环境发展的需要，而且联邦政府对环境专业人员的训练与发展也重视不够。

该法案第二条阐明了颁布国家环境教育法的两个目的：

（1）联邦政府环境保护署协同地方及州政府、非营利教育和环境组织、非商业性新闻媒介和私人团体支持课程发展、特别方案和其他活动，以增强国民对自然和人造环境的了解，以及提高对环境问题的认识。

（2）联邦政府经由其所属机构的协调，以及环境保护署的领导，会同地方及州政府、非营利性教育与环境团体、非商业性新闻媒介和私人团体，制定各种规划，并提供财力支持，吸引青年人学习环境教育专业，进而协助他们学习高级专业技术，以培养解决复杂环境问题的能力。

**2. 环境保护署设立环境教育处**

该法案第四条规定环境保护署设置环境教育处（Office of Environment Education），其主要职责如下：

（1）与联邦政府其他机构协商、制订和发展环境教育计划，以增进人们对自然环境和人造环境及人与环境关系的认识。计划内容应涉及全球环境问题。

（2）支持发展和传播与中小学及成年公民有关的模式课程（model curriculum）、教育资料和培训计划。

（3）协同其他联邦机构、非营利性教育与环境组织、州政府机构和非商业性教育新闻媒介，发展与传播环境教育出版物、视听教具和其他教学器材。

（4）发展和支持环境教育研讨会、训练计划、电视会议和环境教育专业人士讲习会。

（5）管理联邦政府的拨款计划，为地方教育机构、高等教育机构和其他非营利性机构与非商业性新闻媒介提供拨款。

（6）管理环境实习奖金（internship）和奖学金（fellowship）计划。

（7）管理环境奖金（environmental awards）计划。

（8）提供国家环境教育咨询委员会（National Environmental Education Advisory Council）和联邦环境教育工作委员会（Federal Task Force on Environmental Education）所需的人力支援。

（9）协同其他联邦机构，评估专业技能和训练的需要，以对目前的和潜在的环境问题作反应；与适当的学术机构发展训练计划、课程及继续教育计划，以训练教师、学校行政人员及相关专业人员。

（10）对环境保护署执行的与环境教育有关的联邦政府规章和计划予以密切配合协调，并努力避免重复和分歧现象的产生。

（11）环境教育处应协同教育部、联邦教育委员会及其他联邦机构，包括联邦自然资源管理机构，确保有关环境教育计划的有效协调与执行，其中包括国家公园、国家森林和野生动物保护区的环境教育。

（12）为地方教育、州教育和自然资源机构提供环境教育咨询和培训计划。

**3. 环境教育和培训计划**

法案第五条规定制订环境教育培训计划，目的在于培训教育专业人员，借以发展和实施环境教育与培训计划及研究。

该计划之任务与活动如下：

（1）环境教育与研究的课堂培训，内容包括环境科学、教育方法和应用、环境专业与职业教育；

（2）野外环境研究与评估的设计与实施；

（3）发展环境教育计划和课程，包括配合各民族和文化团体所需计划与课程；

（4）管理并资助美国与加拿大、墨西哥之间的环境教育教师与教育专业人员的国际交流；

（5）维持和支持拥有环境教育资料、文献和技术的图书馆；

（6）环境教育资料、培训方法和相关计划的传播与评鉴；

（7）资助为发展环境教育和训练所需课程和资料而召开的各种会议、研讨会和论坛；

（8）支持有效的合作和工作网络，以及运用有关环境的各类学习技术。

任何高等院校或非营利性机构每年可向环境保护署提出拨款申请，以实施上述环境教育与培训计划。

环境保护署根据以下原则或条件审核拨款申请：

（1）有能力发展环境教育和培训计划；

（2）具有为某一特定范围的参与者或针对某一特定环境进行培训的能力；

（3）工作人员的专业知识和技能在适当的学科范围之内；

（4）计划的经常开支与直接服务之比率具有相当的经济效益；

（5）能有效地运用现有的国家环境教育资源和计划；

（6）有资格参与环境教育与培训计划的人员，包括中小学教师、大学教授、行政人员以及地方教育机构、学院和大学的有关辅助人员，以及参与环境教育活动的州教育职员和非营利组织。

**4. 环境教育拨款**

根据法案第六条规定，环境保护署可采用合同、契约和拨款的形式，以财力资助有关环境教育和培训的设计、演示传播的实施方法或技术。

可获得资助的活动包括：

（1）环境课程的设计、演示或传播，包括开发教育工具和资料；

（2）户外教学的方法，实施技术的设计与演示，包括对环境和生态状况的评估和对环境污染问题的分析；

（3）计划的目的在于了解和评估一个特别的环境课题或环境问题；

（4）对特定地理区域的教师和有关人员提供培训；

（5）促进国际有关环境问题与课题的设计与演示计划等合作事宜，且计划内容涉及美国、加拿大和墨西哥三个国家。

在提供拨款时，环境保护署署长可优先考虑下列因素：

（1）改进环境教育的新的措施、方法和技术；

（2）可广泛应用的环境教育措施、方法和技术；

（3）其他环境教育的措施、方法和技术；

（上述技术系指国家环境教育咨询委员会向国会报告中认为应优先考虑的技术）

（4）环境保护署署长认为应优先考虑的某一环境课题所需的技术。

**5. 环境实习奖金和奖学金**

根据该法案第七条规定，环境保护署署长与人事管理局及其他联邦政府机构商议后，每年为 250 名大学生提供实习奖金，并为 50 名在职教师提供奖学金，让他们有机会在联邦政府的适当机构中工作，包括环境保护署、渔业与野生物管理局、国家海洋与大气总署、环境质量委员会、农业部、国家科学基金会及其他联邦政府自然资源管理机构。

设置实习奖金及奖学金的目的在于为大学生及其在职教师提供与联邦政府有关环境机构专业人员一起工作的机会，以获得对有关环境的了解和重视，并获得此项专业所需的技能。

**6. 环境教育奖金**

根据该法案第八条，环境保护署署长可对为环境教育作出卓越贡献的人士颁发下列环境教育奖金：

（1）罗斯福奖金（Theodore Roosevelt Awards）。该奖颁给在环境教育教学或行政领域有卓越贡献的人士。

（2）梭罗奖金（Henry David Thoren Awards）。该奖颁给在文学创作方面对保护自然环境和防止环境污染方面作出卓越贡献的人士。

（3）卡逊奖（Rachael Carson Awards）。该奖颁给在出版、电影和新闻媒介等方面对环境问题和环境教育作出杰出贡献的人士。

（4）班卓奖（Gifford Pinchot Awards）。该奖颁给对森林和自然资源教育与管理方面作出杰出贡献的人士。

（5）总统环境青年奖（President's Environmental Youth Awards）。该奖颁给曾参与促进地方环境意识且成绩卓越的青少年（从幼儿园到高中）。

（6）环境质量委员会主席可代表总统为中小学教师和所在学校颁奖，奖励他们以新的方法促进环境教育。每州一名获奖教师和所在学校均可获得 2500 美元奖金。

### 7. 国家环境教育咨询委员会

根据该法案第九条规定，环境保护署设置国家环境教育咨询委员会，该委员会由 11 位委员组成，委员由环境保护署署长与教育部长商议后任命，并分别代表中小学、大学、非营利组织、教育部、自然资源部、工商界及年长美国人（Senior American），教育部长的代表为当选委员，环境保护署署长选定委员时应考虑地区性分布、少数民族以及专业背景等因素，委员任期三年，但首届委员会委员任期一至三年，具体由环境保护署署长决定。

该委员的两项主要任务是：

（1）就该法案中有关环境保护署之活动、职能和政策，向环境保护署署长提出忠告和建议。

（2）每两年向国会提交报告，内容包括以下方面：①叙述和评估国家环境教育的发展程度和质量；根据该法及有关当局前两年所实施的活动提出报告。②概述改善环境所面临的主要障碍（包括与国家公园和野生动物保护区有关的环境教育活动）并对如何消除这些障碍提出建议。③确认解决目前和预期的环境问题所需要的人员技能（personriel skill）、教育和训练，以确保有充足的教育和训练机会。④叙述和评估适用于年长美国公民环境教育计划的发展程度和质量，并提出建议。叙述联邦政府各机构促进年长公民环境教育计划，并对此进行评鉴和提出建议。⑤联邦环境教育工作委员会。根据该法案第九条规定，环境保护署设置环境教育工作委员会。该委员会成员来自教育部、内政部、农业部、环境保护署、国家海洋与大气总署、环境质量委员会、田纳西流域当局（Tennessee Valley Authority）、国家科学基金会等机构，由环境保护署代表任主席。

## 第二节　英国环境安全教育

### 一、交通安全教育

19 世纪末，英国和法国最先意识到道路交通安全的重要性，并开始制定与道路安全有关的规定，如规定交通标志、车辆限速、汽车安全设施等，道路交通安全教育和宣传工作随之展开。早期的道路交通教育和宣传工作主要通过报刊、传单、广播等传递信息，内容简单、形式单一。到 20 世纪中期，西方发达国家的道路交通事故死亡人数逐年增多，为减少道路交通事故的伤亡人数，英国等发达国家相继出台了安全带法、头盔法等法律，同时重点针对酒后驾驶、超速、安全带等主要交通违法行为，开展大规模的交通安全法律法规和交通安全常识教育和宣传。

（一）儿童安全教育

教育要从娃娃抓起，这句话在英国的道路交通安全教育上得到了充分体现。在英国，道路交通安全教育贯穿了孩子的整个成长过程，包括从对幼儿走路及玩耍的安全教育到对青少年骑自行车的训练。其中最为行之有效的教育项目是"儿童交通俱乐部"（The Children's Traffic Club）。英国政府于 2006 年颁布了《儿童道路安全战略》，明确规定教 5～7 岁的儿童学习道路安全知识一定要在马路上，而不是在教室里。

**1. 项目简介**

儿童交通俱乐部是一项专门针对学龄前儿童（3～4.5 岁，在英国，年满 4.5 周岁可以上小学）和其父母或看护人的道路交通安全教育项目其标志参见图 4-1。它的设立是为了给幼儿家长或看护人提供系统的帮助，以寓教于乐的形式，让该年龄层的儿童掌握基本道路交通安全常识。选择这个年龄层是基于发展心理学的研究：大部分人格特征和终生习惯到 5 周岁时已经形成。若在这个年龄段（直至5 周岁）实施某种干预计划（如儿童交通俱乐部），不仅具有短期效应，而且最有可能使他们终生受益。

图 4-1　英国"儿童交通俱乐部"标志

幼儿家长或看护人是对学龄前儿童最有影响的人，在此项教育项目中他们起着至关重要的作用。家长或看护人对儿童是"一对一"的教育，同时得到各种专业人员（如政府的道路交通安全工作者、家庭保健师、幼儿监护人、幼儿园教师以及幼教工作者）的协助和支持。

儿童交通俱乐部的目标十分明确：①减少目标年龄层儿童的交通事故伤亡率；

②影响俱乐部成员儿童的长期行为；③提高家长的道路交通安全意识，增加其道路交通安全知识；④间接地影响其他家庭成员（如家长本人、年龄较长孩子等）的行为，使其受益。

**2. 俱乐部发展简史**

儿童交通俱乐部的概念于 1969 年起源于斯堪的纳维亚（属于北欧）国家。1974 年，挪威的评估发现，与非成员相比，俱乐部成员（3～6.5 岁）的事故伤亡率平均减少了 20%，该国最大城市奥斯陆市减少了 40%。在丹麦和瑞典，该教育项目实施的最初 10 年中，俱乐部成员的伤亡率平均降低了 77%左右。

20 世纪 80 年代早期，英国政府委托交通研究实验室（TRL）对在英国开展类似教育项目的可行性进行研究。该实验室开发了一系列学习资料，供幼儿家长或看护人在家使用。1985 年，伦敦市政厅率先在其辖内各区郡实施了类似教育项目。1989 年，dbda 公司受委托开始编写适合全国的教育材料，并把该教育项目命名为"儿童交通俱乐部"。

20 世纪 90 年代早期，该项目在英格兰东部 7 个郡进行了试点，结果十分令人鼓舞，1993 年开始向全国推广。1993～1994 年，该项目为幼儿园和家庭保健师编写了相应材料，以配合家长的教育。1994 年该项目获得英国王室颁发的道路交通安全奖。1995 年，苏格兰政府开始让所有年满 3 岁的儿童免费加入俱乐部。在 10 多年的研究基础上，1999～2000 年，所有资料被重新设计和更新，以便反映道路环境的变化和族群的多样化。2003 年，伦敦交通署使所有伦敦市的 3 岁儿童免费成为交通俱乐部成员，这一年还在全国范围内对已参加过该项目的孩子父母进行了细致调查。2004 年，针对儿童信息中心、幼教机构等相关部门开发了新的资料，同时还制作了道路交通安全录像，使所有相关专业人士能够帮助更多的家庭加入俱乐部。

**3. 俱乐部的运作**

在英国，俱乐部项目由地方卫生机构与交通俱乐部携手合作实施。有年满 3 岁的孩子家庭会收到邀请他们孩子成为俱乐部成员的信，这些信是由地方医疗保健机构发出的。收到邀请信后，家长只需填写一份申请表，寄回交通俱乐部，就会收到免费的材料。

该教育项目的费用通常由地方政府或道路交通安全机构支付。资料显示，如果需要由家庭支付，参加率会下降。免费参加还可以确保低收入家庭的孩子也能够从中受益。在成为俱乐部成员后，每 3 个月会收到一册书，总共 6 册。另外，还有专门供幼儿园等机构使用的材料，以强化家庭内的道路交通安全教育。俱乐部会向相关政府机构按月提交报告，按邮政区域统计出参加人数。

**4. 资料和主题内容**

俱乐部使用的资料按用途可分为 3 类：家庭用、团体用和推广及支持用。俱乐部的核心资料是家庭用的 6 册书。书中包含给家长或看护人的简短注释、可以朗诵的故事、彩色图画和儿童动手活动。随着孩子技能和认知的增长，每册书的内容也逐渐加深。围绕安全这一主题，整套书帮助幼儿学会仔细观察周围环境，掌握各种道路交通安全知识和技能，并培养其应变能力。保证儿童道路交通安全的 6 个要素可总结为：①手拉手，保平安；②选择安全的地方过马路；③过马路前，要一停、二看、三听；④乘坐小汽车时，时时刻刻系好安全带（不要让孩子坐在膝盖上，或两人共用一个安全带）；⑤穿颜色明亮的外衣；⑥游戏时，远离车辆。另外，家长或看护人也要为孩子树立一个好的榜样。

**5. 项目效果评估**

到目前为止，儿童交通俱乐部是英国研究最多和评估最为完善的道路交通安全教育项目。研究发现，交通俱乐部有助于帮助其成员养成良好的安全习惯，如在街中玩耍以及跑着过马路的儿童人数减少了，而外出时拉着大人的手、过马路时停下来观察的儿童人数增加了。另外，还发现俱乐部成员总的道路伤亡率减少了 12%，儿童步行时伤亡率降低了 4%，在穿过马路时被汽车撞的伤亡率降低了 20%。最近，对已完成该教育项目的成员调查发现：①99%的家长或看护人认为俱乐部有助于孩子的道路交通安全技能学习；②76%的家长或看护人认为俱乐部提高了他们自身的道路交通安全意识；③90%的家长或看护人认为俱乐部也有助于家庭内其他孩子的道路交通安全教育；④外出时，与看护人一直保持手拉手的孩子增加了 18%；⑤在家长或看护人让其停下便立即停下的孩子比例增长了 33%；⑥在小汽车内一直坐在安全座椅（垫）的儿童比重增加了 10%。

（二）青少年交通安全教育

英国从 20 世纪 50 年代就开始实行对中小学生进行安全教育。法规明确规定："地方自治机关要作出一切努力，在学校教育中向儿童、学生灌输交通安全的思想和技术。"

英国是交通安全做得较好的国家，每个公民从幼年起就开始接受交通安全教育。50 年代起英国就对中小学生实施交通安全教育。70 年代的行政法规又规定："地方自治机关要作出一切努力，在学校教育中向儿童、学生灌输交通安全的思想和技术。"英国交通安全教育的重要内容之一是提倡"宽容和互让的精神"，英国的儿童过街，都手拿鹅黄色的小旗或戴黄色、红色的小帽，以提醒司机避让。

英国除不断完善与道路安全有关的法律法规和进行严格的交通执法外，还主动出资拍摄交通安全宣传片和公益广告，在电视中滚动播放，同时免费向中小学（包括私立学校）提供和发放交通安全宣传图片、交通安全常识手册等资料，并通过多种措施积极鼓励和动员社会各界共同参与交通安全教育和宣传工作，尤其是积极利用各种大众传媒（包括互联网）广泛进行交通安全教育和宣传。从 20 世纪 80 年代开始，英国的交通事故死亡人数开始呈逐年下降的趋势。

儿童和青少年属于交通安全教育和宣传的重点群体之一，该群体的出行方式主要是步行、骑车和乘车。因此，针对他们的教育和宣传项目包括理论知识的教育和实践性质的培训，如"安全过街技能"培训项目，针对儿童的 6 条"绿色穿行法则"（Green Cross Code），内容简洁易记，包括了行人过马路时需要注意的所有安全信息。同时还建立了专门的交通安全网站，利用互联网宣传交通安全常识，并有宣传交通安全的游戏，让儿童在游戏中学习和掌握交通安全知识。如英国的"家庭教育"网站、加拿大的"与埃尔默一起玩"网站等。

（三）成年人交通安全教育

成年人交通安全教育主要是行车安全教育，根据是否属于普通驾驶人或职业驾驶人，对其开展有重点、有针对性的交通安全教育和宣传（图 4-2）。针对普通驾驶人的教育和宣传内容重点集中在超速、安全带、酒后驾驶等方面；针对职业驾驶人长时间、长距离驾驶的工作特征，对这一群体的交通安全教育和宣传重点

图 4-2　成年人交通安全教育图

以防止疲劳驾驶为主；对于步行和骑车的成年人，主要通过社会面上的广泛宣传，提醒人们注意交通安全，在光线不好时身着带反光材料的服装出门等。国外针对驾驶人的安全教育措施主要包括以下 3 种方式。

**1. 以教代罚**

警察针对轻微交通违法人员开设教育课程，以教育代处罚的方式对驾驶人进行安全教育。如英国有些地区的警察部门为驾驶人提供一个接受超速违法后再教育课程的机会，作为不对其进行处罚和起诉的条件。目的是利用这种机会，让这些驾驶人认识到超速的后果，从而教育他们采用安全的驾驶方式。

**2. 为驾驶人提供提升驾驶技能的培训机会**

英国制定了驾驶考试通过后的再培训方案，主要为刚考取驾驶证的人提供在不同天气状况下驾驶、夜间驾驶、在双车道和高速公路上驾驶等方面的技能培训，保险公司会为接受过此项培训的驾驶人下浮保险费率，从而鼓励驾驶人不断提高自己的安全驾驶技能。

此外，针对摩托车事故不断增加的情况，英国、加拿大等国也努力通过各种方式为这类驾驶人提供教育和培训，如英国巡逻警察配备有 300cc 的雅马哈摩托车，无论动力还是质量都会引来摩托车爱好者羡慕的目光。在摩托车爱好者聚会时，接受过专业培训的警察会驾驶这类摩托车到聚会场所，吸引大家围观，利用这种机会向摩托车驾驶人宣传交通安全，警察义务为摩托车驾驶人讲解和演示安全驾驶技术，从而达到提高摩托车驾驶人的驾驶技能、减少交通事故的目的。

**3. 加强执法与交流**

国外警察主要在执法检查中对驾驶人进行交通安全教育和宣传。为加强职业驾驶人与警方的交流、增加双方的相互理解、为职业驾驶人安全驾驶提供更多帮助，国外警方采取了类似"警营开放日"等做法，走近职业驾驶人，宣传交通安全知识，帮助他们排忧解难。

### （四）老年人交通安全教育

随着老龄化问题的不断加重，发达国家的老年人也成为交通安全教育和宣传的重点群体之一。如英国开展了专门针对老年驾驶人和患病一段时间后又开始驾驶的人员设计的名为"老年人安全驾驶"的项目。

英国交通部于 2009 年发布了"艾沃安之典"（Code of Everand）软件，这是一款幻想风格的网络游戏，体验者的角色是"探路者"，需要用场景中教授的各种技巧安全地通过"精灵通道"，通过的"精灵通道"越多，所学到的交通安全知识也越多，就越接近艾沃安世界的秘密。这款网络游戏软件把交通安全知识和网络游戏进行了很好的整合。

### （五）其他重点群体

#### 1. 教育工作者

儿童和青少年的交通安全教育主要依赖学校，因此，英国国家非常重视对教育工作者的教育和培训。通过对教育工作者的培训，使其率先理解和掌握交通安全教育和宣传的资料和技能，从而确保学校的交通安全教育和培训工作有成效。

#### 2. 轻度交通违法人员

英国交通违法人员主要分为两大类，一类是交通违法行为严重，需要通过刑事程序或民事程序处理的；另一类是交通违法行为较轻，被警察罚款或扣分的。为加强对轻微交通违法行为人的交通安全教育，英国给轻微交通违法行为人提供两个选择，要么接受罚款和扣分，要么缴纳相当于罚款金额的培训费，并接受相关交通安全教育。这种做法的主要目的是为此类违法人员提供接受交通安全教育和宣传的机会。

#### 3. 外来移民

发达国家外来移民较多，这些外来移民的交通安全意识较为淡薄，引发的交通事故较多。针对这一现象，英国专门在外来移民聚集的社区，利用当地大多数居民使用的文字和语言进行有针对性的交通安全教育和宣传。

## 二、网络安全教育

英国是最早开始关注交通安全的国家之一，政府在交通安全知识宣传这一方面有着丰富的经验，英国政府联合交通部建立了"Think！"（思索）网站，利用互联网不受时间、不受地域限制的优势，进行交通安全知识的传播和普及。网站采用独特的模块化分类，运用色彩、动画、语音等手段吸引广大网民，针对青少年迷恋网络这一特征，开发了一系列的在线交通安全知识小游戏，通过参与游戏学习道路交通安全知识。

#### 1. 网站总体情况

Think！网站由英国交通部负责建立及运营。网站主要为道路交通使用者以及乘车者和出行者提供相关道路安全信息。为了形成更安全的行为习惯，通过门户网站的形式向行人、驾驶员、乘车者提供丰富、系统、科学的交通安全知识，避免类似道路交通事故的发生，为出行的人们提供更好的安全保障。

#### 2. 网站模块化布局特点

网站使用鲜艳的色彩搭配冲击并吸引着浏览者的眼球。网站从总体上分五大主体：专题知识、道路安全素材库、合作机制、热点话题、研究报告。通过分类可以满足不同人群的特殊需求，诸如教师可以从素材库中下载交通安全相关知识；普通网民可以通过点击热点话题对常见的道路交通安全知识进行了解；学者也可以通过研究报告获取相应统计数据和分析。因此，网站不仅只针对受教对象，同样也适合宣教者获得相应的知识和素材。这无形中增加了交通安全知识的宣传方式并且扩大了宣传范围，这样的理念和思路值得我们去总结和学习。

**3. 英国 Think！网站专题模块设置**

英国 Think！网站给我们一个很好的示范，对典型事故即事故率较高的问题进行专题分类介绍。具体来说，Think！网站列举了9个专题模块，分别为摩托车驾驶、速度、酒后驾驶、道路的故事、安全带、药物驾驶、移动电话、骑马驾驶、疲劳驾驶等。

**4. 网站知识点表达形式**

每一个模块均由事实（交通事故统计数据）+法律规定（处罚后果）+Think！的建议+视频描述四块内容构成，给予网页浏览者一个全面的了解和分析过程。通过这样的设置告诉不同人群典型事故的发生根源及危害性，最后，告诫如何去避免或者减少类似事故的发生以及处理方式。

**5. 交通安全知识素材库**

针对不同人群的知识传播，道路交通安全素材库 Think！网站是最具特色内容。传统思维认为网站的适用对象就是交通安全的受教者，即不同的驾车人、行人、乘车人。往往规避了教育者或宣传者对交通安全知识的需求。Think！为所有渴望成为或者已经成为交通安全的宣教者提供了丰富的素材库，并进一步细分了老师、家长、孩子三种角色。以老师为例，点击进入老师模块，网站会告诉老师如何制定针对不同年纪孩子关于交通安全的课程框架、目标及教育大纲。老师通过网站可以自主下载相应的信息并且也可以推荐学生和家长进行网页中知识的学习，相对于传统的大规模宣传，节省了大量的人力、物力和财力，并且交通安全知识可以得到持续的学习和回顾。

**6. 少儿交通安全游戏——富有特色的少儿交通安全宣传**

游戏是孩子最喜欢的活动之一，利用这个特性，Think！开发适合少年儿童的交通安全知识普及游戏，让孩子在游戏的过程中学习交通安全基础知识，例如如何过马路，骑车、坐车应该注意的事项。Think！网站开发了几款有趣、生动、真实度高的动画游戏，丰富的画面可以深深吸引孩子的注意力，在游戏的同时，又可以对交通安全知识进行了讲解。结束游戏后，孩子对于游戏中的仿真动画留有深刻的印象。该法可以培养孩子正确的交通习惯，影响孩子的交通行为。

英国的道路安全重点在教育、工程和执法三方面。他们认为，道路安全教育应该重点放在特定的人群和问题上，并找出不同的解决办法。就儿童而言，主抓的课题可分为行人的培训、骑自行车人的培训和骑摩托车人的培训三个方面，并逐步建立起机制。教育学生学习如何识别危险情况，如何作出正确判断，中学生还要学习如何确认安全的道路和安全的出行工具。同时，还有通过戏剧表演进行安全教育。由专业演员演出有关交通安全的节目，并鼓励学生加入演出，以此增长他们的经验，改变社会及个人的态度和行为。对不同年龄段儿童的教育，他们有不同的手段和内容。

对 6 岁以下的儿童，主要进行乘车安全教育。宣传方法包括：向家长发放宣传小册子；通过互联网站、电视广告、杂志等媒体刊登或播放提醒儿童注意乘车安全的内容。对 7～10 岁儿童，除进行乘车安全教育，增加了行路安全和骑自行车安全的教育内容。宣传方法是通过电视广告、给家长发宣传小册子和通过互联网站、杂志等媒体，用生动的图片宣传交通法律、法规。对 11～16 岁儿童的教育，除以上内容外，增加了电影广告、海报和电台广告等内容。

对成年人的交通安全教育，他们的重点是：控制车速、酒后不开车；不疲劳驾驶；开车禁止打手机；开车系安全带；骑摩托车的安全等。宣传方法：电视广告；电影广告；互联网站；海报和电台广告。宣传经费依靠赞助商赞助，赞助商以组织橄榄球、足球比赛和超级自行车赛等方式筹措资金。

## 三、环境道德安全教育

英国是世界上最早实行环境教育的国家之一。经过多年的关注、研究与探索，积累了相当丰富的经验。顺应时代的变迁和教育的革新，英国不断赋予环境教育多学科的视角与新的寓意。聚焦于道德教育领域，英国视环境教育为道德教育的精神食粮和宝贵资源，着力洞悉、深掘环境教育在道德教育中应有地位与切实作用，彰显与印证环境教育在个体良好道德品质塑造和社会道德进步中的功效。于是，环境教育在英国道德教育中的价值与寓意日渐凸显。与此相适应，环境教育便成为英国道德教育的重要途径与有效形式。

按照英国环境学者的观点，环境与道德息息相关。对环境和环境教育的研究，不仅有利于解决环境问题和促进可持续发展，而且还可回答与解决道德、道德教育中的基本问题，深化道德教育研究，在道德教育中具有重要的价值与寓意。

### （一）环境教育是道德教育范畴的有机组成部分

在英国，环境问题与道德问题密不可分。甚至有人主张，环境教育实际上就是道德、道德教育的拓展和延伸。环境教育的内在特质就是尊重自然、爱护自然、保护环境、美化环境，促进环境的良性循环和可持续发展。进行环境教育，加强环境污染的防控和治理，是真、善、美的鲜明表征，肆虐环境和破坏生态平衡，是假、丑、恶的集中体现。人类在环境教育上所做的一切努力，诸如珍惜自然资源、与自然和平相处、树立合理利用和公平享用资源的意识、形成保护环境的态度和行为等，既是对自然界和生态环境"讲道德"的过程，也是培养公民的环境素养，唤醒个体的道德意识和生态良知的过程，符合道德教育所期望的预先设想和规定，与道德教育的价值取向一脉相通。进一步讲，环境教育具有道德的意义，进入了道德的领域和范畴。英国的环境教育反复强调，提出并倡导人类对自然界承担应有的道德责任和义务，是人类道德的进步和深化，是道德教育内容的充实和更新，同时丰富了道德教育的素材，不仅环境知识教育和环境法规教育中包含了道德的因素，而且尤为重要的是，环境道德教育本身就是道德教育难以割舍的有机组成，如尊重环境存在的价值、善待自然、敬畏环境、生态公正、协同合作、建立人与自然的互惠共生纽带、维护人与环境协调发展的道德关系等。

（二）环境教育为道德教育的健康运转提供了优化的生态环境和社
会环境

英国的环境教育认为，环境是道德活动和道德教育的阵地，是人们实践道德行为和养成良好道德习惯的舞台。环境的优化状况，关系着道德教育任务的达成和目标的实现，关乎人的道德品质的形成和培养。但是，于道德教育而言，环境本身是个中性词，并没有被赋予天然的褒贬之分。道德教育依赖的生态环境和社会环境，既可成为道德教育发展的"绊脚石"和"短板"，阻滞或中断道德教育的发展步伐，亦可为道德教育理论升华和实践前行的补充资源和传输养料，助长和加速道德教育的发展进程。唯当进行环境教育，尊重自然界存在的权利，重视生态环境和社会环境的价值，才可消解潜隐或显在的危害道德教育健康发展的环境因素，为道德教育的生存系统提供必要的外部保障和有力支撑。反之，如果漠视环境教育，无视环境教育的道德价值，则必然自食恶果：资源的匮乏导致人与自然的关系恶化，人类中心主义的膨胀带来人的精神家园荒芜，这些必然威胁人类延续和道德发展的基础及可能性，直至毁灭人类文明和道德标准，最终毁灭人类自身。

（三）环境教育有利于培养个体的质疑精神和道德批判意识

道德教育的发展历史证明，没有怀疑与批判精神，道德教育就丧失了生机与活力，道德的进步亦无从谈起，其在道德教育中的价值自是不言自明的。英国的道德教育重视调动学生的积极性和主动性，鼓励学生质疑、发问与批判，培养学生敢于问难、大胆质疑、勇于探究的勇气和反思精神，开发学生的创新潜能，促进个体道德能力的发展。为此，英国的教育工作者不断创设利于培养个体质疑精神和道德批判意识的机会或条件，开辟学生"质疑、批判、争论和揭露"的场景，而"环境教育是一个优先的领域"。

（四）环境教育和道德教育肩负着共同的道德使命

在英国，保护环境，维护生态平衡已经成为每个公民重要的道德职责和历史使命，"需要用积极的教育方式去鼓励人们对自然环境的把握和理解，从而使每个公民都具有责任感"。近年来，全球性环境问题层出不穷，给世界各国的道德教育提出了新的挑战与要求。树立全球性的环境道德意识，丰富生态道德教育的内容和形式，遏制污染和破坏环境的劣行，是道德教育义不容辞的职责。英国号召全世界人民关注人类生存和发展的生态环境，善待和合理开发环境资源。由此，英国将关心环境、爱护环境和有效保护环境，视为人类社会的普世伦理或全球道德，看作环境教育和道德教育共同的责任和使命，并认为只有加强环境教育和道德教育的融通，发挥合力，才有望取得积极效果，实现环境教育和道德教育的双赢。

## 四、环境道德教育的措施

英国重视通过环境教育的形式和措施提高道德教育的实效性，时刻捕捉和充分挖掘环境教育中的道德价值，并在以下几个方面进行了有益的尝试与探索。

### （一）引导个体树立环境教育特别是环境道德的价值理念

英国的环境教育不仅要求教育工作者具有环境意识和科学的环境价值观念，而且还要求他们将这些因素传授给受教者，引导年轻一代将对环境单一、零散、机械、静态的认识，上升到较为全面、系统、深刻、动态的认知，树立保护环境的意识尤其是环境道德观念。主要包括：营造环境氛围的意识，绿色消费意识，可持续发展的道德观念，人与自然协调一致的伦理观，环境道德价值意识，环境道德责任意识，善待万物和尊重生命、关爱人类的情怀，治理环境、做环境的主人的意识等。经过广泛宣传和积极倡导，这些观念和意识深入英国人民之心，所取得的成绩有目共睹。

### （二）通过各学科实施环境道德教育

在各学科中进行环境道德教育，充分发挥各学科中的道德教育功能，是英国环境教育的重要特征。一如英国前国家课程委员会主席 D. G. 格雷汉姆（D. G. Graham）所指出，环境教育对每个学生的课程是必不可少的，它有助于提高其环境观念，引导其关注并积极参与解决环境尤其是环境道德问题。环境道德教育中的许多环境知识与道德要素，都可以通过课程的各个科目讲授出来，因此，"课程设计务必使学生了解他们的生长环境。"

### （三）在环境教育中陶冶学生的道德情操

在环境教育中对学生进行道德情感的陶冶，是英国用以提高道德教育效果的一个重要手段。英国的环境学家认为，道德不是教来的，而是感染来的。

在英国的环境教育中，并不是强调学生死记硬背环境知识和生态道德准则，而是尊重学生的态度和情感，通过陶冶个体道德情操，让学生从内心深处理解人与社会、人与自然的关系，培养他们关心自然、热爱自然、对自然负责的道德品性。

### （四）强化环境教育的综合实践活动

道德的本质是实践的。实践、活动与交往既是个体道德形成的基础因素和前提条件，也是道德教育持续推进的不竭动力和力量源泉。英国坚持密切联系学生自身的生活和生存环境的原则，通过校外、户外的综合实践活动进行环境教育，增进学校与自然、社会的广泛联系与密切合作，引导学生综合利用已有知识能动地探究自然，强化他们对环境的实际领略与体验，掌握保护环境的知识和技能，形成环境道德人格。

## 五、法制安全教育

公民教育是英国中学阶段法定必修科目。英国的学校法制教育融入公民教育课程之中，且被置于首要位置，其在教学内容的选择上侧重于与公民身份密切相关的法律，强调其对于公民意识养成的重要意义；教学方式灵活多样，尤以主动参与式教学最受欢迎。

### （一）英国学校法制教育的对象和内容

英国学校并不存在独立的法制教育课程，法制教育只是作为其公民教育课程内容的一个重要组成部分。2002 年英国政府通过立法规定，自当年 9 月起，公民教育作为中学阶段的必修科目，在小学阶段则为非法定教学科目。法制教育的内容在不同阶段有不同的体现。

**1. 小学阶段**

根据英国资格与课程局 1999 年发布的《小学国家课程指南》，小学第一阶段（Key Stage 1，5～7 岁）公民教育的教学内容并不涉及法律。第二阶段（Key Stage 2，7～11 岁）公民教育的教学内容涉及法律，但较为概括，具体包括以下三个方面的内容：①为何要制定法律和规则，法律和规则如何制定、如何执行；为何在不同情境下需要不同的规则。②认识到实施反社会行为或攻击性行为（如恃强凌弱、种族歧视等）的后果。③个人在家、学校和社会中拥有不同的权利、义务和责任。

**2. 中学阶段**

根据英国资格与课程局 2007 年发布的中学阶段新的《国家课程指南》，在中学第一阶段（Key Stage 3，11～14 岁）和第二阶段（Key Stage 4，14～

16 岁）的公民教育中，需要学生理解的关键概念是相同的，即民主与正义、权利与责任、同一性与多样性在英国的和谐共生。这三个方面均不同程度地涉及相关法律知识及法制观念的培养问题，但在具体的教学内容上两个阶段则有所不同。

在中学第一阶段公民教育中，涉及法制教育内容的有以下三个方面：①政治权利、法律权利和人权、公民责任；②法律和司法制度的作用及其与青年人的关系；③议会民主与政府的主要特征，包括投票与选举。在第二阶段公民教育中，涉及法制教育内容的有七个方面：①政治权利、法律权利和人权，在不同环境下享有的自由；②刑事法律、民事法律以及司法制度；③法律的制定及其程序，包括议会、政府和法院的工作程序；④公民参与民主选举的程序以及如何影响国家或地方决策；⑤英国议会民主制政府的运行；⑥在英国，各种权利和自由（言论、结社、投票等）的发展及为争取这些权利而斗争的过程；⑦消费者、雇主和雇员的权利和责任。

在英国，目前虽然也有很多人建议，并且已有一些机构在进行针对 16～19 岁青年人的公民教育，但从总体上看，在高等教育阶段不存在统一的公民教育课程。因此，亦不存在普遍开设的法制教育课程。

（二）英国学校法制教育的形式与方法

由于法制教育是公民教育课程内容的一部分，因而法制教育的方法亦即公民教育的方法。英国教育与技能部规定对公民教育采用"轻触式"（light touch）教学方式，即允许学校有很高的自由度来选择施教方式，不规定统一模式。学校可以采用单独授课、嵌入其他课程中授课、设置专门的"公民教育日"以及综合采用以上方法等方式，并且可采用有组织的活动形式，鼓励学生参与。英国学校在实践中主要采取了以下三种教学方法：

（1）将公民教育作为独立的授课单元，单独安排时间进行，但由于学校原有的课程安排本来就已经很拥挤，因而很多学校难以做到这一点。

（2）将公民教育的内容嵌入其他课程（如历史、地理甚至数学课）中进行。此方法解决了由于学校课程繁多，难以为公民教育课挪出专门的时间和空间之难题，这也是课程指南中推荐的方法。但在实践中，并非所有的教学内容都可以在其他科目中找到适宜的嵌入点。

（3）主动参与式。即通过由学校或社区组织的活动对学生进行公民教育。有的学校将公民教育渗入学校的日常生活中，学生可以积极参与学校的各项活动和管理事务并发表评论，甚至可以使之发生改变，该方法被称之为"全校式"教学法（whole-school approach）。此种教学方式很受欢迎，但许多学校难以为学生提供有意义的参与机会。在实践中，许多学校都会综合采用多种教学方式。有调查显示，采用综合教学法的往往比仅采用某一种教学方式的效果要好一些。

## （三）英国学校法制教育之实践教学

### 1. 治安法院模拟审判竞赛（Magistrates' Court Mock Trial Competition）

这是由英国公民教育基金会（Citizenship Foundation）开展的一个项目，旨在以一种创新且令人振奋的方式向学生介绍法律制度，并使他们有机会亲身体验司法过程。该项目在英国已经连续开展 20 年，每年有超过 4500 名学生以及 800 名治安法官涉入此项竞赛。竞赛每年举行一次，面向英格兰、威尔士和北爱尔兰公立中学第一阶段的学生，由学校组队参加。在比赛前，学校会收到一份《竞赛指南》，介绍比赛所需的有关法律知识及刑事司法制度知识、案件内容等，并可安排参观当地的治安法院，在条件允许的情况下，会有治安法官到学校进行指导。比赛时，由学生担任案件中的当事人、律师、证人、法官等角色，在治安法院举行开庭审理活动，来自不同学校的代表队分别作为案件中的控诉方和辩护方进行对抗，由治安法官等法律专业人士对学生们的表现进行评判。

学生通过参加此项竞赛，可学习、理解和实践中学第一阶段所涉及的法制教育内容，并能培养他们的研究、讨论、公开讲演、分析、沟通、团队合作等能力。

### 2. 刑事法院模拟审判竞赛（Bar National Mock Trial Competition）

这也是由公民教育基金会开展的项目，并得到了英国各地律师协会的资助与支持。该项目已连续开展 20 多年，每年约有超过 2000 名学生、300 名律师以及 90 名法官涉入此项竞赛。

该竞赛也是每年举行一次，面向全英国所有公立中学第二阶段的学生，由学校组队参加，并分为区域预赛和全国决赛两个阶段。其过程与治安法院模拟审判竞赛相似，在竞赛中，由学生担任律师、证人、法官和陪审员等角色。每一参赛队参加两起刑事案件的审判，作为案件的控诉方或辩护方，与其他参赛队在庭审中进行对抗。比赛在刑事法院进行，由法官和律师对学生的表现进行评判。学生通过参加此项竞赛，可学习、理解和实践中学第二阶段所涉及的法制教育内容，了解有关人权、责任、司法制度等方面的知识，并能培养他们分析道德问题与社会问题的能力。

### 3. 校园律师（Lawyers in Schools）

这是一个志愿项目，始于 1999 年，英国公民教育基金会作为联系该项目的桥梁，让参加该项目的律师事务所与学校结成合作伙伴关系。律师们走进课堂，与学生一起探讨法律问题，帮助学生理解有关法律法规，内容涉及劳动法、人权法、青少年司法、司法歧视、家庭法等诸多领域，帮助学生完成对中学第二阶段有关法制教育内容的学习。活动主要采取小组讨论的方式，以引发学生的思考与辩论，鼓励学生表达和论证自己的观点，培养他们的自信和批判思考的能力。同时，可以将一些有趣的法律问题带进课堂，使法律法规与学生的日常生活紧密相连。

志愿参与的律师则可借此洞察学生的生活，了解本地区存在的社会问题，并使自身的表达、沟通和倾听的能力得到锻炼和培养，促进职业技能的提升。对于律师事务所来说，则可实现其企业社会责任，改善公司形象等。当前，已有 20 多家律师事务所参加了这项活动，并与全英国的数千名学生进行了合作。

**4. 地区校园律师（Local Lawyers in Schools）**

因校园律师项目的成功，公民教育基金会开发了地区校园律师项目，帮助那些愿意为本地区的发展有所贡献的中小型律师事务所与当地学校建立合作关系，其运行模式与校园律师项目相同。

● 链接：英国卢卡斯环境教育模式

对于现代环境教育的内容，时任英国伦敦大学英王学院院长的卢卡斯教授于 1972 年提出了著名的"卢卡斯模式"。1974 年，英国学校委员会采纳了卢卡斯模式作为中小学环境教育的理论框架，英国中小学环境教育的课程开发与实施始终以这一模式为理论依据和基本指导原则。遵循这一模式，英国环境教育的内涵主要体现在三个方面——"关于环境的教育"、"通过环境的教育"、"为了环境的教育"。

"关于环境的教育"是向受教育者传授有关环境的知识、技能以及发展他们对环境的理解力。通过习得与理解这些知识，培养学生欣赏环境的态度，从而使得学生愿意去关心和保护环境。环境教育的内容体现在各个学科中，贯穿于中小学课程体系，与环境教育有关的各种问题、主题都融入到各个学科中，尤其在科学、社会、技术、地理和历史等学科中。其中，科学课程是对环境教育内容的综合体现；地理课程可以帮助学生理解各国的空间、资源和行为方式；历史学可以帮助学生理解环境是如何在人类活动及自然演化的作用下形成的，学生可以运用历史学的方法，来分析书面材料和实际遗留物，从中找出自然环境长期变化的线索。

"通过环境的教育"是在现实环境中进行教育的具体的、独特的教学方法，它将环境本身视为有效的学习资源，允许学生在真实的活动中发展知识和理解力，培养学生的调查、交流和协作等能力，从而激发学生的环境情感。这种实际参与、实际做的过程是正规教育中保证环境教育取得成效的最重要的形式之一。不少学校的主要做法是带领学生走出教室，实地感受和理解环境，例如，通过开展栽种植物、照料动物、记录天气、访问公园与农场、参观博物馆和考古遗址等活动，来促进环境教育目标的实现。

"为了环境的教育"是以保护和改善环境为目的而实施的教育，涉及环境价值观与态度的培养。所强调的是学生价值观与态度的培养，注重发展儿童对环境有见识的关注，根本目的是使每个学生发展个人的环境理论，通过鼓励和引导，使学生树立对个人与环境负责任的态度和价值观。"为了环境的教育"鼓励学生培养自己的价值观，引导自身做出保护环境的行为，并注重学生开阔胸怀的形成，使学生能够尊重他人的观点和信念。

"卢卡斯模式"将掌握有关环境知识和技能，重视环境过程和方法，形成环境情感、态度和价值观作为环境教育的内在规定，逐渐成为英国环境教育的主流模式。

# 第三节　日本环境安全教育

## 一、信息安全教育

日本信息安全教育的主要特色是：站在信息科学的高度，注重培养学生的信息应用能力；将计算机网络技术包容在信息科学中；重视中小学信息教育，小学阶段以信息技术在各课程教学中的应用为主，初中在"技术·家庭"课程中安排"信息基础"教学内容，高中则开设专门的"信息"必修课；注重学校信息技术设施与资源建设。

### 1. 日本信息社会的主要特点

信息化是日本自经济稳定增长以后，社会发展的一个重要趋势，即由大众消费化社会向高度信息化转变。而信息化的实现，是以新技术革命为物质前提的。这场新技术革命的最重要的特征是：以微电子计算机和信息产业为中心，情报、通信、机械三位一体。日本信息社会的主要特点有三：一是微电子计算机的应用与普及，是信息社会技术基础；二是信息产业的规模日益扩大，使生产的发展和生活的提高越来越多地依赖于信息；三是以新的信息媒介为主体的信息通信系统的建设，促进了信息化社会的高度发展与成熟。

### 2. 日本信息安全教育的政策与举措

1984 年，日本社会教育审议会广播教育分会发表了《微型计算机教育应用选修课程标准》，1985 年又总结为《关于微型计算机在教育中的应用》，并将其作为普通学校计算机教育的基本方针，由文部省（即教育部）首次公布。1985 年，日本临时教育审议会提出，教育要适应信息化社会发展的需要，并提出了在小学、初中和高中开展计算机教育及使用计算机进行学习指导的基本思想。1986 年 4 月，日本临时教育审议会提出，要在学校教育中培养学生的"信息活用能力"，强调要把"信息活用能力"摆到与"读、写、算"同等重要的位置。1987 年 12 月，日本教育课程审议会在报告中提出：从培养能够自主地适应社会信息化的基本能力这一思想出发，培养学生的信息理解、选择、整理、处理和创造等必要的能力，以及运用计算机的手段和态度。1989 年 4 月，日本颁布并开始实施《学习指导要领》（即"课程标准"），提出在高中阶段开设"信息"必修课。1990 年，日本文部省提出了一项九年行动计划，拟为全部学校配备多媒体硬件和软件，并且让老师掌握多媒体先进技术，并在教学中灵活应用。1991 年 7 月，日本文部省公布了《信息教育指南》文件，使日本中小学信息教育发展更加科学化。1992 年，日本文部省在报告中强调学生要掌握运用多种多媒体技术的能力。1996 年 7 月，日本中央审议会在题为"展望 21 世纪我国教育"的报告中，提出了推进教育信息化的四项策略，为教育信息化发展提供了具体的方法支持。1997 年 10 月，日本"适应信息化发展的初等中等教育中有关促进信息教育的调查研究协力者会议"组织经过一年的讨论，提出了日本信息教育的三大目标，即信息运用的实践能力、对信息的科学理解和参与信息社会的态度。

1998 年 12 月，日本文部省公布了小学、初中学习课程新标准（the New Standard Course of Study），于 2002 年 4 月开始实施。1999 年 3 月，又公布了高中学习课程新标准，于 2003 年 4 月开始实施。

1999 年 12 月，日本政府制定了《教育信息化实施计划》。该计划旨在通过加强基础教育中的信息教育，推进全民信息教育，全面提高日本国民的信息素质。该计划明确提出，到 2001 年末，所有公立中小学都要联网；到 2005 年，中小学的所有科目都应能开展计算机网络教学，所有学生都应具有利用计算机开展学习的环境。为实现上述目标，该计划还制定了一系列政策与措施：为所有学校配置计算机；为公立学校教师每人配置一台计算机；为所有学校联网；制定校园网低收费政策；加快高速网相关设备的研究和开发；对所有教师进行计算机知识培训；建立学校计算机教学的管理体制；推动相关团体和企业对教师、学校给予支援；动员学校所在地区和民间企业支援计算机教学；完善计算机和因特网维护机制；政府部门和民间合作开发高质量计算机教学软件；产学研合作建立网络研究体制；建立"全国教育信息中心"。

日本信息安全教育的做法，具有如下四个方面的意义：一是使信息教育课程设置规范化。可避免目前信息教育课程名称和课程设置比较混乱的状况。二是使信息教育课程设置科学化。站在信息科学体系的新高度对课程内容进行重构，能有效避免目前知识与技术零散堆积的现象。三是使信息教育课程设置多样化。新的"信息学"课程有一个统一的总目标：通过对运用信息及信息技术的知识与能力的学习，培养学生对信息的科学见解与学习思维方式，使学生理解社会中信息及信息技术所产生的作用和影响，培养主动适应信息时代发展的能力和态度。四是使信息教育课程设置个性化。每个高中学生都可根据自己的兴趣爱好、知识能力特征和发展方向自主选择某一科类的"信息学"课程加以学习，能避免现有教学的一刀切现象。

**3. 日本信息安全教育的表现**

日本信息化社会的发展，对整个日本社会都产生了巨大的影响，对教育亦是如此。教育在适应日本信息化社会发展上，也可以说是教育信息化的现状，主要表现在如下几个方面。

1）建立教育信息流通系统

首先，建立关于教育信息的组织结构。现在日本国家，高等教育机构的学术研究组织共 1155 个、初中等教育研究组织 92 个、都道府县教育研究组织 420 个、各学校非正式研究团体 100 多个。由这些组织主办的公开发行报纸有 13 份、出版的教育杂志有 170 多种。这些组织与出版物，对各教育机构之间的信息交流、传递、管理、处理和利用，以及对全国性的教育信息系统的建立，起着主导作用。其次，建立关于教育信息流通网络。自信息社会到来以后，日本开始注重建立全国性的教育信息流通网络，大致可以分为国家、地方和学校三级。此外，还有产学合作展开教育信息的研究交流。

2）学校中进行信息处理教育

为了搞好学校的信息处理教育，自 1974 年起，文部省每年都以教育行政人员、研究人员、教师为对象，举办短期的教育信息处理讲习会，以便提高教育工作者对教育信息重要性的认识，并从实践和应用的角度，使之掌握信息处理的知识和技术。另外，日本各地还有 32 个信息处理教育中心，供进修教师学习、研究和实习。

3）开发与信息产业发展有关的学校教育

自 20 世纪 70 年代末以来，学校开发与信息产业发展有关的教育发展迅猛，学校数比成立之时增加了近 2.5 倍。从课程类型上看，分专业、高中、一般三种课程，这是与不同年龄阶层的不同教育目的相适应的。从专业设置上看，与信息产业对口的课程占绝大多数，而且在就学人数和就业率上也都高于大学。所以说，它的出现，是适应了社会信息化转变的趋势，也不能不说是教育信息化的一个特征。

## 二、交通安全教育

到日本不论是观光还是留学或是公差，不论是乘车还是步行，日本的马路标志总是让人过目不忘，特别醒目的马路标志，也能折射出这个国家的文明程度。在数十个日本大中城市，不论是四车道还是两车道，或是居民区的小巷，凡是有路的地方，马路标志都很明了，让驾车人远远就能一目了然，让步行者进退自如。在路口和路面不时有明显的文字标志，如：步行街、自行车道、徐行等。其他各种交通标志也都是清晰可见，如常用的标志有：慢行、禁止车辆入内、禁止通行、单向通行、不可停放车辆、禁止步行者横穿、自行车专用、步行者专用等。可以说日本的交通安全是让马路标志说话，保证交通既安全又快捷。

日本何以有如此好的交通？交通安全一是靠国家设立健全的法律，政府对基础设施的完善和维护，媒体对安全驾驶的宣传；二是靠驾驶者提高自己的驾驶素质，安全文明驾驶；三是需要行人、非机动车也严格遵守交通规则。日本为了有效地改善道路交通安全，建立了道路交通安全的八大支柱，其主要目的是全方位地降低交通安全的潜在风险，最大限度地改善交通安全状况。这八大支柱具体如下。

（1）城市道路结构的改善：改进学校附近等地区的人行道等基础设施；设置更多的人行道；评价事故黑点；增加 ITS 技术应用。

（2）普及交通安全思想：推广"参加·体验"类型活动；对高龄驾车者普及安全教育；加大对后部座席使用安全带的宣传；促进社区居民对道路交通安全活动的参与。

（3）确保行车安全：对高龄驾驶员进行特殊的驾驶培训；普及汽车内数字化记录设备。

（4）确保车辆的质量安全：开发并推广安全性较好的车辆；改进国家车辆回收制度。

（5）道路交通秩序的维持：推广自行车的使用并取缔相关限制；强制取缔"暴走族"。

（6）加强紧急情况下救助救援设施：完善和发展救援人员的培训工作；升级并扩充警报系统；推广救护车和直升机的使用。

（7）为道路事故受害者提供合理的补偿：支持对交通损害提出的合理赔偿要求。

（8）强化道路安全的调查研究和分析：加强对安全驾驶行为研究；加强对道路事故原因的综合分析。

日本也加强了国民的安全教育，在学校中也设置相关课程。日本的交通安全教育从幼儿就开始了，并制定了一整套系统的交通安全教育体系。

**1. 幼儿园交通安全教育**

对幼儿园的交通安全教育，其目的是让幼儿关注日常生活中自己身边与交通安全有关的各种事物，让幼儿养成注意安全的习惯和态度。为此，教师结合幼儿身心发展阶段特点和本地区的实际情况，有步骤地不断对幼儿进行各种安全教育。

**2. 小学交通安全教育**

在小学，以年级特别活动、学校范围的活动及体育活动为中心，开展交通安全教育活动，其重点为如何安全地在路上行走，如何安全正确地使用自行车，如何正确使用各种交通安全工具；其他交通规则的说明、解释更是反复灌输。

每年春秋两季都要举行交通安全运动，让学生掌握交通常识，并在学校举办交通知识讲座，使学生掌握交通事故的急救措施。在日本规定了步行者、汽车、摩托车和自行车等各自的交通规则。如步行者（行人）在没有人行道的道路上必须走在道路的右侧，而汽车及自行车必须行驶在车道的左侧。在步行者、自行车以及汽车之中，步行者优先。这种种的措施，使得日本的交通安全为世人瞩目。

### 3. 中学交通安全教育

初中的交通安全教育形式上和小学大体相仿，只是教育的内容和深度不一样。除了如何骑自行车等常规内容以外，还着重进行如何防止交通事故以及如何采取应急的措施等课题的教育。高中主要通过特别活动、学校范围的活动、学生会活动和体育保健活动，将交通安全教育贯穿于整个学校的教学内容之中。

### 4. 大学交通安全教育

大学生的交通安全教育是由各大学在有关团体的配合之下，针对大学生使用摩托车和汽车情况较多的特点，进行扎实的交通安全教育。这类安全教育活动大多以采用各种讲座形式为主，也有用配套的教材进行相关的教育，具体内容包括摩托车、汽车的性能，比高中生的更深入，主要让大学生懂得作为社会中人的生活和行为方式。

此外，日本同时针对成年人、老年人也有相对应的交通安全教育。

## 三、道德安全教育

日本民族是一个既善于吸收外来文化，又长于创造性地运用传统文化而不为传统限制的民族。日本社会的发展历程体现了对外来文化的吸收和对传统文化的继承。古往今来，日本大量引进、学习中国儒家思想和欧美民主主义思想，东西方思想、文化极大地丰富了日本民族薄弱的主体意识，成为其取之不尽的巨大精神财富。因此日本道德教育也包含了这样的特点。日本道德教育以东方思想传统为基础，在此基础上不断西方化，并得到了东西合璧创造性的发展。

自 1958 年 9 月起，道德教育被列为中小学校课程的一部分。人们感到，道德教育的实际效果远远不能令人满意，但人们还是力求达到道德教育的目标。一方面社会研究探讨外在的道德，而道德教育的这一特殊教育却涉及内在的道德。为此，作为文部省大臣的一个咨询机构的课程委员会于 1963 年建议，为促进道德教育，应进一步注重宗教观念和审美观。

然而进入后工业化社会（成就化社会）所带来的日本青少年的生活方式和人生价值观念的变化，直接威胁着日本经济大国地位的巩固和未来发展目标的实现。20 世纪 70 年代中期特别是 80 年代以来的日本青少年，生长在日本经济高速增长时期，没有经过战后初期的"磨难"，不懂得富裕生活的来之不易。环境的变化，涉世的不同，使他们与前辈相比价值观念明显发生了变化，主要表现在对待社会责任、生活、工作、理想的态度：①不求进取、胸无大志；②贪图享乐，对工作缺乏热情；③科技兴趣日趋淡漠；④集团主义观念淡化等。这一状况需通过道德教育予以改变。

此外，由于经济高速增长的副作用和能力主义教育的后果，日本的教育中自70 年代中后期尤其是 80 年代以来，青少年的不良行为、校内暴力、逃学、自杀等"教育荒废"现象已发展到相当严重的程度，成了各种社会问题中的核心问题，引起了社会和家长的广泛忧虑和不满。

近年来，人们感到有必要按照博爱或慈善的精神去制定道德教育的体制、内容和方法，以作为全部课程的核心。一般公众以及家长、教师联合会的成员一直建议，应该加强道德教育，因为他们所深为关切的不在于促进社会的物质丰富而是道德的恶化。

为日本面向 21 世纪的教育改革规定了基本目标原则和指导思想的"临教审"四次咨询报告中，贯穿始终的一个主题就是充实道德教育。为突出道德教育的地位，把战后长期以来的"智德体"的顺序改为"德智体"，以示重视，并就充实道德教育提出了建议。文部省于 1989 年对中小学学习指导要领进行了修订。这次修订以重视基础、发挥个性、培养爱国心和国家意识、加深国际理解、重视日本文化传统为前提，对道德目标、内容进行了充实。

20 世纪 70 年代中期以来日本道德教育改革发展的最突出之处当属方法方面的改革，具体体现在以下两方面。

第一，在明确道德课与其他教育活动的职能分工基础上，进一步加强道德课与其他教育活动中道德教育的交流与合作。在 70 年代末的课程改革中，明确了道德课的目标在于"培养道德实践能力"，所谓道德实践能力，是包括道德情感、道德判断力、道德态度和实践意愿的概念，与包含日常生活中的行为化、习惯化的"道德实践"不同。也就是说，道德课不包含习惯化，而专以通过提高判断力、丰富道德情感、提高道德态度和实践意愿，以培养道德实践为目标；道德实践任务则由其他教育活动和学校外活动来承担。明确分工，是为了更好的合作。在 1989年的课程改革中更加重视全部教育活动中的道德教育与道德课的教育指导之间的联系。基于道德教育只有以充实各学科、特别活动中的教育指导为基本，道德课的"补充、深化和统合"作用才能得到更有效的发挥，在本次课程改革中对特别活动、国语科，此外还有小学新设的生活科，按照有助于道德教育的思想，对内容进行了改革。为保证道德课的教学与其他教育活动中的道德教育之间的有机联系和密切配合，要求各学校必须制定道德教育全面计划。

第二，在构筑校内有机联系与密切配合的道德教育体制的同时，展开地域化道德教育政策，谋求建立学校、家庭、社区三位一体的道德教育体制。文部省于1975 年开始设置了"道德教育协同推进校"制度，以取代自 1963 年开始的"道德教育研究学校"制度，从而拉开了构筑地域化道德教育体制之政策的序幕。这一"道德教育协同推进校"制度的具体做法是，文部省指定同一市町村内的若干所小学和初中组成一组协同推进校，推进小学与初中之间相互合作以及学校与市町村地域密切配合的道德教育。文部省进而于 1984 年度开始在各道府县设置"道德教育推进校"（学校与家庭协作推进校），在学区内与家庭、社区的联系、协作下研究"学校内外一贯的道德应有状态"，在这些学校里设置由教师、家长等组成的"学校家庭协作推进会议"。这与 60 年代强调由学校来弥补由于家庭、社区的道德教育力量之不足的态度有着根本的不同。之所以如此转变，是因为他们认识到，学校道德教育有所能，亦有所不能；学生道德体验不足等问题是很难由学校来解决的。1996 年 7 月第十五届中教审报告所提出的"给学校减肥"的建议意义深远。

## 四、环境保护教育

自 20 世纪 60 年代第三次技术革命兴起以后，人类开始进入电子和原子能时代，物质文明飞跃发展，而生存环境则迅速恶化，环境教育的构想应运而生。

环境保护有赖于认知自觉，人的自觉有赖于切实有效的教育。长期以来，日本的中小学一直通过社会、自然科学、保健体育等课程，对学生进行适合其身心发展阶段的环境保护教育。

1989 年 3 月，日本颁布了新的学习指导要领，环境保护教育得到进一步充实。例如：在初中，通过社会课"公民"的教学，使学生理解防止公害、保护环境对于改善国民生活，增进国民福利的意义；通过自然科学的教学，使学生认识到保护自然环境的重要性，从而形成自然环境的意识等。

日本环境养成教育的对象首先是青少年，注重"从娃娃抓起"，强调要在一切相关的课程中结合环境教育。1985～1987 年中央教育审议会完成的 4 个教育改革审议报告对此有充分体现。报告指出，学前教育应对儿童进行自然、社会生活、卫生、健康、语言、音乐、手工等教育，而相关课程都要注意培养儿童"敬畏大自然"的心理素质，也要使儿童逐渐弄清人与自然的相互关系。强调在儿童幼小的心田培养"敬畏大自然"的根芽，可以说是抓住了对人进行环境养成教育的正确起点。

日本中小学的所有课程，无不密切结合环境和环境教育内容，务使学生明白人与自然和谐相处的重大意义，学会与环境有关的知识和技能，养成良好的环境习惯，培养强固的环境意识。以小学国语课本为例：每学年 2 册，6 学年共 12 册，册册都有日本和世界各地种种自然景观、物产资源、名胜古迹、风土人情、天象地质以及野外调查、资料整理、科学实验、诗文描写乃至联想思考环境问题等内容的课文，其数量一般都占每册书课文总量的三分之二左右。

日本各级各类高校，几乎全都开设"环境科学"这门课，内容包括天、地、海洋环境及各种污染的现象、原因、防治方法等，使学生强烈地意识到"保护环境人人有责"。进入 21 世纪以来，日本高校的"创业教育"蓬勃发展（目前已有约占总数三分之一的各类高校开展了创业教育)，有关环境方面的教育几乎被融入所有的学科和专业之中，有的还专门开设了这方面的课程。如著名的东京工科大学院（研究生院）"企业家创业研究方向"的专业课程中，不仅有"生命、环境等商务管理"这门专业课，而且在"企业规划论"、"经营管理论"、"商务宣传演示"等专业课和"战略经营"、"经济学"、"商事法律"等基础课中也都涉及环境保护问题。

日本之所以这样千方百计、倾心致力于环境保护教育，目的就是要培养并强化国民的环境意识，形成人人重视环境、人人爱惜环境的"环境保护型社会"，使环境更加安全、舒适，使人们的生活更加幸福、愉快。

## 五、日本学校环境安全教育内容

在日本，安全教育的内容包括生活安全、交通安全和灾害安全三个方面，在实施安全教育之际，日本学校从学生的身心发展年龄特征出发，具体规定了各个阶段的安全教育内容。

### （一）小学环境安全教育

生活安全：事故事件发生时的通报方法；犯罪受害的危险与安全防范；学校生活中的危险及安全防范；远足旅行、集体住宿时的危险与安全防范。

交通安全：步行、横穿马路时的危险与安全防范；穿越铁道线时的危险与安全防范；乘自行车时的危险与安全防范；积极开展建设交通安全社会的活动。

灾害安全：火灾发生时的危险以及安全的行动；地震发生时的危险以及安全防范；台风火灾、雷电等的危险与安全防范；对灾害准备工作的理解。

### （二）初中环境安全教育

生活安全：学校生活中的安全防范；运动会和体育活动中以及集体住宿中的危险与安全防范；避免受犯罪伤害及安全防范；学会防范利用手机或因特网进行的犯罪及正确利用手机、因特网的方法。

交通安全：正确理解与遵守交通法规；自行车的保养方法和正确的骑乘方法；利用公交手段时应注意的安全行动方式；交通事故的责任。

灾害安全：火灾发生时的危险以及安全的行动；地震发生时的危险以及安全的行动。

### （三）高中环境安全教育

生活安全：学校生活中的危险与安全防范；运动会和体育活动中以及集体住

宿中的危险与安全防范；避免受犯罪伤害及安全防范，发现犯罪行为时应采取的妥当行动方法；对通过手机和因特网进行的犯罪进行防范以及手机和因特网的正确利用方法。

交通安全：理解摩托车的特性和安全的使用方法；对暴走行为的妥当对应处置方法；交通事故的责任；对铁道路口处的危险性的认识及安全行动的方法。

灾害安全：对发生地震、海啸时的危险的认识及安全的行动；对发生风、洪水（雪）和雷电等气象灾害时的危险的认识以及安全的行动；对放射线的认识及原子能灾害时的安全行动；对发生火灾时的危险的认识及安全的行动。

日本的学校把班级当作开展安全教育的主要基地。每周的班会都是培养学生实际生活劳动态度，使知识技能转变为能力习惯，并养成自我教育能力的好机会。因此，在班会中，教师常围绕有关生活安全、交通安全及灾害发生时的安全防范、尊重生命、环境问题等设定一些主题，与学生开展谈话讨论，并采取多种形式进行安全指导。在指导时，教师还根据季节的情况（特别是在放暑假前），配合全校活动计划或者是抓住事故发生后的关键时机，以班级为单位进行指导，除了班会以外，在早会或放学前的终会上也很注意进行安全教育。

## 六、日本环境安全教育的启示

（1）在信息安全教育上，日本启示我们普及和推广教育信息化，仅仅依靠学校和政府的力量是远远不够的，必须调动社会各界的力量共同关心和参与。积极鼓励社会各界以适当的方式参与教育信息化建设和"校校通"工程的实施。

（2）在交通安全教育上，要解决我国的交通安全问题，最重要的措施之一就是加强公众的安全教育，提高公众对交通安全的重视程度，使公众在出行的时候，无论是处于驾车者的角度还是处于行人的角度，都能够提高警惕，尽量避免交通冲突的发生，以此来减少交通事故的发生。

（3）在道德教育上，要善于学习其他国家优秀的道德思想，为我所用。加强本国国民道德教育，提高国民素质。

（4）在环境保护上，日本给我们的启示是抓教育（包括环境养成教育）就是从根本上抓环境。此外，日本人在环境意识和环境作为方面，目前特别值得我们借鉴之处至少还有以下三点：其一，严格保护森林和植被。其二，积极推广"循环经济"，广泛利用"再生资源"，既保护环境，又变废为宝。其三，努力促进环境生活化、细微化，形成处处有环境、人人搞环境的美风良俗。

● 链接：日本环境教育法简介

2003 年 7 月 18 日，日本政府制定并颁布了《增进环境热情及推进环境教育法》（以下简称为《环境教育法》）。这个法律出台的根本目的在于推进环境教育，提高每一位国民的环境热情。这部法律表明了日本环境教育的基本理念、方针和措施。从世界环境教育发展史来看，日本是继美国之后世界上第二个制定并颁布环境教育法的国家，仅从这个角度讲，这部法律就具有极为重要的意义。为此本书拟就该《环境教育法》出台的背景作简要介绍，就法律条款的基本内容作原本翻译（因时间仓促如有个别术语用法不妥敬请纠正），并对法律条款的重点内容作简要解读。

日本《环境教育法》出台的背景可以简单概括为如下三个方面。第一，在日本，以防止全球变暖、保全与再生自然环境为首的环境保护课题依然堆积如山，要解决这些课题显然需要社会各界各层主体自觉从事环保活动；第二在 2002 年 8~9 月南非首都约翰内斯堡关于可持续发展世界首脑会议上，日本政府建议的"联合国·为了可持续发展教育 10 年"（2005~2014 年）提案正式被联合国总会通过从而使得日本推进环保人才培养的气氛日渐高涨；第三 2002 年日本环境审议会在关于《环境保全活动的活性化方策》中指出，日本的环境教育与环境学习依然不成熟，这主要表现在三个方面：各主体的自觉活动不充分；NPO 活动范围难以扩大各行政之间、各主体之间，尤其是各主体与学校之间的协作不充分。在这种背景下，日本政府认为，振兴环境教育为社会各主体提供体验环保活动的机会及环保信息以提高国民、NPO 企业等理解和参与环保活动的热情对最终实现社会可持续发展之目标是极为必要的。

该法律总共由 28 条内容及附则构成。这 28 条内容大体可以归纳为三个层面：一是环境活动；二是增进环境热情；三是环境教育。为便于理解和说明，本书将 28 条基本法律内容及附则归纳为如下十五款，并对重点内容进行了简单解读。

第一款　目的（第 1 条）

该法律的目的是，鉴于在试图维持健全、丰富的环境，发展有益于环境的健全经济，构筑可持续发展的社会（以下称"可持续社会"）上，企业、国民及由此组织起来的民间团体（以下称"国民及民间团体"）开展环境活动、增进环境热情及环境教育的重要性，本法律就环境活动、增进环境热情及环境教育规定了基本理念，明确了国民及民间团体、国家、地方政府的责任和义务，同时还规定了在增进环境热情及推进环境教育上策定基本方针等必要事项，以此确保现在及未来国民的健康文化生活。

第二款　定义（第 2 条）

在本法律中，所谓"环境活动"是指以保护地球环境、防止公害、保护及完善自然环境等环境保护工作（包含创造良好环境，以下简称"环境"）。

在本法律中，所谓"增进环境热情"是指提供环境相关信息、提供环境体验机会并给予便利，以加深对环境的理解，增进开展环境活动热情而开展的活动。

在本法律中，所谓"环境教育"是指为加深理解环境而进行的有关环境的教育及学习。

这款法律条文就"环境活动"、"增进环境热情"和"环境教育"这三个关键词的含义作了明确界定。

第三款 基本理念（第3条）

鉴于持续享受地球环境带来的恩惠，保护及养育丰富的自然，并构筑与此共生的社区，降低环境负荷，形成循环型社会的重要性，环境活动、增进环境热情及环境教育是为了尊重国民及民间团体等各主体的自觉意识，发挥构成社会的多样主体各自的切实作用，以构筑可持续社会而进行的。

鉴于通过森林、田园、公园、河川、湖泊、海岸、海洋等自然体验活动及其他体验活动，以加深对环境的理解和关心的重要性，环境活动、增进环境热情及环境教育是努力获得地区住民及构成社会的多种主体的参与和协作，并确保活动开展的透明性与连续性而实施的。在开展环境活动、增进环境热情及环境教育时，要考虑加深对培养、维持与管理森林、田园、公园、河川、湖泊、海岸、海洋等自然环境重要性的一般理解，要留意与国土保全等其他公共利益之间的调整，以及与农林水产业等其他领域产业之间的调和，同时还要注意维持与提高地区住民生活的稳定与福利，以及继承地区环境的相关文化与历史。

简要地说，本条款法律内容就增进环境热情及环境教育等确定了如下一些基本理念，尊重各主体的自觉意识，确保多种主体的参与、协作以及活动的透明性与连续性，深化对森林、田园、公园、河川、湖泊、海岸、海洋等自然环境重要性的理解，要考虑到与国土保护等公共事业的协调、与地区农林水产业等的调和、维护与提高地区住民的福祉以及要继承本地区有关环境的文化与历史等。

第四款 国民及民间团体、国家、地方政府各主体的责任和义务（第4条～第6条）

国民及民间团体等要努力遵循上述基本理念，积极主动开展环境活动及环境教育，同时通过增进人们对环境的热情来促进环境活动的有效开展，努力与其他主体开展的环境活动、增进环境热情及环境教育相协作。

鉴于伴随经济社会的变化，国民及民间团体等开展环境活动、增进环境热情及环境教育应发挥的作用日益重要，国家在遵循基本理念基础上策定与实施环境政策时，要注意试图与开展环境活动、增进环境热情及环境教育的国民及民间团体等主体之间的密切协作。

地方政府要遵循基本理念，并依据与国家在增进环境热情及推进环境教育上的切实任务分担，来努力制定与实施符合本地方政府区域内自然与社会条件的政策。

也就是说这款法律条文强调了在增进环境热情及推进环境教育上，国家、地方政府、国民及民间团体等各主体的责任和义务不尽相同，但彼此又是密切关联的，要相互配合与协调。

第五款　基本方针等（第7条、第8条）

政府必须制定关于增进环境热情及推进环境教育的基本方针（以下称"基本方针"）。

基本方针是深入理解环境活动、增进环境热情及环境教育动向后，就以下事项加以制定的：①关于增进环境热情及推进环境教育的基本事项；②关于政府在增进环境热情及推进环境教育上应实施的基本方针；③关于其他增进环境热情及推进环境教育的重要事项。

环境大臣及文部科学大臣必须制定基本方针，并要求内阁大臣会议作出决定。环境大臣及文部科学大臣在制定基本方针的事务中，就与农林水产省、经济产业省及国土交通省所管辖的相关事宜，要分别与农林水产大臣、经济产业大臣及国土交通大臣共同协商进行。

环境大臣及文部科学大臣在制定基本方针时必须广泛听取一般意见。

在内阁大臣会议作出决定时，环境大臣及文部科学大臣要及时公布基本方针。

要准备就上述基本方针进行变更。

都道府县及市街村要认真思考基本方针，努力制定与公布符合都道府县及市街村地区自然与社会条件的、增进环境热情及推进环境教育的方针与计划。

这款法律条文表明，国家有制定增进环境热情及推进环境教育基本方针的义务；地方政府有义务努力制定并公布适应地方自然与社会条件的增进环境热情及推进环境教育的方针与计划；在制定基本方针时除环境部门和教育部门外，其他相关部门也要积极配合。

第六款　学校教育和社会教育中环境教育的相关支持（第9条）

为了使国民顺应其发展阶段，通过所有机会加深对环境的理解和关心，国家、都道府县及市街村要就推进学校教育和社会教育中的环境教育采取必要措施。

国家、都道府县及市街村要努力采取措施，以充实环境体验学习等学校教育中的环境教育，提高环境教育相关教员的素质。

国家要努力采取措施，对都道府县及市街村制定的措施给予必要的建议与指导。

在采取上述措施及实施学校教育和社会教育中的环境教育时，国家要努力注意向都道府县及市街村提供有助于推进环境教育的信息等，并帮助他们广泛利用拥有环境知识与经验的人才。

国家、都道府县及市街村要努力就环境教育的内容及方法进行调查研究，并依据其结果对其加以改善。

这条法律表明，学校教育和社会教育是推进环境教育的重要环节，因此国家、都道府县及市街村要就如何推进学校教育和社会教育中的环境教育制定必要的实施方策，同时还要努力制定切实措施，以充实学校教育中体验学习，提高教员素质。

第七款　增进工作场所中的环境热情及环境教育（第10条）

企业及国民组织的民间团体（以下称"民间团体"）、企业、国家及地方政府要努力对其雇佣者开展必要的增进环境热情及环境教育活动，以提高他们的环境知识与技能。

国家、都道府县及市街村要努力向民间团体及企业对其雇佣者开展的增进环境热情及环境教育活动给予必要支援，要向他们提供拥有开展指导环境能力的人才，提供增进环境热情及环境教育的相关资料等信息。

第八款　人才认定等事业的登记（第11条～第18条）

进行主管省令规定的培养与认定拥有环境知识及指导环境能力的人才（以下称"人才认定等事业"）的国民及民间团体等，就人才认定等事业要接受主管大臣的登记。

欲进行上述登记者，依据主管省令的规定，必须将记载下列事项的申请书提交给主管大臣：姓名、名称及住址，以及法人等其他团体中代表者的姓名；人才认定等事业的内容；其他主管省令规定的事项。

主管大臣要收集、整理与分析国民及民间团体有关培养与认定环境人才工作的相关信息并提供结果。

主管大臣要努力开展环境人才培养指南的制作与提供活动的国民及民间团体的要求给予必要的建议。

第九款　完善国家在担当增进环境热情基地职能的体制（第19条）

为有效推进增进环境热情的活动，国家要努力顺应国民及民间团体和都道府县及市街村在开展增进环境热情方面上的要求，完善国家在担当基地职能方面上的体制。①收集和提供与国民及民间团体开展增进环境热情内容相关的环境相关信息与资料；②通过询问及征求意见，就环境人才培养指南等相关资料以及其他环境活动提出必要建议；③要为开展增进环境热情的国民及民间团体等相互之间的信息交换与交流提供机会并给予便利；④开展其他增进环境热情的活动。

都道府县及市街村要顺应本都道府县及市街村地区自然与社会条件，并依据国民及民间团体和国家在开展增进环境热情活动上的要求，努力完善国家在担当有效推进增进环境热情活动基地职能上的体制（以下称"完善基地职能"）。

国家要努力就都道府县及市街村进行的完善基地职能给予必要支援。

第十款　国民及民间团体等提供土地的措施（第20条）

国家要努力采取必要措施，促进土地及建筑物的所有者、以收益为目的拥有权利的国民及民间团体，自发地将其拥有的土地及建筑物作为自然体验活动的场所提供出来，以此作为适合于其他多数人的、与增进环境热情相关体验机会的基地。

第十一款 让人们知道协同工作的应有方法等（第 21 条）

国家要努力采取必要措施，使人们都知道协同工作的有效而切实的实施方法以及协同工作的协作方式（所谓协同工作是指两个以上国民及民间团体等主体，在切实任务分担且立场对等下，相互协力开展增进环境热情等环境工作）。

这项条款强调了两个以上国民及民间团体等主体共同了解协同开展增进环境热情等环境工作的有效实施方法的重要性。

第十二款 财政措施等（第 22 条）

国家及地方政府要努力在增进环境热情及推进环境教育上采取必要的财政或税制等措施。

第十三款 积极公布信息等（第 23 条）

为促进国民及民间团体参与增进环境热情等环境活动，国家、地方政府、民间团体及企业要积极公布与增进环境热情内容相关的信息等环境信息。

国家要努力收集、整理及分析前项信息，并提供其结果。

这项条文强调了，各主体都要积极公布与增加环境热情内容相关的环境信息，这有益于彼此相互沟通、交流与协作。

第十四款 注意等（第 24 条）

在实施基于上述法律的各项措施时，国家及地方政府要采取必要措施，注意不得妨碍开展增进环境热情及环境教育工作的国民及民间团体的自立性，同时要确保措施的公正性及透明性。

第十五款 附则

该法律从 2003 年 10 月 1 日起实施。关于人才认定等事业的登记等规定从 2004 年 10 月 1 日起实行。

该法律施行后 5 年为一个阶段，政厅要就法律施行状况等加以研讨，并依据该研讨结果采取必要措施。

# 第四节 澳大利亚环境安全教育

## 一、信息安全教育

2009 年 11 月 23 日，澳大利亚政府发布了《信息安全战略》。此份战略报告详细描述了澳大利亚政府将如何保护经济组织、关键基础设施、政府机构、企业和家庭用户免受网络威胁。《信息安全战略》明确提出信息安全政策的目的是维护安全、恢复能力强和可信的电子运营环境，从而促进澳大利亚的国家安全并从数字经济中最大限度地获取收益。

澳大利亚政府的信息安全战略目标主要是：让澳大利亚所有公民都意识到网络风险，确保其计算机安全，并采取行动确保其身份信息、隐私和网上金融的安全。让澳大利亚企业能利用安全、灵活的信息和通信技术，确保自身操作和客户身份信息与隐私的完整性。让澳大利亚政府能确保其信息与通信技术是安全的且对风险有抵抗力。

澳大利亚政府的信息安全战略保障重点包括：增强针对网络威胁的探测、分析及应对，重点关注政府、关键基础设施和其他国家系统的利益。

信息经济即以知识为基础的经济。因此，澳大利亚政府还十分关注高校信息教育问题。高等教育院校一直是澳大利亚推动信息技术发展的基本动力单位。在高级科研工作中，以及在领先技术和高质量的基础设施中，各大学都拥有高水平的技能。

澳大利亚信息安全教育采用大学与企业界合作的模式。大学与企业共同开发模块化的、灵活的教与学的资源，以支持终身学习。这种教与学的资源只适用于企业教育或在线教育，而不是为校园教育的目的开发的。一方面，越来越多的企业界人士认为，公共教育与培训部门对全部解决 IT 技术人员短缺的问题无能为力，因为确定某种"需要"要花费时间，确定了需要后再开发课程，然后让学生上课，这些都需要时间。这样，不仅时间过长，而且有些技术内容过于狭窄，不能解决现实问题，只好现场"现炒现卖"。另一方面，大学毕业生个人所需的技能以及对未来的劳动力所要求的技能等长期问题，只能靠教师、培训者和企业界人士之间的密切合作才能解决。大学与企业界以及各专业团体共同合作的目的是：①评估每种专业各自所需的技能与知识；②对可能获得专业学位认可的当前课程进行评估，并确保课程内容具有计算、信息的技术，比如确保信息系统拥有足够的资料；③开发出模块化的灵活的教与学的资源，以支持终身学习；④对当前的招生政策及其他限制进行评估和修改，以便有足够的毕业生参加学习。要把这些学生培训成具有设计与开发各种系统和技术能力的人。他们一旦具有这些能力，就能使澳大利亚在全球信息经济中立于不败之地。

利用信息技术现有的投资来支持澳大利亚的教育和科研部门，使之成为澳大利亚的主要出口产业是重要的。教育和科研现为澳大利亚的第八大出口业。能够获取信息并对信息进行公平交易，将为信息资源丰富的教育和科研环境打下良好的基础。

## 二、交通安全教育

澳大利亚和中国靠右通行的规则不同，车辆全部为靠左通行。不管是城市道路、高速公路，还是郊区公路、社区道路，都设立或画出了密集的交通标志。这些标志非常简洁、通俗易懂，如人行道就是两条腿走路的图案，给人一目了然的感觉。下面是一则澳大利亚墨尔本城市交通见闻。

踏上澳大利亚国土，给人的第一印象就是车多、人稀、路齐。墨尔本是澳大利亚第二大城市，维多利亚州的首府，人口444万，远不及上海的一个行政区，却拥有汽车300万辆，占了整个维多利亚州汽车总数的90%。整个市中心道路分为九横九纵18条主干道，呈网格状，对交通管理十分有利。道路上各种交通设施齐全、规范，所有车辆、行人均按交通标志、标线和信号灯行车、走路，根本无需交通警察路口指挥。一辆辆小汽车、面包车、集装箱大卡车川流不息，却几乎不见自行车，行人也很稀少。过马路的人等候在路边，像在排队购物，十分有耐心地等待着行人绿灯信号。各类汽车在通过绿灯放行路口时，全速前进，时速大多在80公里以上，根本不用减速慢行，也不必担心此时会有人乱穿马路。但一旦黄灯转红灯，情况就完全不同了。三条同向机动车道上的所有汽车全然停下，静候你过马路，当然你也不用担心会被汽车撞上了。

澳大利亚之所以有如此畅通的交通，全在于澳大利亚政府为加强交通安全所采取的一系列措施。

**1. 加强安全管理**

以维多利亚州为例，该州在公路工程中坚持道路安全战略，通过国家公路交通委员会、澳大利亚道路事故咨询委员会、澳大利亚公路局和联邦道路安全办公室等部门的分析，找出所有不安全因素，安排年度道路安全程序，以轻重缓急分步消除道路不安全因素。

**2. 完善交通法规**

对人为因素导致的道路安全隐患，通过完善交通法规来消除。如防止酒后驾车，研究药物对驾驶员的影响，并从小学开始到成人阶段进行安全教育，加强监控和监督，使人们将遵守交通法规变为自觉的行动。

**3. 提供安全道路和整治交通黑点**

改善道路安全性能、整治交通黑点是交通安全的关键，而这一点主要是设计者所要做的工作。

澳大利亚人的交通管理还是卓有成效的。通过交通安全宣传、教育、处罚、管理，维多利亚州的交通事故死亡人数得到了明显下降。在教育上从幼儿就开始系统的交通安全教育，值得我们借鉴。

**4. 加强交通安全宣传教育**

澳大利亚非常重视交通安全宣传教育，也从中收获了成效，其高度文明的驾车文化令人赞赏。交通安全宣传教育工作主要不是由警察承担，而是由路政局、交通事故委员会、交通运输局、警察局以及一些社会专业机构共同承担。这些部门始终传递这样一个理念，道路安全是每一个人的责任（Road safety, it is everyone's responsibility）。

澳大利亚、新西兰两国政府非常重视互联网宣传，许多公益广告片可以直接在网络上收看。交通安全网站主要和政府信息捆绑在一起。据两国相关部门介绍，通过国家十几年、二十几年的宣传和努力，公众会自觉地上网查看交通安全相关信息，并已经形成一种教育模式和文化氛围。在澳大利亚，有很多家长带领孩子一起上网站接受交通安全宣传教育，网站提供各种语言的版本，满足不同人群的需求。相关宣传资料和信息，公众可以在网站上查询、下载或购买。澳大利亚维多利亚州路政局的网站是一个成功的范例，该网站设计非常精良，路政局还经常通过回访、调查等方式，一方面评估网站是否取得实效，另一方面不断改进网站建设。

澳大利亚还积极保护容易受到伤害的群体。通过科研分析，澳大利亚政府把年轻驾驶人列为最危险的驾驶群体。而作为容易受到伤害的群体，孩子（学生）是交通安全宣传教育永恒的主题。为抓好这部分群体的交通安全教育，澳大利亚维多利亚州路政局专门设立"容易受到伤害的道路使用者"部门，负责对孩子和学生的交通安全教育。针对 0～13 岁的孩子，维多利亚州路政局联合交通事故委员会（TAC）、警察局、司法局、运输局、教育及幼儿早期开发局、机动车驾驶人协会及墨尔本公共交通联盟 8 个部门，编写了科学、细致的交通安全宣传教育资料。

此外，澳大利亚政府开展交通安全宣传教育的形式和手段丰富多彩，非常人性化。除了利用电视、报纸、网络等媒体以外，还有教育培训中心、宣传车、吉祥物等载体。澳大利亚在全国普遍建立了交通安全教育培训中心，培训中心根据学校的预约向孩子们开放。培训中心里有各种模拟设施，如过马路、指挥台等。维多利亚州的交通安全吉祥物"图图"（Thingle Toodle），形象非常可爱，深受孩子们喜爱。"图图"的形象印制在各种交通安全宣传资料上，它也经常走进学校，和孩子们一起游戏。

## 三、道德安全教育

澳大利亚是一个多元文化社会，它包容了许多文化、历史和传统。如何在体现不同文化之间的差异、在尊重不同文化思想的同时，将各民族、文化、种族更好地融合起来，曾在一段时期成为困扰澳大利亚政府的主要问题。最终，澳大利亚各界人士认为解决这个问题需要加强公民的道德教育，进一步提高全体公民素质。为此澳大利亚推出了公民道德教育。道德的本质在于实践，实践是培养道德的重要途径，也是检验一个人道德素质的最终标准。澳大利亚在小学阶段没有设置独立的公民道德教育课程，但将道德教育贯穿于整个学校生活中，并将其作为学校必须坚持的一个原则。这一原则并不要求教师在一切场合对学生进行道德说教，而是追求学校生活的道德性，力求使学生在学校生活中体验道德、内化道德。

根据儿童在小学阶段的心理和生理发展特点，道德教育的内容主要通过游戏、活动、讨论等教学活动贯穿于教学中。例如在过圣诞节时，为贫困家庭的孩子捐献玩具；向无家可归者捐钱等。在中学阶段，道德课纳入必修课，由专职教师授课，并参加统一考试。甚至有的私立学校还规定，如果不能在道德课考试中得高分，就难以在升级后被分到优等班。道德教育的授课方式在中学阶段更加灵活开放，教师在上课时不直接向学生灌输道德理论知识，也不强加给他们什么道德观点，而是在轻松开放的课堂氛围中鼓励学生自由发言，发表自己对某一行为或事件的看法。通过学生的各抒己见，倾听不同意见以及反复思考，最终产生一个更加客观的道德观念。道德教育在中学阶段的另一重点就是鼓励学生参与社区服务。学生通过走出课堂，走入社区，培养社区意识和助人意识，使道德认知在实践活动中得到升华。

同时，澳大利亚课外活动的种类很多，其中部分是因教学需要而组织的。这些活动包括各种学习小组，如文学、航模、生物等，还有各种体育队，这些活动一向很注意道德熏陶。比如，很多学校规定学生每周要游泳两次，划船航海两次，教师必须随其负责的项目进行组织辅导两次以上。中学生每年必须过一次野营军事训练生活，不少学生有固定的野营营地；有的小学在体育场上设一块"冒险运动园地"，里面设有攀登、滚筒等危险性较大的运动器械。这些都很有效地培养了学生勇敢、互助、进取等品质和良好行为。在中小学，学生还可参加各种团体活动，如童子军、天主教组织的青年俱乐部、警民青年俱乐部以及社会上形形色色的运动俱乐部活动。其中，影响最大的是童子军活动，这是中小学规定都要组织的，它有系统的组织纲领和训练要求，有队规和统一制服，并进行集中培训，是进行德育的重要形式。澳大利亚非常重视和支持学生参加各种纪念活动，并立法规定凡属于爱国性质的活动，绝不准因教派或其他政治观点而禁止或开除学生，并要求规定参加纪念活动的具体细节和升澳大利亚国旗，以使学生对纪念活动有足够的认识和了解。

除学校外，家庭和社区以及大众媒体也在学生的道德教育中起着不可或缺的作用。在澳大利亚，家庭和社区充分利用大众媒介，进行传统观念的宣传和教育。澳大利亚学校成立了各种由教师、家长组成的联谊会、学校社区合作组织等，其主要任务是加强德育工作。澳大利亚大众媒介对青少年的品德发展影响很大，这是其积极的方面，但也不排除有消极的一面。尤其是追求商业价值的各种电视录像节目对青少年造成了不良影响，如何消除这些影响，已成为澳大利亚学校德育面临的重大问题。

## 四、法制安全教育

从澳大利亚法律改革委员会主席贾斯蒂斯·柯尔比曾经在《澳大利亚教育新

闻》上发表的文章看，澳大利亚近十年来之所以大力加强法制教育，主要有三个原因。

首先是为了维护和加强澳大利亚的资产阶级民主政治制度。关于这一点，柯尔比说得很清楚，他说："一个有知识的、受过广泛的有关基本法律权利和义务教育的、拥有有关他们政府及法律制度知识的人民，将比那些一直处于愚昧无知状态的人民更有可能支持这些法律和制度。"又说，"人们如果懂得事情是怎么办的，他们就更有可能尊重现行的机构和制度，更加清楚地懂得这些机构和制度的适当性、合理性以及它们的功能。"他还引用一位叫做 C. T. 罗斯的美国评论家的话说，对于维护"民主制度"来说，"标语口号任何时候都是不足以解决问题的。保证我们民主制度长期健全的唯一办法就是要让未来十年的选民和领袖人物都具有整理论据的能力、了解别国前途的能力、论理的能力和作出适当决定的能力。我认为没有别的什么学科能够比法律教育课程更适合于培养这些能力的了。"

其次是为了维护社会治安。近十几年来，澳大利亚由于青年失业和"异化"（实际上就是阶级矛盾）问题已经成了严重的和经常性的社会问题，越来越多的人主张加强法制教育。柯尔比就认为，在这一方面，可以借鉴美国的经验，因为美国的经验证明，凡是法制教育进行得比较好的地方，学生的表现就比较文明，不轻易诉诸暴力，较少地破坏校规，也很少有人和教师、同学以及社区组织疏远或者感到孤立。这说明对学生进行法制教育，讲解法律基础知识，讲解法规的必要性和司法制度的基本原则，会使学生相信法规的道德效力，从而趋善避恶，减少犯罪的可能性。

第三是法制建设本身的需要。柯尔比说，澳大利亚的法制已经经历了一个变革的过程，人们对于公民与法律的关系的认识已经发生了变化，"现在，法律已经不再是某种由上面制定，强令下面服从的东西了。""当法律仅仅是法官的事情，或者是政治家的事情，甚至是律师的事情的时候，非正义的行为就会因为这些人的屈从和冷漠而得到宽容，一旦法律变成人民的事业，人们十之八九就要过问法律的程序、法律机构、司法人员以及法规等问题。这会使得律师们更加感到不舒服，但是，这对澳大利亚人长期稳定地遵守法律和执行法规来说，则要有益得多。这就是为什么在我们的学校里开设法律课这件事变得如此重要和紧迫的原因。"又说，只要经常不断地对人民进行法律教育，"只要我们的人民对法律的内容抱有责任感，法律就会得到改进。"

澳大利亚的中小学公民教育是以法律为依据，并通过法律来实施的。澳大利亚政府认为引导公民自觉履行《宪法》和法律规定的各项义务，积极承担自己应尽的社会责任，民主社会才能健全发展。澳大利亚的教育部门也规定在小学和中学阶段学生需要接受不同程度的法律知识教育。在小学阶段，学生要能够说明地方法律法规是如何制定和改变的，以及为什么如此。具体来说，学生要确认对规则和法律的需要，以及支持规则和法律制定的价值观；识别法律和法律的规则之间的区别，以及在家庭、学校和社会中制定及改变规则的方式方法；说出规则和法律需要进行修改的原因。在初中阶段，学生需要考察澳大利亚法律制度的起源和基本价值观；说明在联邦、州和地方三级政府的主要审判和执行机构，以及法律制度的过程怎样允许积极和有知识的公民进行参与的；研究解决不同法律纠纷之间的途径。在高中阶段，对学生掌握的法律知识要更有深度。例如学生需要描述一项澳大利亚法律的改革计划；分析个人、群体、社区、法律和政治机构如何可能受到一项改革计划的影响；说明对于一项改革计划的不同看法，以及个人和群体在推动或挑战该计划中的作用；或者在关系到政治和立法问题带来的法律改革中，评价民主过程的有效性。

在人权教育方面，在中小学教育体系，着重培养学生的人权意识和相关实践活动的锻炼。同时，学校积极引导学生掌握人权教育的主要内容，提高学生的人权知识水平修养，评估和支持现有的人权教育计划，开展成功的人权教育实践活动，保障可持续的国家人权教育政策的发展。具体人权教育内容包括加强尊重人权和基本自由；全面发展人的个性和尊严感；帮助弱势群体使他们变得更独立；促进所有地区不同种族、宗教、性别、语言人群之间的理解、宽容和友谊，使所有的人能平等地参与自由社会中，进一步促进世界和平，促进人权国际化。另外，还包括了解政府对教育的立法是否与人权标准相一致，处理好违反人权行为的申诉等。2007 年 10 月澳大利亚教育部门出版了《今日人权》课本，规定在 9 年级和 10 年级开设"今日人权"的课程，旨在让学生更多地了解童工、澳大利亚土著居民的权利、妇女和女童的权利以及保护人权的措施。

## 五、澳大利亚环境教育的启示

### 1. 确保政府政策支持

在世界各国的环境安全教育中，由于其历史背景、政治制度、文化传统和教育选择的不同，政府在对教育的干预方面有全面干预、部分干预和政策法规干预三种类型。在环境安全教育的实施中，虽然三种干预各有千秋，但从总体上看，在政府对环境安全教育干预较多的国家和地区，环境安全教育开展的阻力就会小些，效果就会好些。

### 2. 构建环境安全教育课程体系

环境安全教育涉及的知识范围十分广泛，绝非是一门课程所能全部容纳的，因而环境安全教育要渗透到相关的课程和活动中。

### 3. 加强学生参与社会活动能力的培养

学校要为学生的公民教育活动创造条件，多途径为学生提高参与民主生活实践的机会，鼓励学生以公民身份参加校内外实践活动。学生只有走进社会、走进生活，才能真正行使其公民的角色。

**4. 注重环境安全教育的教师的专业化发展**

环境安全教育课教师在职培训的主要任务不仅要补充本学科发展中的新知识或新技能，而且要加强不同学校和地区间教师的交流与合作，共同推动环境安全教育课程建设和专业发展。

**5. 制定完善的环境安全教育评价标准**

确定统一的评价标准，学校不仅有助于制定下一步教育发展目标，也能从评价成绩中检验环境安全教育的实施效果。

● 链接：澳大利亚环境义工计划（CVA）

澳大利亚环境义工计划（Conservation Volunteers Australia，CVA），是澳大利亚当地最大的非牟利环保义工志愿团体，成立于 1982 年。"环保体验"（the conservation experience），是由 CVA 提供的一个独特的环境保育义工体验计划，邀请世界各地热爱大自然及喜欢野外活动的人士到澳大利亚，共同参与各种类型的环境保育义务工作（图 4-3）。平均每年有超过 5000 名国际义工参加该项环保体验计划，各国的志愿者们在身体力行推动环境保育的同时，可以广泛结交各国朋友、开拓国际视野。在 2000 年，香港学联海外升学中心被 CVA 总部委任为澳大利亚环保义工体验计划之中国港澳地区及内地的唯一代理机构。

图 4-3　澳大利亚环境义工计划网页

资料来源：http://www.cva.com.hk/

　　澳大利亚环保义工体验计划，其实亦可以理解成为，环保义工假期（conservation volunteer holiday）。将假期变得更充实、更有意义，是一件非常美妙的事情。这种另类的旅行方式在欧美国家盛行已久，但在中国却依然是一种新潮的新鲜事物。因此，我们推崇并鼓励广大青年朋友们要大胆迈出国门、主动融入世界，紧贴时尚、顺应潮流，勇于挑战自我、积极参与澳大利亚环保义工体验计划，让世人对你们刮目相看，让自己亦有所得。

　　参加澳大利亚环境义工体验计划，可以使参与者亲身走进澳大利亚大自然，多方位感受当地人文风景；结交来自世界各地的国际义工朋友；体验小型联合国式生活，通过全程国际文化交流提高英语表达能力；领略当地郊野外或农庄生活的经验，学习户外工作技能；认识国际环保工作的情况及发展，交流环保心得；获得 CVA 总部颁发国际义工证书；并且这也是出国留学前一次不错的体验。

# 第五节　俄罗斯环境安全教育

　　俄罗斯历来对环境教育十分重视。1977 年在前苏联第比利斯召开的世界首届部长级环境教育会议，被誉为世界环境教育史上的一个重要里程碑。1987 年在莫斯科召开的国际环境教育与培训会议为 20 世纪 90 年代国际环境教育与培训指明了战略重点。前苏联有比较完善的国家环境教育体系，它包括学前、中小学、职校、中专学校以及高校的环境教育，同时还包括经济领域专业技能提高班和生态环境训练班等。这种教育从学前启蒙抓起，贯穿到各级、各类学校教育之中。许多综合大学和专业学校还设置了自然保护系，培养了大批自然保护专业人才。

　　俄罗斯继承了前苏联重视环境教育的传统，在教育形式上把正规的学校教育与社会活动结合起来进行。在俄罗斯《自然保护法》第 18 条中规定，"自然保护基础课的教学应列入普通学校的大纲，有关内容应编入自然、地理和化学等教科书中，在高等院校和中等专业学校也设置自然保护和自然资源繁殖的必修课程。"该法从法律上有力保证了环境教育的进一步发展。

　　俄罗斯是世界上第一个将学生安全教育上升到国家课程层面的国家，在学校开展专门的学科对学生进行安全教育。

## 一、环境安全教育的目标和内容

　　1991 年，俄罗斯联邦部长会议通过了"关于俄罗斯普通学校青年应征训练"决议，要求在普通学校、中等专科学校、职业技术学校废止"青年应征训练"课程，代之以"生命安全基础"课程。俄罗斯生命安全基础课程有多种大纲。根据俄罗斯部长会议决议，俄罗斯教育部在 1994～1995 年度开始试行由 U. K. 托波罗夫主持制订的《生命安全基础》教学大纲。该大纲指出，"生命安全基础"是人类在其所有领域预防自然和人为危险、有害因素的理论和实践的一种科学知识体系。其目的在于形成学生对自身周围安全问题的自觉和负责的态度，培养学生认识和评价人的生活环境中危险和有害因素的基本知识和技能，选择对其防御的方法，以及在出现危险的情况下消除不良后果和进行自救、互救的方法。

安全教育的内容包括使学生掌握由于自然灾害、生产与交通事故、伤害和攻击等所引起的极端情况下应有的行为准则，获得相应的知识和能力；培养为克服由于攻击等极端情况而需要应急所必要的能力。

## 二、道德安全教育

### （一）道德安全教育的中心是爱国主义教育

俄罗斯的道德安全教育主要集中于爱国主义教育方面，其爱国主义教育纲领迄今已进入第三个五年，即"2011～2015 年"实施期。此前，总统普京在首次出任总统时，便要求政府制定了《2001～2005 年俄罗斯国民爱国主义教育国家纲领》，由国防部、文化部、教育部等 12 个部门负责落实，编写教材，承办全国性活动；2004 年 10 月，俄罗斯又制定了《2006～2010 年爱国主义教育纲要草案》，加强指导军事爱国主义教育；之后又通过了《俄罗斯青年政策纲领》和《俄青少年公民教育和爱国主义教育纲领》，并在俄 89 个联邦主体行政机构里设立了 7000 多个青少年教育机构，专门负责公民教育和爱国主义教育。这套国家纲领包括一整套法律法规系统、道德规范、组织方法、研究渠道和信息处理方式，将纲领的要求具体化，保证在全俄范围内和地区间长期有效地开展爱国主义教育。国家纲领的实施，使俄罗斯社会逐步建立起一个完善的国民爱国主义教育体系，使爱国主义成为国民保持积极向上生活态度的基础。

普京第三次就任总统后，在 2012 年 10 月签署《关于完善国家爱国主义教育政策》的命令。根据这一命令，俄罗斯在总统办公厅框架内成立社会项目管理局，负责主管整个国家的爱国主义教育。这个新机构成立的目的就是确立爱国主义教育政策的主要方向，在巩固俄罗斯社会的精神和道德基础方面提出建议，完善面向年轻人进行爱国主义教育的工作，组织并保障俄总统与社会团体的互动。国家纲领规定，全国每年组织上百场爱国主义教育活动，政府投资上亿卢布，俄罗斯联邦各主体及地方政府都建立了相应的理事会和爱国主义教育中心，推广并落实培养公民爱国主义精神的长期项目，树立道德规范，并为保障爱国主义教育的开展创造良好的社会环境。例如定期开展艺术节、作品竞赛、文化展览等，借助这些活动向全社会展示俄罗斯历史与文化，鼓励公众参与到培养爱国热情的活动中来，增强国家和民族自豪感。

俄罗斯开展爱国主义教育的具体目的在于：在社会思想方面，保证社会在精神和道德上的统一，缓和思想上的对立，恢复俄罗斯民族真正的精神价值，巩固俄罗斯联邦各民族的统一与友谊。在社会经济方面，保证社会对国民经济发展的兴趣并在此基础上降低社会紧张程度，支持社会和经济的稳定。在国防领域，提高年轻人在军队中服务的热情，使其做好保卫祖国的准备，保持和发扬俄罗斯战斗和劳动的光荣传统。实施该纲要的最终目的是提升公民对发展经济、精神和文化的热情，巩固国防能力，实现社会经济的稳定。俄罗斯人的高尚精神境界、公民立场、爱国主义意识，将极大地促进克服危机并决定俄罗斯的未来。普京明确指出，"俄国的训练只有一项，就是爱你的国家"；"爱国主义是人民英勇和力量的源泉"；"丧失爱国主义精神，就丧失了民族自豪感和尊严，也就将失去能够创造伟大成就的人民。"爱国主义在普京的内外政策中体现为"国家利益至上"。

### （二）历史教育是俄罗斯道德安全教育的切入口

俄罗斯将重要的历史日期定为国家节日，作为历史教育的时间节点，卫国战争是最重要的纪念内容之一。每年5月9日，俄罗斯都要在红场举行盛大的阅兵式，卫国战争老兵们胸前挂满勋章，应邀坐上观礼台。虽然参加队列方阵的多是军校学生，但每一个方阵的旗帜背后都有血染的故事。同时，举行国家领导人向无名烈士纪念碑献花仪式。国家纲领施行以来，俄罗斯每个城市都修建了卫国战争纪念碑和长明火。5月9日当天，每个城市都会在纪念碑前举行献花和纪念仪式。同时，在全国各地还会举行读书、讲座、文艺演出等活动。仅2013年，全国参加5月9日胜利日纪念活动的就有800万人。不仅5月9日当天，全国的卫国战争英雄城市还有自己的纪念日，如圣彼得堡（列宁格勒保卫战）、伏尔加格勒（斯大林格勒保卫战）等。斯大林格勒保卫战胜利70周年，普京亲自出席了伏尔加格勒的纪念活动，会见参加过卫国战争的老战士。他强调，应确保像斯大林格勒保卫战这样有意义的历史事件永远不被俄罗斯人淡忘，应把这些历史作为对公民进行爱国主义教育的"好范例"。

在历史教育中，俄罗斯遇到的最大困惑是如何面对苏联70年的历史。普京明确反对在苏联问题上的历史虚无主义态度。他表示，否定苏联时期的一切象征性标志，从原则上讲是错误的，否定历史会使整个民族"数典忘祖"。他曾在《关于国家标志问题的声明》中发出这样的质问："在苏联时期，我国拥有的一切就不值得回忆了吗？我们把杜纳耶夫斯基、肖斯塔科维奇、科罗廖夫（苏联火箭制造和宇航科学家和设计师）和航空航天领域的成就置于何地？我们把宇航员尤里·加加林的飞行置于何地？"

2013年，普京又提出统一历史教科书的问题。他说，"应当统一教科书的理念，这些教科书的范围应该反映出大事年表和对它们的正式评估。没有正式的评估就不能了解过去几百年和几十年内我们国家所发生的事情。"目前，以俄罗斯科学院历史研究所所长丘巴良为领导的工作小组已经成立，将研究出台针对历史学教育的教科书基础版本。

（三）军事爱国主义教育是俄罗斯道德教育的重要组成部分

在俄政府颁布的《2006～2010 年爱国主义教育纲要草案》中，军事爱国主义教育被提上重要日程。国家杜马修改教育法，将军事基础知识列为各学校的必修课；俄国防部将大学纳入军事爱国主义教育的施行范围。俄通过立法明确规定，对公民进行军事爱国主义教育活动的拨款，由俄政府预算支付。在俄全国 7000多个青少年教育机构中，军事爱国主义教育俱乐部超过 500 个。俱乐部开设国庆课、历史课、勇气课等一系列课程，并采用特定教材培养青少年的爱国情操。

为培育学生的军事爱国主义情感，俄大力投资建设多种多样的国防教育设施，如战争纪念馆和军事博物馆等，且对广大学生长期免费开放；在俄各地城市的主要广场、公园、街道、湖畔都建有反映不同历史时期重大事件的纪念碑和英雄雕像。城市的许多标志性建筑和街道还以历史上著名民族英雄、政治家和军事将领的名字命名。历史传统有机融入城市建设，让学生在校外同样可以在潜移默化中受到军事爱国主义精神的熏陶。

此外，学校组织学生参加国家重大节日和纪念日的游行与集会，邀请英雄人物和老战士给青少年学生作报告，组织学生家庭参加部队开放日，使年轻一代加深对军队历史和荣誉的了解，增强保家卫国、爱军习武的意识。俄还利用一些庆典活动进行军事爱国主义教育，比如第二次世界大战胜利纪念日、传统节日，甚至结婚庆典。许多高校组织大学生帮助警察维护公共秩序，增强他们的公民意识，并鼓励学生参加社会团体组织的爱国主义活动，追忆战争历史（图 4-4、图 4-5）。

图 4-4　俄罗斯小学生们在演唱第二次世界
大战歌曲

图 4-5　2013 年 5 月 9 日，在俯首山胜利广场，
莫斯科年轻人向第二次世界大战老战士献花

通过爱国主义教育国家纲领十余年的实施，俄罗斯公民的爱国主义情感得到了明显提升。全俄社会舆论研究中心 2012 年底进行的一项关于爱国主义的社会调查显示，目前俄罗斯有 80% 的公民认为自己是爱国主义者。有超过半数的受访者在回答"我是谁"的问题时，选择"我是俄罗斯公民"。当问及如何做一名爱国者时，大部分受访者表示，尊重传统、加强家庭价值观、增强对子女的家庭教育是最主要的方式。

### （四）促进公民道德教育的发展

2008 年 6 月 2 日，俄罗斯国家杜马举行"关于俄罗斯精神道德教育和儿童道德保障的国家政策方案：法律角度"的议员听证会，国家杜马代表、联邦委员会成员、俄罗斯联邦总统在中央区的全权代表、联邦各部、各政府部门、俄罗斯联邦 42 个主体的国家权力的立法和执行机构、学术机构、社会团体及大众传媒的代表参加了听证会。会上，代表们建议保证儿童的生命权，思想和宗教自由的权利，受教育、休息和休闲权；防止其受到身体和心理的暴力侵害，防止使用童工等。听证会指出，儿童的道德情感、道德观念、道德立场、道德行为的形成问题是每一个父母和社会、国家面临的关键性问题，国家杜马和各职能部门应当做大量的、具体而有成效的工作。会上还制定了一个方案，方案的主要内容是：切实地改善儿童和全体人民的道德状况，为道德教育提供有效途径，在俄罗斯人民的文化、传统和价值观基础上促进俄罗斯民族文化的同质性和俄罗斯国民性的继承与发展。

### （五）恢复有苏联道德教育色彩的组织机构

2005 年 11 月，普京政府重建"青年近卫军"，期望它能帮助当权者实现政治理想和改变当今不尽如人意的思想意识状况。"青年近卫军"的重建不禁让人想起当年的苏联共青团。俄罗斯重新组建少先队的行动已经开始，以此防止不良社会环境对下一代的影响。虽然这只是在文化意义上的，而不是意识形态上的国家组织，但仍有 80% 的俄罗斯人在此时想起"少先队"这个引导一代又一代俄罗斯少年儿童健康成长的组织。2007 年 5 月 19 日，俄罗斯各地举办了纪念少先队建队 85 周年的庆祝活动。那一天，有 2500 名学生加入了非政府性的"少先队组织联盟"。

## 三、信息安全教育

### （一）让儿童远离网络污染

2009 年是俄罗斯的"互联网安全年"。在"互联网安全年"框架内，俄罗斯每月针对社会关心的问题组织论坛和有关活动，吸收网络和教育专家参加讨论；

建立互联网安全社会分析中心，随时掌握网络安全动态；开辟专门的网页，吸收社会各阶层的各种建议，提供给国家决策部门；在欧盟和欧洲委员会互联网机构派驻俄罗斯的代表。网络安全年期间，俄罗斯有关部门还通过有关条例，禁止在学生放学后没有家长照顾的时段内在网络播放黄色信息，要求有关部门在这个时段加强对有害网络信息的过滤。2010年，俄罗斯召开首次网络安全论坛，由俄罗斯通信部组织的莫斯科网络安全论坛的主题是保护儿童免遭网络色情信息的危害。俄政府通信部长和内务部、教育部以及国家杜马和联邦委员会的代表参加了开幕式并发表讲话。论坛期间，与会者就网络技术、网络伦理和保护下一代等问题展开了热烈讨论。与会各单位还签署了《与儿童色情信息斗争宪章》。宪章旨在联合网络运营商加强网络安全，向制造、储存和散布黄色网络信息的现象作斗争。根据宪章，网络运营商有责任利用合法的手段使互联网用户远离儿童色情信息。签署宪章的运营商将成立社会委员会，监督宪章条例的执行，切实保护下一代的健康成长。

## （二）信息安全教育重要机构——俄罗斯联邦教育部保护国家机密和信息安全人才培养协调委员会

委员会的活动宗旨是保证、保护国家机密和信息安全方面人才培养的质量以及完善其培养体系。为实现上述宗旨，委员会参与完成以下任务：根据有关联邦权力执行机关对保护国家机密和信息安全实施国家调控的要求，推行国家统一的人才培养政策；组织制定法规文件草案，对中等、高等、大学后以及补充职业教育机构在保护国家机密和信息安全方面的职能作出规定；确定实施含有国家机密内容的职业教育大纲及组织教学过程的程序和规则；在俄罗斯教育部所下达的任务和项目以及联邦权力执行机关、俄罗斯联邦安全会议、跨部委国家保密委员会所设立的项目框架内，组织和开展科研活动，以取得保护国家机密和信息安全教育方面的教学成果。委员会应履行的职能：参与准备该教育领域的有关分析材料，对俄罗斯联邦安全会议、跨部委国家保密委员会、俄罗斯教育部关于保护国家机密和信息安全方面的教育发展战略的制定提出建议；参与制定有关保护国家机密和信息安全方面的俄罗斯联邦法律、俄罗斯联邦总统令、俄罗斯联邦政府的决议和命令以及俄罗斯教育部和其他联邦权力执行机关的法令、法规草案的工作；参与组织、兴办国际性和俄罗斯全国性的保护国家机密与信息安全方面的研讨会。

- 链接：俄罗斯"环境保护优先性"原则

俄罗斯是资源大国，也是工业大国。它所拥有的丰富自然资源为其经济发展提供了充足的物质基础；它的工业生产，尤其是重工业和军事工业对自然环境和自然资源造成的污染和破坏又是严重的。为此，俄罗斯在近几十年来，采取经济、技术、行政、法律等措施治理污染、改善环境。在其生态领域所确认和规定的"环境保护优先性"原则作为基本法律原则，对于加强环境保护领域的法制，顺利实现自然保护法的目的和任务具有举足轻重的地位和作用。

"环境保护优先性"原则，其基本内涵是指在环境管理活动中应把环境保护放在优先位置予以考虑，在社会的生态利益与其他利益冲突时，优先考虑社会利益和经济利益。

为保证"环境保护优先性"原则在实践中予以贯彻落实，俄罗斯相关自然环境保护法，不仅赋予每个公民拥有有利于健康的良好的自然环境的权利，而且确定了保护自然环境法的经济机制，确定了自然环境质量标准和国家生态鉴定的规则，对企业、设施和其他项目的设计、建设、改造、投产提出生态要求，等等。以各行各业的经济活动而言，俄罗斯《自然环境保护法》在第 6～7 章的 40～57 条款中对经营主体，提出生态要求。它既对各种所有制形式和从属关系的一切经营单位，也对各经营过程的不同阶段提出要求。工业、建筑、交通、动力、水力、查验公用事业工程项目的计划、设计、选址、方案的经济技术和辅助服务设施中是否有与保护自然环境有关的净化设施，是否利用节省资源、少出或不出废料的生产工艺，并对其进行生态鉴定，没有获得生态鉴定的肯定意见不能实施。

通过生态鉴定制度，俄罗斯"环境保护优先性"原则在其环境管理活动中得到了落实。当经济利益与生态利益发生冲突时，优先考虑环境保护。这对于尽管已进行了二十多年环境法制建设和环境保护运动而环境状况却愈发严重的我国而言，似乎更具借鉴意义。

## 参 考 文 献

安启念，姚颖. 2006. 苏联解体后俄罗斯的道德混乱与道德真空. 国外理论动态，（12）：19-23.

澳大利亚和新西兰道路交通管理见闻"以人为本". http://www. 122. cn/jtwxiang/jtbjd/602594. shtml [2015-11-2].

车雷. 2011. 英国的学校法制教育及其启示. 教育探索，（11）：152-153.

程晋宽. 2005. 论美国道德教育的传统及其面临的挑战. 外国教育研究，（6）：26-31.

程晋宽. 1999. 试论走向后现代社会的西方家庭和学校. 比较教育研究，（1）：2-6.

冯谱. 2012. 论 20 世纪美国道德教育及其借鉴作用. 重庆：西南大学.

冯永刚，董海霞. 2010. 环境教育：英国道德教育的重要途径. 外国教育研究，（5）：4.

傅婕. 2005. 考察美国中小学生道德品质教育后的反思. 当代教育科学，（4）：43-45.

柯尔伯格. 百度百科. http://baike. baidu. com/link?url=bK-pqKGPr3HuQnCNjeEpcUFPDKeEicKO nXDCMXA5_FNVPonIJ3cbmL8DiNZkBBPU [2015-11-2].

柯严. 2007. 国外怎样进行交通安全宣传教育. 道路交通管理，（3）：34-35.

李凤华，张晓林. 2006. 电子政务与信息安全的发展趋势. 电子政务，（Z1）：173-176.

刘东旭. 2001. 澳大利亚的交通安全设计介绍. 中外公路，（4）：49-51.

刘君等. 2011. 国外青少年交通安全教育模式及启示. 交通信息与安全，（11）：56-58.

刘少才. 2008. 日本交通安全让马路标识说事. 民防苑，（6）：44-44.

吕宏倩. 2009. 澳大利亚中小学公民教育研究. 武汉：华中师范大学.

吕可红. 1986. 日本社会的信息化与教育信息化. 外国教育研究，（3）：9-14.

罗将. 2014. 美国的法制教育及其启示. 法制与社会，（7）：224-225.

美国的交通管理小知识. http://usa. zglxw. com/traffic_18883. html[2015-11-2].

美国学校的安全教育. http://www. youjiao. com/e/20090624/4b8bcbac9b27d. shtml[2015-2-4].

美国移民开车定律了解. http://abroad. edu. ifeng. com/mgym/114/65085. html[2014-6-25].

聂长顺. 1994. 日本的环境保护教育. 国际展望，（20）：30-31.

普京在伏尔加格勒会见卫国战争老兵. http://news. xinhuanet. com/mrdx/2013-02/04/c_132149356. htm[2013-2-4].

饶从满，满晶. 1997. 战后日本现代化过程中的学校道德教育. 外国教育研究，（6）：19-25.

融燕，侯思奇. 2009. 中美信息安全教育与培训比较研究. 北京电子科技学院学报，17（1）：27-31.

石京，吴照章，白云. 2009. 日本交通安全对策的借鉴与启示. 道路交通与安全，（1）：1-5.

帅颖. 2014. 美国法制教育的历史演进及其启示. 武汉大学学报（哲学社会科学版），（5）：75-76.

苏寄宛. 2002. 日本道德教育的特色. 外国教育研究，（1）：10-12.

孙星. 2003. 澳大利亚如何构筑信息安全保障体系. 世界教育信息，（7-8）：50-62.

谭再文. 1994. 当代美国德育模式探析. 全球教育展望，（4）：74-80.

唐宏贵. 2000. 俄罗斯学校的生命安全教育. 中国学校体育，（6）：63-64.

陶学榆，胡远青. 2013. 中外交通安全的比较分析. 理论导报，（9）：67.

王保中. 2009. 日本基础教育信息化与信息教育发展概论. 济南：山东大学出版社.

武卉昕，徐宁. 2009. 俄罗斯公民道德教育的复归. 西伯利亚研究，36（2）：46-49.

新华网. "车轮上的国度"美国交通管理"软硬兼施". http://news. xinhuanet. com/auto/2005-10/21/content_3659243. htm[2005-10-21].

英国的学校法制教育带来的启示. http://www. gkxx. com/shownews. aspx?id=920785[2011-11-2].

英国儿童安全十大宣言. http://wo. poco. cn/ipanda/post/id/3483041[2015-11-2].

英国交通安全宣传教育网站简介. http://moodle. hsgulu. pudong-edu. sh. cn/mod/resource/view. php?id=4201[2015-11-2].

喻军，张泽强. 2012. 美国高校法制教育的经验及其启示. 当代教育理论与实践，（12）：88-90.

张保家. 1998. 澳大利亚交通见闻. 交通与运输，（6）：23-24.

张克勤. 2009. 守护生命：日本中小学的安全教育. 外国中小学教育，（6）：33-38.

张楠. 2005. 美国的交通安全宣传教育. 安全与健康月刊，（15）.

张寅. 2012. 将教育戏剧融入环境教育的效果初探. 新闻世界，（11）：150-152.

赵旭东，黄静. 2000. 俄罗斯"环境保护优先性"原则——我国环境法"协调发展"原则的反思与改进. 河北法学，（6）.

郑友英. 2006. 国外少儿交通安全教育. 交通与运输，（3）：73-73.

周美春. 2010. 国外学校安全教育及启示. 教育，（12）：36-38.

http://cpc. people. com. cn/n/2013/0604/c83083-21724690. html.

http://moodle. hsgulu. pudong-edu. sh. cn/mod/resource/view. php?id=4201[2015-11-2].

http://www. chinanews. com/edu/edu-tszs/news/2010/02-12/2123205. shtml.

# 第五章 环境安全教育的发展趋势与建议

## 第一节 世界环境安全教育的发展趋势

第二次世界大战以来，人类社会的发展迈进了一个崭新的飞速发展阶段，世界各国恢复并迅速发展经济和生产，科学技术突飞猛进，人类物质文明飞速提高，然而在经济发展的同时不可避免地带来了一系列的副产品：生态破坏、全球变暖、环境污染、自然资源枯竭、能源短缺、淡水资源危机、物种减少等生态问题。以上环境问题已经给人类生产、生活，国家经济、军事、政治等领域带来了严重的安全影响。同时，人类社会已经开始认识到社会的发展与环境的密切联系，逐渐聚焦于这一系列的环境问题。环境教育就是针对人类生存危机提出来的，而环境安全教育作为环境教育的一个重要的部分，也逐渐成为国际社会和世界各国日益重视的全球问题。

### 一、环境安全教育成为国际社会关注的重要议题

在世界环境问题日益严重的情况下，1949 年，国际保护自然和自然资源联合会成立了专门的委员会，人们从这时候开始开始意识到了教育对于保护环境的作用，开始利用环境教育来促进人类的环境意识，共同保护环境。20 世纪 60 年代，环境安全教育在发达国家受到了重视，1965 年在德国基尔大学召开了教育大会，对环境安全教育专门进行了讨论，提出了环境教育理论和实践等构想。这次大会被视为德国进行环境教育的开端，为以后环境教育事业的发展奠定了良好的基础。

70 年代以来，国际环境安全教育发展迅速。1971 年美国成立了全国环境教育协会，在世界率先倡导开展国家级环境安全教育。1972 年在瑞典斯德哥尔摩召开的联合国环境会议上，联合国教科文组织和联合国环境规划署发起并拟定了国际环境教育文案，标志着全球现代环境教育的开端。1975 年联合国教科文组织和联合国环境规划署在贝尔格莱德召开了国际环境教育研讨会，来自 65 个国家的专家出席会议，通过了《贝尔格莱德宪章：环境教育的全球纲领》，会议探讨了环境教育的性质和原理，详细说明了环境教育的一整套指导政策，为环境教育的进一步发展制定了初步方针；1977 年在苏联格鲁吉亚共和国的第比利斯召开了首届政府间环境教育会议，会议发表的《第比利斯政府间环境教育会议宣言和建议》成为各国开展环境教育的一个准则，为各国环境教育提供了努力方向。这次会议是国

际环境教育的一个新的起点，是环境教育史上的一个里程碑，它标志着环境健康教育的发展进入了一个崭新的阶段。这两次会议把国际环境教育引入更深层次，使得世界各地的环境教育热情逐渐高涨起来。同时，1973 年我国也召开了第一次全国环境保护会议，大会上提出了 32 字方针"全面规划，合理布局，综合利用，化害为利，依靠群众，大家动手，保护环境，造福人民"。这对于我国实施环境教育有了一个方向上的指导意义。

1992 年，世界环境与发展大会在巴西的里约热内卢召开，会议通过的《21 世纪议程》指出：教育是促进可持续发展和提高人们解决环境问题和发展问题能力的关键，基础教育的环境与教育发展的支柱。20 世纪 90 年代以后，环境教育出现了新的取向，世界各国对环境和发展问题的关注，要求环境教育不仅要考虑将环境的改善作为一个直接的目标，还要求从长远利益为人类的可持续发展做出贡献。1995 年联合国在希腊召开了"环境教育重新定向以适应可持续发展的需要"地区性研讨会，将环境教育与发展联系起来，明确人口、环境、资源与发展的相互作用，进而提出了在环境教育中强调可持续发展的观点。当前，世界发达国家将环境教育纳入整个教育体系中，并将可持续发展作为环境安全教育的新理念，取得了显著的成效。总之，以上文件明确指出了教育在环境安全中的重要性，认为环境安全教育对整个人类社会的发展有着重大的影响。

## 二、通过立法明确政府在环境安全教育中的职责

环境安全就是在环境问题较为严重的国家或地区，通过环境保护与建设减轻环境恶化所导致的环境系统遭到破坏、原有的生态平衡被打破、资源系统受到损坏的程度，减弱产生的致使该国家或地区社会经济系统严重失衡甚至崩溃，最终危及整个国家或地区安全体系的消极影响。环境安全问题是一个涉及国家或地区发展进步的基础安全问题，它虽然有别于国家或地区的政治安全、军事安全、主权安全、领土完整安全，但却可以通过环境、经济进而影响上层建筑，最终影响到国家或地区的政治、军事、主权、领土完整等方面的安全。

通过教育立法加强环境安全教育是世界各国共同的做法，世界上第一部环境教育专门立法是美国在 1970 年颁布的《环境教育法 1970》。该法对美国环境教育的政策及措施，作了比较详细的规定。根据该法令，联邦政府教育署设置了环境教育司。1990 年，美国总统布什签署了美国《国家环境教育法》，对美国环境教育的政策及措施，作了详细规定。依据该法，在环境保护署下设环境教育处、国家环境教育咨询委员会、联邦环境教育工作委员会，并成立了非营利性的国家环境教育与培训基金会。日本是继美国之后世界上第二个制定并颁布环境教育法的国家，2003 年日本政府制定并颁布了《增进环保热情及推进环境教育法》，表明日本环境教育的基本理念、方针和措施。截至目前，通过在美国国会图书馆网站

等网络途径的检索，已知的环境教育专门法有美国《环境教育法》（1970 年）、美国《国家环境教育法》（1990 年）、巴西《国家环境教育法》（1999 年）、日本《增进环境热情及推进环境教育法》（2003 年）、菲律宾《国家环境意识与环境教育法》（2008 年）、韩国《环境教育振兴法》（2008 年）、我国台湾地区"环境教育法"（2010 年）以及拉美一些国家在 1999～2005 年间颁布的几部环境教育法，共有十几部。我国《环境保护法》于 1989 年 12 月 26 日颁布和施行，第 5 条："国家鼓励环境保护科学教育事业的发展，加强环境保护科学技术的研究和开发，提高环境保护科学技术水平，普及环境保护的科学知识"对环境教育问题进行了原则性的规定。为了应对日益复杂的环境问题，加强环境教育、提高国民的环境意识是解决环境问题的重要一环，也是国家和政府在环境保护方面的重要职责。这些环境教育法律以 1977 年《第比利斯政府间环境教育会议宣言和建议》的颁布和《21 世纪议程》第 36 章"教育、培训和公众意识"所引领的环境教育行动为大背景，通过确定环境教育的定义、内容、主管机构、激励机制等方式，结合法律上的规定，为环境教育的开展和公众环境意识的提高提供了最大限度的保障。值得注意的是，这些法律反映了这些地区对环境教育的迫切需求和高度重视。

要实现环境教育的终极目标，从体制和机制上保障环境教育顺利而有力地推行，环境教育的法律保障手段显得尤其紧迫和必要。通过制定法律，规定环境教育的主体、职责、目的、内容、方法等，以提高人们的环境意识和法律意识。通过遵守和贯彻落实环境教育法，让人们学会对周围的环境关心、负责，形成环境自律精神。环境教育是改变人类传统的价值观，从根本上解决环境问题的关键。我国学术界对环境教育立法问题的研究处于刚刚起步的阶段，有关环境教育的法律规范很不完善，影响和限制了我国环境教育的大力推行和全面普及，实质上是制约了我国解决环境问题的能力和可持续发展的进程。因此，系统地研究环境教育的法律保障问题具有重要的理论意义和实际应用价值。

## 三、确立可持续发展的环境安全教育理念

联合国环境署理事会于 1989 年通过的《关于可持续发展的声明》对可持续发展作出了明确的定义。从现代文明的角度看，人类社会追求和奋斗的目标是建设文明社会，社会文明的基础和核心是生态文明。只有可持续发展能力不断增强，才能使社会文明得到发展，因此，可持续发展要求树立一个正确的生态文明观。而从全球治理的角度看，保护环境是全人类的共同利益，实现可持续发展是每一个国家、每个公民的责任与义务，所以在全球治理环境问题上，要树立一个保护环境全球有责的平等观。

联合国教科文组织于 2005 年 1 月 1 日开始实施《联合国可持续发展教育十年计划》，提出了可持续发展的教育十年目标包括：进一步强调教育的核心地位与作

用，强调在共同追求可持续发展的过程中学习；协助和促进在为了可持续发展的教育事业中的各利益相关方之间建立联系和网络，促进其相互交流和相互影响；通过所有形式的学习和公众意识，为改进和提升可持续发展的理想和社会变革提供空间和机会；促进为了可持续发展的教育在质量上的提高；在各个层面上制定策略以加强为了可持续发展的教育能力。该计划涉及可持续发展的三个关键领域——社会、环境和经济，其中文化作为最根本的一个维度。社会、了解社会机构及其在变革和发展中的作用，同样也了解民主和参与体系，使人们有机会表达想法、选举政府、打造共识、解决分歧。环境、对资源和自然环境脆弱性的认识，以及人类活动和决策对它们的影响、人们有义务把环境环境因素作为社会和经济政策发展的重要因素。经济、经济增长的极限和潜力及其对社会和环境的影响。人们应当对此敏感，而且在关注环境和社会公正之外，还应该承诺凭借个人和社会层面的消费。

《中国 21 世纪议程》中指出，"发展教育是走向可持续发展的根本大计"，是促进可持续发展和解决环境问题的关键。环境教育是可持续发展的基础，也是可持续发展从理论到实践的关键。环境教育作为教育的一个子系统，是培养全体社会成员环境意识、提高环境素质的根本途径。

环境意识作为一种现代化的意识形态，是人们对人与环境之间关系的重新认识。要使整个社会实施可持续发展战略，环境教育的可持续发展观必不可少。进行环境教育、树立可持续发展的观点是时代的迫切需要。我们的国家是世界上环境问题最严重的国家之一。污染环境、自毁家园的事随处可见，滥垦土地，滥伐森林，对有限的矿产资源采富弃贫、取一弃他，浪费的现象非常严重。只有树立可持续发展观念，通过环境教育的实施，培养人的环境安全意识，自觉地关心环境、保护环境、保护和合理利用自然资源，才能使人类生存之家的地球形成可持续发展的良性循环状态。

## 四、鼓励和引导社会广大民众参与环境教育

从环境安全教育的空间来看，环境安全教育包括家庭环境安全教育、学校环境安全教育和社会环境安全教育三个方面。社会力量在环境安全教育中具有不可忽视的作用，一些发达国家通过立法鼓励和引导社会参与环境教育、环境保护。如美国通过拨款、实习奖学金和资金等方式鼓励社会参与环境教育；日本通过政府采取财政和税收制度等方式鼓励社会参与环境教育；英国注重建立广泛的合作伙伴关系，以地方性《21 世纪议程》为核心调动当地居民以家庭的方式参与环境保护。以上国家通过环境教育法，以多种方式和措施鼓励社会积极参与环境安全教育，提高了环境安全教育的效果。

我国 2015 年修订的《中华人民共和国环境保护法》，单列了"信息公开和公

众参与"章节，用信息公开和公众参与取代了过去的环境教育的提法，并把公众参与作为环境保护的主要原则。这不但在概念的使用上更加严谨、准确，与国际接轨，而且提升了教育的本质内涵，扩大了其外延。同时，新修订的环保法对公民环境保护的权利和义务作了更加充分的规定。一方面要求公民应当增强环境保护意识，采取低碳、节俭的生活方式，自觉履行环境保护义务。公民应当遵守环境保护法律法规，配合实施环境保护措施，按照规定对生活废弃物进行分类放置，减少日常生活对环境造成的损害。另一方面，法律规定了公民对环境违法行为有权"举报"，具备一定条件的社会组织对环境违法行为，还可以"向人民法院提起诉讼"，法律还要求环保主管部门"完善公众参与程序，为公民、法人和其他组织参与和监督环境保护提供便利"。新修订的环保法把公众参与作为一项重要原则，特别要求环保行政主管部门要完善公众参与程序。

此外，非政府组织作为重要的公民表达自己意愿的社团性利益集团，是一种有力的公众参与主体。因此，非政府组织首先应积极参与国家立法的制定，运用其环保和法律方面的专业知识，对国家立法可能给环境带来的影响进行分析，并对国家立法提出科学与合理的建议，避免其不利影响。其次，应积极参与环境管理制度的实施。最后，还应该积极参与对行政机关的执法监督，维护公民的环境权益，推动我国环境公益诉讼制度的建立。

构建和谐社会，建设环境友好型社会，需要广大民众的积极参与。环境方面"公众参与"发展的程度，直接体现着一个国家环境意识、生态文明的发展程度。扩大公众参与的范围，不断提高公众参与的水平，加强环境信息的透明化，环境决策民主化，保障公众的环境权益，是一个渐进的过程，它需要政府、非政府组织、广大环保志愿者和一切关心环境问题的人们来共同努力和推进。

## 五、"主动安全教育"是学校环境安全教育的新理念

尽管世界各国学校环境安全教育采取了不同的措施，但安全教育策略都体现了学校安全教育的新理念——主动安全教育。所谓"主动安全教育"就是在学校安全教育过程中强调学生的主体地位，充分调动学生的主体性和积极性，让学生主动参与环境安全教育，提高学校环境安全教育的实效性。在"主动安全教育"新理念的指导下，环境安全教育实践趋向多样，主要表现为以下几点。

第一，着重培养人的主动安全意识和主动安全行为习惯。世界各国都非常重视这方面教育实践，这是"主动安全教育"的核心内容。从英国的小学生守则中，我们可以看到，十条内容虽然不多，但几乎全部都是安全教育的内容，而且非常具体，通俗易懂，例如"……不喝陌生人的饮料，不吃陌生人的糖果；不与陌生人说话；遇到危险可以打破玻璃，破坏家具；遇到危险可以自己先跑；不保守坏人的秘密……"安全教育（有学者也认为是"生命教育"）可以说是英国人受到

的全部教育的重要基础和开端。

第二，在以人为本的基础上积极运用多种有效的技术手段，并不断改进。随着安全防范技术的进步，技术手段既成为安全工作的重要工具，也成为安全教育的重要辅助。法国在学校中推行了校园安全监测系统，监测项目细致，且不断升级系统和数据库。监测系统及其监测评估结果，既是学校安全管理的有效手段，也是对教师、学生进行安全教育的最好教材，可以将教育培训活动与实际问题的解决紧密结合起来。日本还专门开发了保护学生尤其是低龄学生的安全设备，如带 GPS 定位功能的安全报警器、手机、隐蔽的发射装置等。教师和家长经常辅导孩子使用这些设备的方法，辅导的过程就是有效的安全教育过程。

第三，制定具体可行的法规、制度、标准等，保障安全教育及成果的落实。美国是依法保障安全教育的典型，奥巴马延续了《不让一个孩子掉队法》（NCBL）关于学校安全的年度公告制度，要求各学区对校园暴力事件进行详细统计，并公布结果。该法规定，各州必须对"长期处于危险境地的学校"作出说明和认定，保证学生的知情权。这与法国的校园安全监测系统的作用是相似的，而且上升到法律保障的水平。美国学校都严格执行门禁制度，对来访接待和学生外出都严格审查和登记。这对学生是很具体的安全教育，让学生懂得，服从学校的管理制度自己才是安全的，服从管理也是有利于自护的良好行为习惯。

此外，学校在实施环境安全教育的过程中应该主要依据以下五个原则：对象全程性原则、内容综合性原则、形式多样性原则、区域重点性原则以及参与实践性原则。首先对象全程性原则主要指环境安全教育是一个连续的终身的过程，应该贯穿于正规和非正规教育的各个阶段，因此环境安全教育要体现对象的全程性。其次，内容综合性原则主要指向环境安全教育内容的综合性。再次，环境问题的综合性决定了环境教育的方式方法要多样化，既可以采用一些专题教学形式，也可以成立探究环境保护问题的课外活动小组；既可以采用讲授法、观测法和实验法，也可以采用调查法、考察法等。而区域重点性原则主要指向环境安全问题的复杂性与特殊性。因此，在进行环境教育时，应从本区域的环境问题的实际入手，有重点、有针对性地进行，才会起到更好的效果。最后，参与实践性原则也是至关重要的一项原则。参与是环境教育中必不可少的环节，是实现环境教育所要达到的各方面的根本途径。

- 链接：21 世纪议程（第 36 章）——促进教育、公众意识和培训

第 36 章

促进教育、公众认识和培训

导言

36.1. 教育、提高公众认识和培训几乎与《21 世纪议程》各个领域都有关

系，与满足基本需要、能力建设、数据和资料、科学以及主要群体的作用等领域的关系尤为密切。本章提出广泛的提议，有关各部门的具体建议载于其他章节。1977 年教科文组织和环境规划署筹办的第比利斯环境教育政府间会议通过的《第比利斯政府间环境教育会议宣言和建议》为本文件中的提议提供了基本原则。

36.2. 本章所述方案领域有：

（a）朝向可持续发展重订教育方针；

（b）加强公众认识；

（c）促进培训。

方案领域

A. 朝向可持续发展重订教育方针

行动依据

36.3. 应当确认，教育（包括正规教育）、公众认识和培训是使人类和社会能够充分发挥潜力的途径。教育是促进可持续发展和提高人们解决环境与发展问题的能力的关键。基础教育是环境与发展教育的支柱，但应当把后者列为学习的重要组成部分。正规和非正规教育对于改变人民态度是不可缺少的，可使人民具有估计和处理他们关心的持续发展问题的能力。同时，对培养环境和族裔意识、对培养符合可持续发展和社会大众有效参与决策的价值观和态度、技术和行为也是必不可少的。为求实效，环境与发展教育应涉及物理/生物和社会-经济环境以及人力发展（可以包括宗教在内），应当纳入各个学科，并且应当采用正规和非正规方法及有效的传播手段。

目标

36.4. 确认各国、区域和国际组织将按照其需要、政策和方案，制订其自身的执行优先顺序和时间表，兹提出下列目标。

（a）支持普及教育世界会议：满足基本学习需要 2（1990 年 3 月 5 日至 9 日，泰国宗甸）所提的建议，并致力确保普遍接受基础教育，通过正规或非正规教育至少使 80% 的男、女学龄儿童接受小学教育，使成年人的文盲率至少比 1990 年水平减少一半。应当大力降低高文盲率，并应矫正妇女不受基础教育的现象和使其识字率接近男子的水平。

（b）在全世界范围内使社会各阶层都尽快具有环境和发展意识。

（c）使各阶层人民从小学年龄至成年都接受与社会教育相联系的环境与发展教育。

（d）提倡把环境与发展概念，包括人口学列入所有教育方案内，尤其是要分析当地的重大环境和发展问题，参考现有的最佳科学证据和其他适当知识来源，并特别强调各阶层制订决策者的进修。

活动

36.5. 确认各国、区域和国际组织将按照其需要、政策和方案制订其自身的执行优先顺序和时间表，兹提出下列各项活动：

（a）应鼓励各国支持宗甸会议的建议及确保促进其《行动纲领》。这包括：拟订满足基本学习需要的国家战略和行动，普及教育和促进平等，扩大教育的方式和范围，拟订一项辅助性政策内容，调动资源和加强国际合作，以求缩短对阻碍达成这些目标的现有经济、社会和性别差距。非政府组织能够在设计和执行教育方案中作出重大贡献，应当予以确认。

（b）各国政府应在今后三年内编制或更新国家教育战略，使环境与发展成为贯穿各级教育的问题。应当与社会各阶层合作制订战略。这项战略应规定政策及活动，确定执行、评价和审查的需要、经费、方式和时间表。应彻底审查课程，确保采用多学科办法，将环境与发展问题及其社会文化和人口的影响与联系包括在内。应适当尊重社区的明确需要和多样化的知识体系，包括科学、文化和社会敏感问题在内。

（c）应鼓励各国设立国家环境教育协调咨询机构或由各种环境、发展、教育、性别和包括非政府组织在内的其他利益集团代表参加的圆桌会议，以鼓励伙伴关系，协助调动资源，并为国际联系提供一个资料和联络中心。这些机构将协助调动和促进不同人民群体和社区审查其本身的需要，并培养制订和执行其本身的环境和发展倡议的所需技术。

（d）应建议国家教育当局在社区团体或非政府组织的适当协助下，协助或设立供所有学校教员、行政人员以及教育规划人员和各部门非正规教育工作者使用的职前和在职培训方案，内容包括环境与发展教育的性质和方法，并充分利用非政府组织的有关经验。

（e）主管当局应确保各学校在学生和工作人员参与下获得协助拟订环境活动工作计划。学校应让学童参与地方和区域的环境卫生研究，其中包括安全的饮用水、卫生和食物及生态系统，并使他们参与有关的活动，使这些研究与国家公园、野生动物养护、生态遗传地点的服务和研究等联系起来。

（f）教育当局应当提倡行之有效的教育方法和发展促进教育事业的创新教学方法。教育当局也应当确认地方社区的适当传统教育制度。

（g）联合国系统应在两年之内全面审查，包括培训和公众认识在内的各教育方案，重新评价优先顺序并重新划拨资源。教科文组织/开发计划署国际环境教育方案应同联合国系统有关机构、各国政府、非政府组织等进行合作，在两年之内设立一项方案，适应不同水平及不同环境中的教育人员的需要，将会议决定纳入联合国现有体制。应鼓励区域组织和国家当局拟订类似的平行方案，创造机会，分析动员不同阶层人民的途径，以评估和满足其环境与发展教育的需要。

（h）在 5 年之内，需要加强资料交流，提高促进环境与发展教育以及增进公众认识的技术和能力。各国之间应该进行合作，各国还应同各社会部门以及人口群体合作，利用适合于各自需要的学习材料和资源，制定涉及区域环境与发展问题和计划的教育措施。

（i）各国政府应支持大学和其他高等教育活动及网络以促进环境与发展教育。所有学生都应能选修跨学科课程。凡促进可持续发展的研究和共同教学方法的现有区域网络及活动和国立大学的行动都应加以利用，与商业和其他独立部门以及所有国家建立促进技术、专门知识和知识交流的新的伙伴关系和桥梁。

（j）各国在国际组织、非政府组织和其他部门的协助下应加强或设立在环境与发展科学、法律和管理具体环境问题等学科间研究和教育方面特别杰出的国家或区域中心。这些中心可以是各国或区域内大学或现有网络，以促进合作研究和资料交流及传播。在全球各地应由适当的机构履行这些职责。

（k）各国应同非正规教育人员和其他社区组织合作，支持其努力，在地方、区域和全国促进非正规的教育活动，并为其提供便利。联合国系统有关机构同非政府组织合作，应鼓励发展实现全球教育目标的国际网络。国家和地方一级公众会议和学术会议应讨论环境与发展问题，并为决策者提出关于可持续的备选方式的建议。

（l）教育当局在非政府组织（包括妇女组织和土著人民组织）的适当协助下，应促进各种关于环境与发展的成人教育方案，各项活动以小学/中学和地方问题为根据。教育当局和工业界应鼓励工、商、农校将这类主题列入课程。企业界可以将持续发展问题列入其教育和培训方案。研究生方案应包括决策者进修的专门课程。

（m）各国政府和教育当局应向妇女提供更多非传统领域的机会，纠正全国课程内对男女的定型描述，增加就学机会，让妇女以学生或教师身份参加高级课程，改订入学和教员配备政策，鼓励酌情设立育幼设施。优先注意年轻妇女的教育和妇女扫盲方案。

（n）各国政府必要时应该立法确认土著人民有权利用他们对可持续发展的经验和了解，在教育和培训中发挥作用。

（o）联合国可以通过联合国各有关机构，对联合国环境与发展会议关于教育和认识的各项决定的实施发挥监测和评价作用。联合国应酌情同各国政府和非政府组织以种种方式介绍和散发各项决定，并确保不断执行和审查会议决定所涉教育问题，特别是经由有关的活动和会议。

实施手段

筹资和费用评价

36.6. 环发会议秘书处估计，实施这个方案的各项活动的每年（1993～2000

年）平均费用总额为 80 亿～90 亿美元，其中 35 亿～45 亿美元是来自国际社会以赠款或减让条件方式提供的资金。这些都只是指示性和估计性数额，尚未经过各国政府审查。实际费用和融资条件，包括任何非减让性条件，除其他外，都将取决于各国政府为实施各项活动而决定采取的具体战略和方案。

36.7. 可以通过以下措施，根据特定国家的情况，在适当情形下，开展更多支助与环境和发展有关的教育、培训和提高公众认识的活动：

（a）预算拨款时更优先注意这些方面，使之不受结构压缩要求的影响；

（b）在现有教育预算内拨出更多的经费用于初等教育，重点放在环境与发展；

（c）创造条件，让地方社区承担更多的费用，富有的社区协助较贫穷的社区；

（d）请私人捐助者提供更多的资金，集中用于最贫困的国家和识字率低于 40% 的国家；

（e）鼓励变债务为教育资金；

（f）取消对私人办学的限制，增加从非政府组织和向非政府组织（包括小型基层组织）的资金流动；

（g）促进有效利用现有设施，例如学校多部制，更全面地发展开放大学和其他远距教学；

（h）促进为教育目的低费用或无费用地利用大众媒介；

（i）鼓励发达国家和发展中国家的大学结成姐妹学校。

B. 加强公众认识

行动依据

36.8. 由于资料不正确或不充分，人们对一切人类活动与环境之间的相关性仍然认识不足。发展中国家尤其缺乏有关的技术和专门知识。需要加强公众对环境与发展问题的认识，并参与解决问题，培养个人对环境的责任感，加强对可持续发展的热情和承诺。

目标

36.9. 目标是广泛提高公众认识，作为全球教育工作的一个必要组成部分，以加强与可持续发展相容的态度、价值和行动。重要的是要强调将权力、责任和资源转交给最适当的级别，最好由地方负责和管理各项提高认识的活动。

活动

36.10. 确认各国、区域和国际组织将按照其需要、政策和方案制定其自身的执行优先顺序和时间表，兹建议开展下列活动：

（a）各国应加强现有提供公共环境和发展资料的咨询机构或建立新的机构，除别的以外，在活动方面同联合国、非政府组织和重要的新闻媒介取得协调。他们应鼓励公众参与讨论各项环境政策及评估。各国政府还应当协助和支持通过现有网络建立国家至地方的资料网。

（b）联合国系统应在审查教育和公众认识活动期间改进其推广渠道，促使全系统所有部门，尤其是新闻机构和区域及国家业务机构更积极参与和协调。应系统调查公众宣传方案的影响，确认特定社区团体的需要和贡献。

（c）应酌情鼓励各国和区域组织提供公共环境和发展资料服务，以提高所有团体、私营部门特别是决策者的认识。

（d）各国应鼓励所有部门尤其是第三级部门的教育机构在提高认识方面作出更多贡献。供所有人采用的各种教学材料应以最好的现有科学资料为基础，包括自然科学、行为科学和社会科学，同时考虑到美学和伦理学的问题。

（e）各国和联合国系统应促进与新闻媒介、演艺界、娱乐界和广告工业的合作关系，主动与他们讨论，利用他们的经验来影响公众的行为和消费模式，并广泛采用他们的方法。这种合作还可促使公众更积极地参与环境问题的辩论。儿童基金会应向新闻媒介提供作为教育工具的面向儿童材料，确保校外新闻部门与小学一级学校课程之间密切合作。教科文组织、环境规划署和各大学应加强供新闻人员使用的关于环境与发展主题的职前课程。

（f）各国应与科学界合作制定使用现代通信技术的方法，以便有效地向公众进行宣传。国家和地方教育当局及联合国有关机构应酌情扩大使用视听方法，尤其在农村地区使用流动宣传队，为发展中国家制作电视和无线电节目，让地方参与，使用互动式多媒体方法，并将先进的方法与民间媒介相结合。

（g）各国应根据《海牙旅游宣言》（1989 年）及世界旅游组织和环境规划署现行方案，酌情提倡无害环境的休闲和旅游活动，妥善利用博物馆、历史古迹、动物园、植物园、国家公园和其他受保护区。

（h）各国应鼓励非政府组织通过合办宣传活动和改善同社会上其他对应机构的交流，更多地参与解决各项环境与发展问题。

（i）各国和联合国系统应增加与土著人民的交往，包括酌情让他们参与管理、规划和发展当地的环境，并根据当地，尤其是农村的习俗来推动传统知识和社会上学到的知识的传播工作，并酌情将这些工作与电子媒介相结合。

（j）儿童基金会、教科文组织、开发计划署和非政府组织应根据世界儿童问题首脑会议的各项决定，制订支助方案，让年轻人和儿童参与环境发展问题，例如儿童和青少年听证会。

（k）各国、联合国和非政府组织应鼓励动员男女都参与认识宣传运动，强调家庭在环境活动中的作用，以及妇女对传送知识和社会价值及对开发人力资源的贡献。

（l）应提高公众对社会暴力的影响的认识。

实施手段

筹资和费用评价

36.11. 环发会议秘书处估计，实施这个方案的各项活动的每年（1993～2000

年）平均费用总额约为 12 亿美元，其中约 1.1 亿美元是来自国际社会以赠款或减让条件方式提供的资金。这些都只是指示性和估计性数额，尚未经过各国政府审查。实际费用和融资条件，包括任何非减让性条件，除其他外，都将取决于各国政府为实施各项活动而决定采取的具体战略和方案。

C. 促进培训

行动依据

36.12. 培训是开发人力资源，促进过渡到更能存续的世界的一个极其重要的手段。培训应当针对具体职业，以求弥补知识和技能方面的差距，帮助个人就业和从事环境与发展工作。同时，培训方案作为一种双向学习过程，应提高人们对环境与发展问题的认识。

目标

36.13. 兹建议下列目标：

（a）拟定或加强职业培训方案，不分社会地位、年龄、性别、种族或宗教，确保人们获得培训机会，以满足环境和发展需求；

（b）成立一支灵活机动、适应性强、由各种年龄的人组成的、有能力处理不断增加的由结构调整引起的环境和发展问题和变化的劳动力；

（c）加强国家能力，特别是科学教育和培训能力，让各国政府、雇主和工人能实现其环境和发展目标，促进无害环境和社会可容纳的适用新技术的转让和吸收；

（d）确保把对环境和人类生态考虑纳入所有管理级别和所有职能管理领域，如市场推销、生产和金融等。

活动

36.14. 各国在联合国系统支助下应确定人力培训需求，评估为满足这些需求所要采取的措施。联合国系统将在 1995 年审查此领域的进展。

36.15. 鼓励各国专业协会拟订和审查其职业道德和行为守则，以加强环境联系和承诺。专业机构赞助的方案中的培训和个人发展部分应保证在制定政策和决定的所有环节上包含关于执行可持续发展的技能和资料。

36.16. 各国和教育机构应把环境和发展问题编入现有的培训课程，促进培训方法和评价结果的交流。

36.17. 各国应鼓励社会各部门，如工业、大学、政府官员和雇员、非政府组织和社区组织，在所有有关培训活动中包括一个环境管理内容，强调通过短期正规培训和在厂职业和管理培训，满足目前的技能需求。应加强环境管理培训能力，成立专门的"培训人员"方案，以支助国家和企业一级的培训。应为现有的无害环境措施制订新的培训方法，以创造就业机会，最大限度地利用以当地资源为主的方法。

36.18. 各国应加强或制定实际的培训方案，培训所有国家的职业学校学生、高中生和大学毕业生，使其能达到劳工市场的要求，并能维持生计。应制定培训和再培训方案满足结构调整的需求，因为调整对就业和技能要求产生影响。

36.19. 鼓励各国政府与不论是地理上、文化上或社会状况孤立的人民协商，确定他们的培训需要，使他们能够为发展持久的工作习惯和生活方式作出更充分贡献。

36.20. 各国政府、工业、工会和消费者应促进人们了解良好的环境与良好的商业惯例之间的相互关系。

36.21. 各国应发展一项服务，使地方培训和招聘的环境技术人员能向当地人民和社区，特别是条件差的城市和农村地区提供他们所需的服务，并从初级环境管理开始。

36.22. 各国应提高接触、分析和有效运用有关环境与发展的资料和知识的能力。应加强现有的或已建立的特别培训方案，支助特别群体的资料需求。应评价这些方案对生产力、保健、安全和就业产生的影响；应发展国家和区域环境劳工市场资料系统，不断提供有关环境工作和培训机会的信息。应在地方、国家、区域和国际各级编写和增订环境和发展培训资源指南，提供有关培训方案、课程、方法和评价结果的资料。

36.23. 援助机构应加强所有发展项目中的培训构成部分，强调多学科办法，为过渡到可持续的社会，提高人们的认识并提供必要的技能。开发计划署用于联合国系统业务活动的环境管理准则可推动这项工作。

36.24. 现有的雇主和工人组织、产业协会和非政府组织网络应促进交流有关培训和提高认识方案的经验。

36.25. 各国政府在有关国际组织的合作下应拟订并执行战略，处理国家、区域和地方的环境威胁和紧急情况，同时强调紧急的实际培训和提高认识方案，以增强公众的预防意识。

36.26. 联合国系统应酌情延长其培训方案，特别是其为雇主和工人组织举办的培训和支助活动。

实施手段

筹资和费用评价

36.27. 环发会议秘书处估计，实施这个方案的各项活动的每年（1993～2000年）平均费用总额约为 50 亿美元，其中约 20 亿美元是来自国际社会以赠款或减让条件方式提供的资金。这些都只是指示性和估计性数额，尚未经过各国政府审查。实际费用和融资条件，包括任何非减让性条件，除其他外，都将取决于各国政府为实施各项活动而决定采取的具体战略和方案。

## 第二节　我国环境安全教育的发展建议

我国环境安全教育的实施，在借鉴国际环境安全教育的经验的同时，也需要结合我国环境安全教育的现状，以及我国各个实地的具体情况进行。基于此，本研究归纳并提出了以下五个方面的建议。

### 一、强化政府的环境安全教育责任

我国拥有悠久的行政主导的历史。政府在社会活动中担当了重要角色，再加上我国存在的"依赖政府型"现状，在对待环境教育问题上，政府往往是通过短暂的运动式的宣传，对环境问题的宣传和教育并没有提高重视的程度。公众对于环境教育概念模糊甚至是不明白，对于自身及其他组织应该做和能够做的环保工作缺乏清晰的认识。这需要明确政府在环境教育中的职责，做环境教育的领头人，为公众提供环境教育的条件和环境。然而，政府在制定政策时，往往优先考虑经济发展与国家利益，环境问题被置于次要和从属的地位。

长期以来，我们地区经济发展整体水平较低，环境资源条件较差，政府往往把经济发展放在工作的重心位置，特别是在经济发展和环境安全之间，政府选择发展经济而牺牲环境，造成了诸多的环境安全问题，如环境污染、环境破坏、环境短缺等。环境问题的实质是教育问题，只有改善人类文明发展方式，才能从根本上改变现状，实现人类的可持续发展。所以，我国政府应高度重视环境安全教育，提高环境安全意识，示范发挥其在环境安全教育中的主导作用。为此，我国政府应适时制订环境安全教育的实施计划，大力推进我国环境安全教育事业的发展。强化政府责任是环境安全教育有效开展的重要保障，有利切实处理好经济发展与环境安全问题的关系，进而改善我国环境安全教育的状况。

环境安全教育是全民教育的重要组成部分，教育离不开政府的支持，尤其是环境安全教育，它关系着经济、社会的发展，而政府作为社会运转的政策制定者，主要目的也是促进经济的运行，因而环境安全教育需要政府的扶持。政府的支持不仅包括财政支持、政策支持，还应包括人力资源支持以及制度支持等。政府应当发挥其宏观的掌控能力，对环境安全教育的实施有着系统的指向作用，以确保环境安全教育的有效实施。因此，应当充分发挥政府在环境教育中的主导作用，调动各方面的积极性，共同推动我国环境教育事业的发展，建设美丽中国和地球。

### 二、确立环境安全教育的法律地位

对环境教育的重要性与全面性的正确认识，是环境教育得以真正实施的关键。

无论是政府部门的决策者，还是教育主管部门和学校的领导乃至每一个公民，都应清醒地认识环境污染、生态破坏的严重性。因此，必须制定专项法律法规，用国家强制力来保障环境教育得以有力开展。虽然我国还没有环境教育的立法实践，但国际国内的形势要求我国结合国情制定一个全国性的环境教育法律法规体系，从法律上保证环境教育的贯彻落实。

关于环境安全教育，我国没有出台相应的环境教育法，中央政府出台了一些政策文件，如1996年的《全国环境宣传教育行动纲要（1996～2010年）》规定了环境教育的内容、对象和目标等，1979年我国颁布了第一部环境保护的基本法《中国环境保护法》，在这部法律里面明确确定了环境教育的法律地位，2001年的《关于开展环境法制宣传教育的第四个五年计划》中提出通过环境法制宣传教育，提高生活公众的环境法律意识和依法参与环境监督的能力，提高企业和公民的环境守法意识等。《环境保护法》中规定："国家鼓励环境保护科学教育事业的发展，加强环境保护科学技术的研究和开放，提高环境保护科学技术水平，普及环境保护的科学知识。"以上政策和文件还不能很好地保障环境安全教育的支持力度和顺利开展。从实现可持续发展教育来看，我国亟待制定环境教育法，进一步明确环境安全教育在环境教育中的地位，充分发挥环境安全教育促进社会经济发展的作用。当前对环境教育立法有两种观点：第一种观点认为应当采取立法机关单独立法的模式，即制定专门的环境教育法，以体现其权威性。具体途径为先由全国人大常委制定《中华人民共和国环境教育法》，再由国务院有关部门制定《环境教育法实施细则》；第二种观点认为我国应逐步推进环境教育立法，可尝试在部分地区进行试点，制定环境教育地方性法规，与其他相关法律保持一致，互相支持。我们认为，国家层面上应制定《环境教育法》和《环境教育法实施细则》，各省和地方应在《环境教育法》的指导下，因地制宜制定符合实际的法律法规，推进环境安全教育的开展。

环境教育立法是不可避免的一个趋势。只有依靠国家强制力，用法律意识来强化全民的环境保护意识，才能从根本上杜绝不断恶化的生态环境，逐步走出一条弘扬绿色文明、倡导绿色消费、引领绿色潮流的发展之路。环境教育法是确保环境安全和社会稳定的需要。人类必须不断转变思想，转变原有不正确的价值观，改变原有不正确的资源环境对策，不断协调人与环境的关系，善待自然，与自然界和谐相处，只有这样，方能维持自然、社会、经济的可持续发展。因此，加强对全民的环境教育，提高环境意识，是人类保护环境安全和社会稳定的需要。

此外，政府的主导作用，还需要公众的参与和全社会的支持。环境安全教育的目的就是提高全民的环保意识，自觉地保护环境，这需要全民的参与。公民自觉地投身环境事业，是做好环境教育工作的保证。尤其是，我国地域广，人口多，更需要公众的参与，利用各地的现状，充分发挥各地的优势。在政府的主导下，为公众提供必要的政策和相应的财政支持，鼓励全民参与，共同建立政府主导、全民参与的教育模式，这样才能推进环境教育的快速发展，实现环境教育的法制化，进而营造出"人人保护环境，人人创造安全"的氛围。

## 三、树立可持续环境安全教育理念

可持续发展是一种全新的现代社会发展观念，它的基本含义是保证人类社会具有长远的、持续发展的能力。可持续发展强调当今的事业既是社会发展的一个重要阶段，又是社会继续发展的重要基础，可以说可持续发展观是人类发展观的一次根本变革，是人类面对生态环境不断失衡、生活环境不断恶化而进行的历史抉择。环境教育作为21世纪的一门重要的教育事业，应主动适应社会发展的需要，跟上时代的步伐。我国环境安全教育应与时俱进，确立可持续发展的先进理念。可持续发展是一种全新的社会发展观，也是世界各国共同选择的发展道路。

可持续发展观对环境安全教育的实施有着重要的指导作用。在可持续发展观的指导下，实施科学的环境安全教育知识，可以帮助人们增长知识、改变思想观念和行为方式，提高人们的环境保护意识，使自己的环境行为符合可持续发展的规律，可以使人醒悟到自己对地球的责任，可以了解、认识地球，从小具备可持续发展的意识，建立可持续发展的道德观、价值观和行为方式。这是保护环境的基础，更是社会发展与人类生存的基础。

从终身学习的角度看，环境安全教育应贯穿于人的一生，从空间上包括家庭安全教育、学校安全教育和社会安全教育，既包括正规环境安全教育也包括非正规安全教育。遵循可持续发展的环境安全教育具有以下特点：第一，多学科性和整体性，为了可持续发展的学习应根植于整个课程，而不是作为一门单独课程进行学习。第二，价值驱动，分享支持可持续发展的价值观和原则。第三，批判性思维和问题解决，有信心面对和解决可持续发展的两难困境和挑战；第四，多种方法，文字、艺术、戏剧、辩论、经验等，形成教学过程的不同教学法。第五，参与性决策，学习者参与他们将如何学习的决定。第六，本地相关，面对和解决当地以及全球性问题，使用学习者最常用的语言。

环境问题已经成为世界各国在经济发展中关注的焦点问题，所以环境教育也就逐渐被提到了重要的位置。环境教育在其内容中所包含的独特的伦理视角，为世界环境日益恶化提供了一个可以供人们好好反思的平台。我国在环境教育中仍有许多工作要做。我国作为世界上人口最多的国家，也就承担着更多的对于环境保护的责任，环境教育在我国也就变得任重而道远。只有对全民进行全面的、客观的环境教育，树立和增强他们的环境意识，才能从根本上协调我国经济发展中产生的各种环境问题，从根本上实现可持续发展思想。

## 四、构建"三位一体"环境沟通机制

环境教育是全民素质教育的一个重要内容，它遍及各级各类教育，覆盖家庭教育、学校教育和社会教育的各个层面，贯穿于从幼儿到老年的全部人生教育，其内容丰富且在不断发展之中。对此，需要家庭、学校和社会三者有力沟通和结合，建立"三位一体"的环境安全教育沟通机制，从而发挥环境安全教育的各方力量，共同创造一片绿色环境新天地。

学校在进行环境安全教育的过程中，首先应该把环境教育纳入德育和思想政治工作范畴。这样，一方面使德育和思想工作增加新的内容和活力；另一方面也使环境教育找到了主渠道，使这项工作的顺利开展有了可靠的依托。其次，还必须把环境教育目标贯穿于学校教育之中。学校中不同的学科在内容上有很大的差异，但是，无论哪一门学科，在不同的层次上与人类面临的人口、资源环境和可持续发展问题都有着内在的联系。因此，亟待加强学科教育与环境教育的整合，在教学中渗透环境教育，将学科教育与环境教育结合起来，发挥环境教育多学科、综合性的优势，开阔学生的视野，培养学生保护环境的意识和责任，提高学生解决环境问题的能力。此外，在环境安全教育主题宣传和实践活动中开展广泛的环境教育宣传，是进行环境教育的重要途径之一。比如，可以通过办展览、办讲座、组织收看电视或录像片等多种形式进行环境教育。总之，开展丰富多彩的环境教育需要通过环境实践活动来实现，而环境教育的实践对培养学生分析环境问题的能力、树立参与意识等具有促进作用。

为更好地解决好学校安全教育问题，就要建立安全教育合作体系。一方面，学校应与公安局、消防局、电力局、气象局、卫生局、工商局、督查办等各部门共同携手，为学生营造一个人人讲安全、人人懂安全、人人抓安全的社会环境，使安全教育深入人心。另一方面，在政府的组织下，家长、社区要共同参与学校的安全教育，加强彼此之间的沟通与协作，建设一个"政府—学校—家庭—社区"四位教育合作体系。

实施环境安全教育，教师需要充分利用校内校外各种教育资源，在校园内利用墙报、广播、闭路电视等宣传工具，开展全方位、多视角、有深度的环境教育宣传，从而获得比较好的宣传效果。同时，教师也需要充分利用校外的各种资源，也就是说环境安全教育从空间上需要利用学校、家庭和社会大众媒体、博物馆、文化活动中心等公共场所的资源，提高公民的环境安全意识。具体如下几点：

（1）学校应积极与社区和家庭合作，开展各种环境教育活动，充分发挥三者的作用。

（2）大众媒体要以各种形式向中小学生展播各种环境教育节目，并引起学生的兴趣。

（3）在博物馆、美术馆的开放方面，政府要采取积极措施。

（4）为方便中小学生对环境知识的实践，政府应加大资金投入，建立相应的环境教育基地。

（5）家长要以身作则培养孩子的环境意识和环境行为习惯。

总之，提高环境安全教育的实效性，需要家庭、学校和社会通力协作，三者应各负其责，形成环境安全教育的合力，才能充分利用环境安全教育的资源，为人们的生活和生产营造一个和谐、安康的环境。

## 五、坚持以人为本的学校环境教育

近些年来，学校安全教育的异化现象日趋严重，学校安全教育价值的工具化、学校安全教育内容的狭窄化与管理的僵化都影响学校环境安全教育的开展。学生的活动范围受到严格限制，以取消活动保安全，降低标准求安全，限制范围为安全。过犹不及的安全保护和对可能性危险的逃避，不仅无法切实提升学生的安全素质，而且还扼制了学生视野的扩展、好奇心的萌发、实践能力的提升。逃避式的保护，只会让学生渐失应对危险的能力，在囿于循规蹈矩的规定中丧失个性自由。面对此情况，学校安全教育应坚持"以人为本"的原则，打破空间的限制，扭转当前封闭式的管理局面，要充分地尊重学生、理解学生、发展学生，促使学校安全管理不断走向人性化与制度化的完美结合。让学生在安全、自然的环境中自由发展，健康成长，实现其全面发展，提高其综合素质，成为社会的合格人才。

环境教育是一个充满活力却又复杂的研究与阐释性领域，是一种跨学科性的整合教育，也是一种素质教育和人格教育，其终极目标在于培养具有环境伦理道德的人，即通过环境教育，形成人与自然和谐相处的意识，培养对环境负责任的生态世界观或环境伦理观，培育富有环境道德素养、负有环境保护责任、主动倡导和参加环保实践的人。因此，学校在实施以人为本的环境安全教育时，目标应当包括以下内容：

第一，培养学生树立人与自然和谐发展的新自然观。加强环境教育，就是要培养人树立这样一种新的自然观。自然环境资源是有限的，应该善待自然。我们必须热爱自然，尊重自然。自然是人类的一部分，人类是自然的一部分，人与自然的关系建立在和谐发展基础之上。新自然观的确立，最终的伦理要求就是人类要遵循自然规则，保护生态平衡，人类要以道德的方式规范自身对生态系统的行为。为此，环境教育就要倡导一种尊重自然、善待自然的伦理态度，倡导一种拜自然为师、循自然之道的理性态度，倡导一种保护自然、拯救自然的实践态度。

第二，培养学生追寻全面、协调、可持续发展的新发展观。胡锦涛同志明确指出，要牢固树立和认真落实以人为本，全面、协调、可持续的发展观，这是一种全新的科学发展观。科学发展观坚持以人为本，就是要以实现人的全面发展为目标，从人民群众的根本利益出发谋发展、促发展，不断满足人民群众日益增长的物质文化需要，切实保障人民群众的经济、政治和文化权益，让发展的成果惠及全体人民。落实科学发展观的关键是要统筹人与自然和谐发展，促进人和自然的和谐，实现经济发展和人口资源、环境相协调，走生产发展、生活富裕、生态良好的文明之路，保证世代永久发展下去，为人的全面发展创造可持续的生态环境和社会物质条件。

第三，弘扬人类利益的新公正观。弘扬人类利益的新公正观，就是通过环境教育，要使人们在对待环境利益、解决环境问题上，既要力求实现人类之间代内公正，即当代人在利用自然资源满足自己的利益的过程中要力求体现机会平等、责任共担、合理补偿，是对当代人提出的一种普遍的道德要求，又要力求实现人类之间代际公正，即人类在世代延续的过程中既要保证当代人满足或实现自己利益的需要，还要保证后代人也能够有机会满足他们的利益需要。这就要求当代人在进行满足自己需要的发展时，还要维护和支持继续发展的生态系统的负荷能力，以满足后代的需要。

学校在实施环境安全教育的过程中，需要树立以人为本的教育理念，并且将它渗透在课程内容、教学过程以及实践活动之中，树立素质教育的观念，将教育的重点由知识传授转向能力培养，使人才培养模式和培养目标更有利于素质教育的实施，进而培养具有可持续发展思维的健全人格人才。

● 链接：《中国 21 世纪议程》
第一章  序言

1.1 本世纪以来，随着科技进步和社会生产力的极大提高，人类创造了前所未有的物质财富，加速推进了文明发展的进程。与此同时，人口剧增、资源过度消耗、环境污染、生态破坏和南北差距扩大等日益突出，成为全球性的重大问题，严重地阻碍着经济的发展和人民生活质量的提高，继而威胁着全人类的未来生存和发展。在这种严峻形势下，人类不得不重新审视自己的社会经济行为和走过的历程，认识到通过高消耗追求经济数量增长和"先污染后治理"的传统发展模式已不再适应当今和未来发展的要求，而必须努力寻求一条经济、社会、环境和资源相互协调的、既能满足当代人的需求而又不对满足后代人需求的能力构成危害的可持续发展的道路。

1.2 制定和实施《中国 21 世纪议程》，走可持续发展之路，是中国在未来和下一世纪发展的自身需要和必然选择。中国是发展中国家，要提高社会生产力、增强综合国力和不断提高人民生活水平，就必须毫不动摇地把发展国民经济放在第一位，各项工作都要紧紧围绕经济建设这个中心来开展。中国是在人口基数大，人均资源少，经济和科技水平都比较落后的条件下实现经济快速发展的，使本来就已经短缺的资源和脆弱的环境面临更大的压力。在这种形势下，中国政府只有遵循可持续发展的战略思路，从国家整体的高度上协调和组织各部门、各地方、各社会阶层和全体人民的行动，才能顺利完成已确定的第二步、第三步战略目标，即在本世纪末实现国民生产总值比 1980 年翻两番和下一世纪中叶人均国民生产总值达到中等发达国家水平，同时保护自然资源和改善生态环境，实现国家长期、稳定发展。

1.3 1992 年 6 月联合国环境与发展大会在巴西里约热内卢召开。会议通过了《里约环境与发展宣言》、《21 世纪议程》、《关于森林问题的原则声明》等重要文件并开放签署了联合国《气候变化框架公约》、联合国《生物多样性公约》，充分体现了当今人类社会可持续发展的新思想，反映了关于环境与发展领域合作的全球共识和最高级别的政治承诺。《21 世纪议程》要求各国制订和组织实施相应的可持续发展战略、计划和政策，迎接人类社会面临的共同挑战。因此，执行《21 世纪议程》，不但促使各个国家走上可持续发展的道路，还将是各国加强国际合作，促进经济发展和保护全球环境的新开端。

1.4 中国政府高度重视联合国环境和发展大会，李鹏总理率团出席会议并承诺要认真履行会议所通过的各项文件。联合国环境与发展会后不久，中国政府即提出了促进中国环境与发展的"十大对策"。国务院环境保护委员会在 1992 年 7 月 2 日召开的第 23 次会议上决定由国家计划委员会和国家科学技术委员会牵头，组织国务院各部门和机构编制《中国 21 世纪议程》。根据国务院环委会的部署，同年 8 月成立了由国家计委副主任和国家科委副主任任组长的跨部门领导小组，负责组织和指导议程文本和相应的优先项目计划的编制工作，组成了由 52 个部门、300 余名专家参加的工作小组。国家计委和国家科委联合成立了"中国 21 世纪议程管理中心"，具体承办日常管理工作。经共同努力，于 1993 年 4 月完成了《中国 21 世纪议程》的第一稿，共 40 章，120 万字，184 个方案领域，内容覆盖了中国经济、社会、资源、环境的可持续发展战略、政策和行动框架。以后在广泛征求国务院各有关部门和中、外专家意见的基础上，经中、外专家组多次修改，最后完成了《中国 21 世纪议程》，它共设 20 章、78 个方案领域，突出了可持续发展的总体战略思想，更为简明、扼要。《中国 21 世纪议程优先项目计划》作为议程的组成部分，将集中力量和优势，解决实现可持续发展过程中优先领域中的重大问题，目前正在编制之中。

1.5《中国 21 世纪议程》编制工作是在联合国开发计划署（UNDP）的支持和帮助下进行的，编制和实施《中国 21 世纪议程》已被列为中国政府和联合国开发计划署的正式合作项目。联合国开发计划署几次派出咨询专家小组来华，通过与中方专家共同工作和国际研讨会等方式，在文本制定等方面给予了很大的帮助，使《中国 21 世纪议程》文本基本符合国际规范。除此，这项工作还引起了国际社会的广泛关注，国外很多有关政府机构的和国际组织高级人士主动表示，愿意以多种方式支持《中国 21 世纪议程》及其优先项目计划的实施。

1.6《中国 21 世纪议程》文本与全球《21 世纪议程》相呼应，根据中国国情而编制的，广泛吸纳、集中了政府各部门正在组织进行和将要实施的各类计划，具有综合性、指导性和可操作性。《中国 21 世纪议程》阐明了中国的可持续发展战略和对策。20 章内容可分为四大部分。第一部分涉及可持续发展总体战略，包括第 1，2，3，5，6 和 20 等 6 章。第二部分涉及社会可持续发展内容，包括第 7，8，9，10 和 17 章等共 5 章。第三部分涉及经济可持续发展内容，包括第 4，11，12 和 13 章等共 4 章。第四部分涉及资源与环境的合理利用与保护，包括第 14，15，16，18 和 19 章等共 5 章。每章均设导言和方案领域两部分。导言重点阐明该章的目的、意义及其在可持续发展整体战略中的地位、作用；每一个方案领域又分为三部分：首先在行动依据里扼要说明本方案领域所要解决的关键问题，其次是为解决这些问题所制定目标，最后是实现上述目标所要实施的行动。

1.7 在制定和实施《中国 21 世纪议程》过程中，中国将与世界各国和地区开展卓有成效的双边、多边合作，为创造一个更安全、更繁荣、更美好的未来而努力。因此，及时制定和实施《中国 21 世纪议程》，必然成为深化改革开放的重要内容。同时，也充分反映了中国政府以强烈的历史使命感和责任感，去完成对国际社会应尽的义务和不懈地为全人类共同事业做出更大贡献的决心。

1.8 中国政府有决心实施《中国 21 世纪议程》，不单是因为高层领导高度重视这项重大行动，而且在全国有一个有利于经济稳定发展、深化改革开放和建立社会主义市场经济体制的大环境。从 20 世纪 80 年代初以来，中国政府开始把计划生育和环境保护作为社会主义现代化建设的两项基本国策。环境保护已经纳入国民经济和社会发展的中长期和年度计划之中。国家制定和实施了一系列行之有效的法律、政策，按照同时处理好经济建设与环境保护关系的指导思想开展工作，已取得很大成绩，形成了一条符合中国国情的环境保护道路。越来越多的人认识到，只有将经济、社会的发展与资源、环境相协调、走可持续发展之路，才是中国发展的前途所在。中国通过双边、多边方式，与有关国家和国际组织已经开展了自然资源和环境保护方面的合作研究，建立了长期合作关系。在这样的基础上，中国政府组织实施《中国 21 世纪议程》，必将得到全国各部门、各地方的热烈响应和支持，以及国际社会的关注和支持。

1.9 实施《中国 21 世纪议程》及其优先项目计划所需的资金，将通过多种渠道筹措。中国各级政府将作为投资主体，对实施《中国 21 世纪议程》、优先项目计划和可持续发展，保证每年一定的投入强度，同时广泛吸纳非政府方面的资金和争取国际社会的援助与合作。

1.10 编制《中国 21 世纪议程》文本仅是制定和实施国家整体可持续发展战略过程的开始，还要在关系可持续发展的重大领域内，制定《中国 21 世纪议程优先项目计划》和配套的实施指南等，形成完整的战略和行动体系。更重要的是，通过深入的协调、细致工作，将《中国 21 世纪议程》及其优先项目计划逐步纳入各级国民经济和社会发展计划和规划，以及相关的重大工作和行动中去。随着认识的不断深化和工作拓展，《中国 21 世纪议程》将要不断作出必要的调整和完善。

……

第 6 章 教育与可持续发展能力建设

导言

6.1 国家可持续发展能力是顺利实施《中国 21 世纪议程》的必要保证，在很大程度上取决于政府和人民的能力及其经济、资源、生态与环境条件。具体说，能力建设涉及国家的决策、管理、经济、环境、资源、科学技术、人力资源等方面。

6.2 中国政府从中国国情出发，已制定了"经济建设、城乡建设和环境建设同步规划、同步实施、同步发展"，"实现经济、社会和环境效益相统一"的战略方针；实行"预防为主"，"谁污染、谁治理"和"强化环境管理"三大环境政策；加强国家法制建设；展开了大规模的国土整治；发展了中小学义务教育和广泛进行环境保护教育，提高全民族的文化水平和环境保护意识；大力开展科学技术研究等。同时实行计划生育政策，有效减缓了人口增长和经济发展对资源环境造成的巨大压力。这些工作为中国可持续发展能力建设奠定了坚实的基础。

6.3 本章内容与其他各章都有联系，本章设 6 个方案领域：

A. 健全可持续发展管理体系；

B. 教育建设；

C. 人力资源开发和能力建设；

D. 科学技术支持能力建设；

E. 可持续发展信息系统；

F. 不断完善《中国 21 世纪议程》。

方案领域

A. 健全可持续发展管理体系

行动依据

6.4 目前，中国可持续发展管理工作，即《中国 21 世纪议程》的实施和管理，在国务院领导下，由国家计划委员会和国家科学技术委员会负责组织与协调，各级政府和部门承担相应领域的职责和任务。

6.5 实现可持续发展，需要有一个非常有效的管理体系。决策与管理能力建设是可持续发展能力建设的重要一环。可持续发展管理需要综合运用规划、法制、行政、经济等手段，培养高素质的决策人员和管理人才，采用先进的管理手段，建立和不断完善组织机构，形成协调管理的机制。目前，中国在这些方面已经开展了很多工作，但仍需进一步强化和完善。

6.6 本章其他方案领域的实施有助于本方案领域目标的实现。

目标

6.7 到 2000 年，形成比较完善的可持续发展管理体系，包括各级政府具有可持续发展的综合决策能力、管理协调能力和较强的可持续发展服务能力。

行动

6.8 逐步促进可持续发展的协调管理机制的形成：

（a）国家定期召开各地区、各部门负责人会议或特别会议，研讨中国可持续发展总体战略和对策，并检查可持续发展战略的实施情况，同时提出措施以解决实施过程中出现的新问题，在省（自治区、直辖市）、地（市）、县各级政府中，也进行与国家一级类似的活动；

（b）组织研究、编制和实施区域开发整治规划，并定期组织审查和酌情修订区域开发整治规划。

6.9 中国政府将《中国 21 世纪议程》逐步纳入各级国民经济和社会发展计划。要采取各种措施，提高计划管理决策人员的可持续发展的意识和组织实施能力；抓紧研究相应的指标体系和政策、措施等。

6.10 在全国建立有关可持续发展研究机构和充分利用现有的软科学研究组织，深入、系统地开展可持续发展的多学科的综合研究，向有关管理或决策部门提供政策性建议。

6.11 在决策过程中实现经济、社会、资源和环境因素的综合决策：

（a）各级政府部门在重大决策和设立有关重要项目时，要同时进行可持续发展影响的评价和审查是否符合区域开发整治规划的要求；

（b）提高行政和决策方面的透明度；通过建立非政府性的咨询机构以及大众信息网等，使有关社会团体、公众有效地参与决策过程；

（c）有系统地监测和评估发展进程，以便各级政府与各部门评估可持续发展的成效；

（d）通过政策协调，提高资源分配方面的合理性。

6.12 转变政府职能，政府制订和执行宏观调控政策，促进可持续发展：

（a）推行有效可行的综合管理制度，尤其在自然资源和生态环境管理方面，逐步将自然资源和环境因素纳入国民经济核算体系，实行资源有偿使用制度和环境补偿制度；

（b）修订或完善经济和财政方面的现有条例，满足可持续发展的目标；

（c）建立健全国家与地方环境与发展方面的法律、法规和条例，同时提供有利于可持续发展的政策环境；

（d）鼓励地方和企业制订和执行可持续发展核算（会计）制度的办法和规则。

6.13 转变政府职能，增强政府机构对可持续发展的服务功能，如组织、协调、信息服务、科技服务等。

6.14 采用多种办法加强对各级决策和管理人员的培训，提高他们的可持续发展意识、理论修养和实施能力，保证正确决策和顺利执行。经常对规划人员、管理人员，特别是各级领导干部，开展有系统的培训，交流做法和管理经验。

6.15 开展包括培训工作在内的国际合作，不断吸取国外新思路、新做法。对从事管理、技术性工作人员提供培训。

B. 教育建设

行动依据

6.16 发展经济以摆脱贫困，关键要依靠科学技术进步和提高劳动者素质。发展教育是走向可持续发展的根本大计。

6.17 中国基础教育的成就举世公认，小学学龄儿童的入学率已达到98%。全国90%以上的人口覆盖地区普及了初等义务教育，全国一半省市已完全普及了初等教育。近年来，中小学师资合格率逐年上升。但存在的问题依然很多：教育投入偏低；中小学学生，特别是初中学生流失率呈上升趋势；教师队伍不稳定，流失现象严重；教育内容和方法尚不适应经济、社会可持续发展的时代需要。

目标

6.18 优化教育结构，继续加强基础教育，积极发展职业教育、成人教育和高等教育，鼓励自学成才，实施《中国教育改革和发展纲要》，造就一批具有远见卓识的领导者和决策人才，建立一支门类齐全的、整体素质好的科技人才队伍和广大的具有一定劳动技能和科学文化素质的劳动者大军。

行动

6.19 贯彻实施《中国教育改革和发展纲要》，在国民经济和社会发展计划中，保证教育的投入强度，并随着经济发展不断增加对教育的投入。大力加强基础教育，积极发展职业技术教育、成人教育和高等教育，实施高等教育"211工程"。

6.20 继续坚持并不断完善以国家财政拨款为主，多渠道筹措教育经费的体制，并随着经济的发展不断增加对教育的投入，保证投资强度，鼓励企业、社会和私人等多种形式捐资、集资办教育。

6.21 加强对受教育者的可持续发展思想的灌输。在小学"自然"课程、中学"地理"等课程中纳入资源、生态、环境和可持续发展内容；在高等学校普遍开设"发展与环境"课程，设立与可持续发展密切相关的研究生专业，如环境学等，将可持续发展思想贯穿于从初等到高等的整个教育过程中。

6.22 大力加强基础教育，基本普及九年制义务教育，基本扫除青壮年文盲，基本满足大中城市幼儿接受教育的要求，广大农村积极发展学前一年教育。注重扶持边远地区、贫困地区的教育和培训，逐步缩小女童和男童以及不同民族、不同地区人民群众受教育水平的差距。

6.23 优化中等教育结构，加强职业高中、中等技术学校的建设；到 2000 年，逐步做到业学校年招生数和在校生数在高中阶段学生中所占的比例全国平均保持在 60% 左右。建立健全职业教育与培训网络，实行"先培训后就业，先培训后上岗，未经培训不得就业或上岗"的劳动人事制度；大力发展岗位培训和继续教育，使从业人员不断更新知识，提高技能。

6.24 面向 21 世纪，重点建设一批高等学校和重点学科，加强高级人才培养。积极推动高等学校信息网的建设，促进与国际间的信息交流。

6.25 加强文化宣传和科学普及活动，组织编写出版通俗的科普读物，利用报刊、电影、广播等大众传播媒介，进行文化科学宣传和公众教育，举办各种类型的短训班，提高全民的文化科学水平和可持续发展意识，加强可持续发展的伦理道德教育。

6.26 提高教师和知识分子的待遇，改善工作和生活条件。

C. 人力资源开发和能力建设

行动依据

6.27 中国人口多，劳动者文化科学素质较低。中国工人 1989 年技术登记在 1～3 级的占 71%，4～6 级的占 23%，7～8 级的仅占 2%；农民的文化素质更低，还有 24% 的文盲。这一基本情况是任何时候处理任何问题时都必须要考虑的重要因素。中国劳动力资源丰富，仅农村目前就有剩余劳动力 1 亿多，2000 年将达到 2 亿左右，如果不加以充分利用，不仅造成人力资源的巨大浪费，而且还会消耗大量的生活资料而为社会带来负担。因此，中国人力和人才资源的开发利用是可持续发展能力建设的重要内容。

目标

6.28 综合开发人力资源，扩大就业容量和提供新的就业领域、机会，促进广泛的就业，开发利用各类人才，满足可持续发展对人力资源的需求。

行动

6.29 发展社区经济，特别是注重发展第三产业、乡镇企业，为城乡青壮年提供广阔的就业机会；开辟劳务市场，促进就业和人才合理利用；组织和吸引农村剩余劳动力从事生态工程建设（如植树种草）和其他社会公益性建设（如修公路）等劳动密集型产业，同时加强其知识教育和技能培训。

6.30 利用广播、影视等宣传媒介，广泛宣讲智力资源在可持续发展中的重要作用，确立知识和知识分子应有的社会地位，提高全民族的科技意识和人才意识；创造尊师重教，尊重人才的社会环境；加强人才宏观管理，促进人才合理流动，发挥各类人才的个人专长和整体优势。

6.31 支持研究、总结和推广可持续的生产方法和知识，鼓励能工巧匠和一切有专长的人员发挥其才能和专长，作为脱贫致富的重要手段和途径，并鼓励其传播知识和技艺。

6.32 在基层和社区建立职业培训机构，促进职业培训和技能训练，并向社区和民众提供最新培训材料和介绍人力资源和能力建设方面成效显著的活动、方案和项目成果；注重对农民的实用技术和技能培训与服务；随着经济和技术发展，不断更新培训手段和提高培训成效。

6.33 通过提高知识分子待遇、采用激励机制、创造宽松的环境、组织科技攻关、提供继续教育机会等，发挥科技人员的积极性和创新能力，造就一支宏大的科技队伍。

6.34 健全干部培训制度，造就一批具有历史责任感和战略思想、知识广博，具有组织能力、应变能力和现代意识的决策领导人才，提高各级政府可持续发展决策水平和组织实施能力。

6.35 开放国门，改善国内工作环境，吸引海外人才来中国服务；并通过技术援助和国际合作，吸收和利用国外智力资源，参与中国可持续发展建设；同时，根据国外劳务市场要求，有计划的安排劳务输出。

D. 科学技术支持能力建设

行动依据

6.36 科学技术是综合国力的重要体现，是可持续发展的主要基础之一。没有较高水平的科学技术支持，可持续发展的目标就不可能实现。在中国，人们已经普遍接受了科学技术是第一生产力这一科学论断。

6.37 科学技术的不断进步可以有效地为可持续发展的决策提供依据和手段，促进可持续发展管理水平的提高，加深人类对自然规律的理解，开拓新的可利用的自然资源领域，提高资源综合利用效率和经济效益，提供保护自然资源和生态环境的有效手段。这些作用对于缓解中国人口与经济增长和资源有限性之间的矛盾，扩大环境容量进而相应扩大生存空间和提高生存质量，实现可持续发展的战略目标尤为重要。

目标

6.38 大力促进科技进步，实现决策的科学化、民主化；将国民经济的发展真正建立在依靠科技进步增加经济效益，提高劳动者素质的基础上来；跟踪世界高科技前沿，有所创新，有所突破；锻炼造就一支纵深结构配置合理的精干的科技队伍。

行动

6.39 认真贯彻实施《中长期科技发展纲领》和"国家重点科技攻关项目计划"、

"国家高技术研究发展项目计划（863）"、"国家重点工业试验项目计划"、"国家技术开发重点项目计划"、"国家重点实验室建设计划"、"国家工程研究中心建设计划"和"国家基础研究重大项目计划"、"火炬计划"、"星火计划"、"重大科技成果推广计划"等国家重大科技计划。

6.40 努力发展教育事业，大力培养科技人才；制订有效的方针政策，吸引和激励一批优秀人才，从事可持续发展科学技术研究，形成结构合理和精干的科研队伍。

6.41 不断完善保护知识产权的制度，完善科技立法；发挥政府的政策引导、组织管理职能，组织科技协作与攻关；加强科研支持系统和服务体系建设，改善研究场地、实验室、实验设备、图书馆等设施条件。

6.42 开展可持续发展的基础理论研究，形成适于中国国情的可持续发展的理论体系。

6.43 进行可持续发展技术选择、风险评估、指标体系的研究，形成一套成熟的可持续发展的评估系统和比较合理的可持续发展技术经济体系。

6.44 促进形成基础研究、应用研究、工程设计的配置合理的科技体系，加强可持续发展高新技术的研究。

6.45 深化科技体制改革，完善技术市场，促进科技成果的转让与推广，形成科学研究、技术开发、生产、市场有机相连的"一条龙"体系。

6.46 促进国内地区间、各行业间科研人员的广泛交流与合作，尤其是要促进跨学科、跨领域科研人员的交流与合作，进行可持续发展科学技术研究；促进科研、教学与产业的交流与协作，鼓励企业科技进步和科技开发。

6.47 加强国际合作，及时沟通国内外的科学技术信息，了解和掌握国际的最新成果。通过各种渠道，积极争取国际社会的支持，进行国际科技合作和人才、成果的交流。同时认真抓好引进先进技术的消化、吸收和创新工作。

E. 可持续发展信息系统

行动依据

6.48 可持续发展是一个没有终止的过程，随时获取所需要的信息，做出必要的反馈和调整是必要的。没有充分的信息，很难适时地做出正确的决策。对可持续发展而言，人人都是信息的使用者和提供者。所以，可持续发展信息系统的建立涉及非常广泛的领域。

6.49 目前，中国各部门、各地区都建有自身的信息中心，国家也建立了一个涉及范围比较广泛的国家信息中心，这些都可作为促进可持续发展信息系统的基础。

6.50 在可持续发展信息系统中，不仅需要考虑信息的数量和完备性，也需要考虑信息的质量和一致性。

目标

6.51 到 2000 年，要逐步形成一个信息量丰富、可以广泛使用的可持续发展信息网络，使有关部门和机构能够比较方便地获得有关可持续发展的最新和综合信息。

行动

6.52 制订可持续发展信息系统的框架结构、确定标准和应具备的功能。

6.53 对中国现有可用来支持持续发展的信息系统做出技术评价和比较，找出存在的问题和改进的途径。在此基础上，逐步建立起可持续发展信息系统与统计监测系统。

6.54 通过联合国开发计划署（UNDP）所倡议的可持续发展网络，建立可与国外交流的中国可持续发展信息网络。

6.55 建立中国可持续发展信息网络的立法或制度，促进形成信息共享的机制，保证各政府部门、非政府机构和广大民众可方便地获取和交流信息。

6.56 发展和采用现代化的信息采集、传输、管理、分析和处理手段，发展地理信息系统、遥感、卫星通信和计算机网络等高新技术及其应用。

F. 不断完善《中国 21 世纪议程》

行动依据

6.57《中国 21 世纪议程》制定了中国可持续发展的战略框架，这一战略框架将使各部门、各地方不同的计划、规划逐步在可持续发展的原则下得到协调、执行。《中国 21 世纪议程》的实施是一个长期、渐进的过程，因此，需要根据各方面情况的变化，不断完善《中国 21 世纪议程》，并确定不同阶段的工作重点。《中国 21 世纪议程优先项目计划》是《中国 21 世纪议程》的直接延伸。它与《议程》相对应，将《议程》这一战略框架分解为按阶段可操作的优先项目计划，集中反映出中国可持续发展需要解决的急迫问题、能力建设、关键技术和示范项目。

6.58 应当指出的是，其他有关方案领域活动的进行将有助于本方案领域目标的实现。

目标

6.59 到 2000 年，使可持续发展目标成为国家重大发展战略和目标的内容。根据各方面情况的变化和不同阶段的重点，《中国 21 世纪议程》和《中国 21 世纪议程优先项目计划》将不断提出新的奋斗目标。

行动

6.60 深入开展可持续发展思想、理论和政策影响评价的研究，提高多学科的综合分析能力和解决问题的能力；分析和评价不同发展政策所产生的效果，向有关部门提供政策建议。

6.61 政府定期组织各部门间的磋商，讨论和评价可持续发展的有关战略和实施问题，不断完善《中国 21 世纪议程》和《中国 21 世纪议程优先项目计划》。

6.62 确保公众及社会各阶层的充参与，使《中国 21 世纪议程》和《中国 21 世纪议程优先项目计划》充分体现人民意向和时代需求，并得到公众的支持。

6.63 围绕本方案领域的目标，保持与其他国家和有关国际组织的密切联系与合作，不断吸取国际社会在推进可持续发展过程中的重要经验和普遍做法。

## 参 考 文 献

邓美德. 2012. 我国近十年来学校安全教育研究综述. 基础教育研究，（15）：13-16.

贾铁飞，刘兰，柳云龙. 2009. 环境与发展. 北京：科学出版社.

李强. 2014. 国外学校安全教育的主流理念及启示. 天津市教科院学报，（5）：62-64.

任凤珍，张红保，焦跃辉. 2010. 环境教育与环境权论. 北京：地质出版社.

田青. 2004. 从环境教育到可持续发展教育. 教育学报，（08）：7-11.

田青，曾早早. 2011. 我国环境教育与可持续发展教育文件汇编. 北京：中国环境科学出版社.

王民，祝真旭，沈海滨. 2013. 环境教育法国际比较与中国环境教育立法实践思考. 世界环境，（5）：21-22.

祝怀新. 2002. 环境教育论. 北京：中国环境科学出版社.